水体污染控制与治理科技重大专项"十三五"成果系列丛书

城镇水污染控制与水环境综合整治整装成套技术（城镇水环境综合整治与水体修复集成技术标志性成果）

# 城镇污水处理厂尾水
# 人工湿地处理技术
# 理论与实践

杨长明　王育来　主　编

同济大学出版社
TONGJI UNIVERSITY PRESS

图书在版编目（CIP）数据

城镇污水处理厂尾水人工湿地处理技术理论与实践 /
杨长明,王育来主编. -- 上海：同济大学出版社，
2019.12
　　ISBN 978-7-5608-8901-6

　　Ⅰ.①城… Ⅱ.①杨… ②王… Ⅲ.①城市污水处理
－污水处理厂－尾水管－人工湿地系统－污水处理工程
Ⅳ.① X703

　　中国版本图书馆 CIP 数据核字（2019）第 279517 号

**城镇污水处理厂尾水人工湿地处理技术理论与实践**
杨长明　王育来　主编

**策划编辑** 吴凤萍　**责任编辑** 李小敏　吴凤萍　**责任校对** 徐春莲　**封面设计** 陈益平

出版发行　同济大学出版社　www.tongjipress.com.cn
　　　　　（地址：上海市四平路 1239 号　邮编：200092　电话：021-65985622）
经　销　全国各地新华书店
印　刷　江苏凤凰数码印务有限公司
开　本　787 mm×1092 mm　1/16
印　张　16
字　数　399 000
版　次　2019 年 12 月第 1 版　　2019 年 12 月第 1 次印刷
书　号　ISBN 978-7-5608-8901-6
定　价　79.00 元

# 前　言

近几年，人工湿地（Constructed Wetlands，CWs）处理技术在城镇污水处理厂尾水深度处理中得到越来越广泛的应用。但是，由于尾水具有总氮高和有机物难降解等特点，相关理论基础和工程设计并不完善，这也导致目前相关工程应用效果不佳。因此，有必要对尾水人工湿地处理技术理论原理和工程实践的相关研究进行系统梳理，形成系统性的学术著作和设计规范，为该技术在尾水深度处理中的应用推广提供权威的参考资料。本书以同济大学环境科学与工程学院的研究成果为基础，结合国内外最新的研究进展，系统介绍了利用人工湿地处理技术对城镇污水处理厂尾水进行深度处理和品质提升的相关理论和实际工程应用效果。

本书共分为 10 章，包括绪论、人工湿地污水处理技术概述、典型城镇污水处理厂尾水水质基本特征、尾水处理人工湿地类型的选择与工艺参数设计、人工湿地用于城镇污水处理厂尾水的脱氮除磷、人工湿地对尾水中有机物的去除效果及其机理研究、人工湿地对尾水中新型污染物的去除作用、尾水人工湿地强化处理技术研究进展、人工湿地尾水处理工程设计案例和系统运行与管理。对于关注城镇污水处理厂提标改造和深度处理达标的读者，本书在人工湿地处理尾水的技术原理、技术要点以及实际工程设计等方面具有重要作用。

本书由集体写作而成，多位专家参与了本书初稿的撰写和审阅工作。第 1 章、第 2 章、第 6 章由同济大学杨长明执笔；第 3 章由同济大学陈霞智和杨阳合作撰写；第 4 章和第 7 章由安徽工业大学王育来执笔；第 5 章由同济大学吴娟执笔；第 8 章由同济大学杨长明和中国科学院水生生物研究所唐魏合作撰写；第 9 章由无锡市政设计院华伟执笔；第 10 章由上海勘测设计院范博博执笔。同时，本课题组博士生和研究生也参与相关图表的制作和文献的收集与整理。全书由杨长明、王育来负责统稿、定稿。

本书在编写过程中还得到中国科学院水生所生物研究所吴振斌研究员和同济大学成水平教授的悉心指导和审阅，在写作和出版过程中得到同济大学出版社的大力支持和帮助。本书的出版得到了国家水体污染控制与治理科技重大专项课题"多元重污染小流域综合治理技术集成及应用推广"（2017ZX07603-003）和同济大学学术专著（自然科学类）出版基金的资助。在此，编者向所有对专著的出版给予关心和支持的前辈、领导、同事和朋友一并表示衷心感谢。

由于编者水平有限，内容难免有错误和遗漏之处，祈盼各位专家、学者和广大读者批评指正，以便修正和补充。

杨长明

于同济大学明净楼

2019 年 12 月

# 目　录

# 1 绪 论

水环境保护事关人民群众切身利益。当前，我国一些地区水环境质量差、水生态受损严重、环境隐患多等问题十分突出，影响和损害群众健康，不利于经济社会持续发展。为切实加大水污染防治力度，保障国家水安全，国务院于 2015 年 4 月 16 日正式印发并实施《水污染防治行动计划》（简称"水十条"）。总体要求：全面贯彻党的十八大和十八届二中、三中、四中全会精神，大力推进生态文明建设，以改善水环境质量为核心，按照"节水优先、空间均衡、系统治理、两手发力"原则，贯彻"安全、清洁、健康"方针，强化源头控制，水陆统筹、河海兼顾，对江河湖海实施分流域、分区域、分阶段科学治理，系统推进水污染防治、水生态保护和水资源管理。坚持政府市场协同，注重改革创新；坚持全面依法推进，实行最严格环保制度；坚持落实各方责任，严格考核问责；坚持全民参与，形成"政府统领、企业施治、市场驱动、公众参与"的水污染防治新机制，实现环境效益、经济效益与社会效益多赢，为建设"蓝天常在、青山常在、绿水常在"的美丽中国而奋斗。

近年来，由于城市快速发展以及一些老城区改造困难、城市环境基础设施建设不到位等因素，有些城市污水未经处理就被直接排放到水体中，再加上垃圾入河，河道底泥污染严重，导致城市水体水质日趋恶化，水体黑臭现象频出。近几年，城镇污水处理设施建设力度增大，有效降低了入河污染负荷，对于改善城市水环境起到了一定的作用。但是，由于目前城镇污水处理厂排放标准普遍较低，尾水中还含有一些有毒有害物质，对受纳水体来说，仍然是一个重要的污染源。对现有城镇污水处理厂提标升级，是目前改善城市水环境的一项重要举措。特别是对于以城镇污水处理厂尾水作为主要补水来源的城市水系来说，这项措施尤其重要，而且非常紧迫。

## 1.1 我国城市水环境所面临的突出问题

水环境是指自然界中水的形成、分布和转化所处空间的环境，是围绕人群空间及可直接或间接影响人类生活和发展的水体，其正常功能的各种自然因素和有关的社会因素的总体，也指相对稳定的、以陆地为边界的天然水域所处空间的环境。水环境是构成环境的基本要素之一，是人类社会赖以生存和发展的重要场所，也是受人类干扰和破坏最严重的领域。水环境的污染和破坏已成为当今世界主要的环境问题之一。

水是一个城市的历史，是财富，是资源，也是文明素质和文化底蕴的象征。城市内河水系是城市水环境的主要组成之一，在城市生态环境功能中发挥重要作用。近 20 年来，我国城市化发展迅速，城市人口快速增加，城市用水量和排水量也急剧攀升。同时，许多城市环境基础设施不够完善，很多生活和工业污水未经处理或处理未达标就直接排入城市河道，城市内河接纳污染的负荷越来越大，对城市水环境造成极大污染（图 1-1）。水体恶臭及富营养化引起的蓝藻水华泛滥，给城市水体景观和居民身体健康带来严重威胁，同时也导致城市水生态功能退化。

图 1-1　城市水系污染现状

在我国河、湖水系发达的城市区域，河湖多为静止或流动性差的封闭或者缓流水体。情况之一是出于城市防洪需要，在河流、河网中建造了大量人工水闸，平时水闸处于关闭状态，切断水体之间联系，水流处于滞流状态；情况之二是部分河湖地区的河流上游被大型蓄水水库拦截，客水水量小，旱季河流沿岸水量补充低，水流缓。城市河湖一般具有水域面积小、易污染、水环境容量小、水体自净能力差等特点，加上受居民生活影响，极易造成水中悬浮物增多、浊度增加，有机物和大肠杆菌含量增大等问题，无法满足景观水体的功能目标和感官要求。资料显示，我国 90% 以上的城市封闭水体化学需氧量（Chemical Oxygen Demand，COD）、总氮（TN）、总磷（TP）等指标低于《地表水环境质量标准》（GB 3838—2002）Ⅳ类水标准限值。

城市水系水环境目前面临的突出问题主要包括以下几点：

（1）外源污染负荷大：未处理的污水、污水处理厂尾水入河以及面源污染等。

（2）内源污染严重：城市水体底质淤积。

（3）水体水质差：透明度低、富营养化，发黑发臭。

（4）水动力条件差：上游为水库，无客水。

（5）水生态退化和景观破碎化：生物多样性低，景观廊道缺失。

根据相关资料统计，我国城市河流有 90% 左右受到污染，出现水体滞流、多处于厌氧状态、复氧能力差、淤积严重、透明度低甚至发生黑臭等现象。由于城市水体污染负荷远远超过城市有限受纳水体有限的环境容量和自净能力，河水中化学需氧量、氨氮（NH₃-N）污染物严重超标，水生生态系统结构破坏，生物多样性锐减，城市水体的生态功能和使用功能日趋衰退，水体修复和水生态功能恢复的难度明显加大，城市河流水环境生态系统处于失衡状态。同时，城市污水中氮、磷污染物未经有效去除，又成为城市水体发生富营养化的重要诱因，造成水体生态功能的衰退甚至丧失，水生生态环境的破坏已经成为城市生态文明建设的主要障碍。"有水皆污""河道黑臭"已经成为许多城市亟待解决的环境顽疾。

## 1.2 污水处理厂尾水深度处理的必要性

"水十条"明确要求对城市黑臭水体进行整治。采取控源截污、垃圾清理、清淤疏浚、生态修复等措施，加大黑臭水体治理力度，每半年向社会公布治理情况。地级及以上城市建成区应于 2015 年底前完成水体排查，公布黑臭水体名称、责任人及达标期限；于 2017 年底前实现河面无大面积漂浮物，河岸无垃圾，无违法排污口；于 2020 年底前完成黑臭水体治理目标。直辖市、省会城市、计划单列市建成区要于 2017 年底前基本消除黑臭水体。

根据以上目标和要求，目前城市水体修复的总体技术思路为"控源为本，调配优先，多元为辅，强化应急，景观共建"。城市水体的水质改善应以污染源控制为根本。控源以水环境容量为目标，在此基础上实现水体污染负荷的总量和浓度控制。目前，很多城市大规模实施以污水管网改造为重点的城市水环境综合整治工程。以人为本，充分认识城市污水管网改造的重要性，在城市水环境综合整治工程决策过程中，目标是还河流清水。水环境综合整治工程的主要内容包括：①整治污染面，对污染严重的河流进行截污、疏浚和河堤治理；②截断污染源，对居民排水单元户进行雨污分流改造；③变污水为清流，新建污水处理厂，增加污水处理能力。其中，对现有城镇污水处理厂提标升级是目前改善城市水环境的一项重要举措。特别是我国很多城市水体无主要的清洁补水来源，一般就是依靠城镇污水处理厂尾水。

2014 年《环境统计公报》显示，全国的城镇污水处理厂约有 6 031 个，设计处理能力为 1.8 亿吨／天，全年总的污水处理量一共是 493.3 亿吨。我国城市污水常规净化指标为生化需氧量（Biochemical Oxygen Demand，BOD）、化学需氧量、总氮、总磷以及悬浮物（Suspended Soild，SS）等，经过污水处理厂处理的出水中仍然含有一定浓度的污染物，如化学需氧量 60 ～ 100 mg/L，悬浮物 20 ～ 30 mg/L，总氮 15 ～ 25 mg/L，磷 6 ～ 10 mg/L。可见，与地表水环境质量标准相比较，虽然我国城镇污水处理厂的出水浓度能够符合污水排放一级 A 标准，但是一级 A 排放标准与地表水环境质量标准的最低标准间出现了断层，也就是说，天然水体仍然会因为一些符合排放标准的污水排入而受到影响。而且，污水处理厂出水中可能含有一些天然水体中没有的有毒物质，比如卤代化合物、重金属、病原菌。数据表明，当前能够直接或者间接用作饮用水源的仅有城市总水量的 2/3，污水处理厂尾水回用对于水资源缺乏起到缓解作用的同时，也极大缓冲了水体污染对于环境的影响。所以，以不对人类身体健康产生不良影响为前提，有效回收利用城市污水尾水，对于我们而言是一个极为经济的新水源。

近年来，为保护水环境、减少城镇居民生活污水处理厂尾水入河污染负荷，城镇污水处理厂的建设有了很大发展。城镇污水处理厂的建设能够有效减少水污染负荷，减轻对城市水环境的不利影响。然而，一方面，现行城镇污水处理厂排放标准和水质标准之间依然存在一定的差距；另一方面，城市水系连通，水功能区相互交错，城镇污水处理厂的建设和尾水排放对城市水环境的影响依然较大。

污水处理厂尾水是按照地区对尾水排放设定的制度进行排放的，即按照《城镇污水处理厂污染物排放标准》（GB 18918—2002）进行排放。目前一级 A 标准是最高标准，处理后污水对周围的水环境的影响已经极大降低了，但是相对于《地表水环境质量标准》（GB 3838—2002）Ⅳ类或Ⅴ类水标准来说，一级 A 标准排放的尾水仍然是污水，排放后对周围水环境的质量影响仍然是很大的。而且污水处理厂尾水中还含有一些类似于重金属、抗生素、内分泌干扰物（Endocrine Disrupting Chemicals，EDCs）等有毒有害物质，其对受纳水体水生态将产生非常大的毒性影响。因此，提高城镇污水处理厂尾水排放标准，实现清水入河（湖），是有效改善我国城市河湖水系水环境质量的关键。

## 1.3　污水处理厂尾水深度处理技术概述

城镇污水处理厂尾水主要是指经污水处理厂二级处理后的出水，也是一种没有得到合理利用的水资源。目前我国城市用于污水深度处理的有单项技术，也有组合过后的工艺，多种多样、层出不穷。常用的污水深度处理技术主要有传统处理技术、生物过滤技术、活性炭吸附技术和膜分离技术等。在实际工程中，为达到不同的处理目标，可选用单种工艺或几种工艺的组合。

传统处理技术是在二级出水中投加混凝剂，使水中存在的细微悬浮物和胶体脱稳而凝聚成可分离的絮凝体，通过重力沉淀和常规过滤等方式去除。使用该方法处理城镇污水处理厂二级出水，能有效降低出水中细菌及病毒的含量，但是对氨氮的去除效果较差。

生物过滤技术在污水回用方面应用越来越广泛。滤料的截留作用和附着生物膜的降解作用，能有效地去除二级出水中大多数的污染物质，降低浊度，而且还能减少后续消毒费用等。消毒处理在污水回用过程中非常重要，常见方法包括化学法和物理法。化学法是最常用的消毒方法，常用化学药剂主要有高锰酸钾、次氯酸钠、氯、臭氧等。物理法使用比较少，主要有紫外线和微波消毒等。

活性炭比表面积大的特点使其在污水的深度处理过程中应用非常广泛。活性炭吸附技术不仅可以脱色和除臭，还可以去除污水中残存的大部分污染物质，如有机物和胶体粒子。活性炭深度污水处理典型流程为：

原水→预处理→生物处理→过滤→活性炭吸附→消毒→排水。

膜分离技术具有占地面积小、操作管理方便等特点，是一种新兴的高效分离技术。随着各种新型膜材料的开发以及膜分离技术的发展，该技术已经越来越多地被应用于污水回用领域。小型污水处理厂使用膜分离技术深度处理二级出水比传统处理法更经济。随着该技术的不断发展，污水处理厂前期的总投资和运行费用会继续下降，所以该技术对污水回用发展的影响会越来越大。

## 1.4　总结与展望

为了改善受纳水体的水环境质量，城镇污水处理厂尾水需进行深度处理，其去除的主要对象为氮、磷和低浓度有机污染物等。当前城镇污水处理厂所采用的深度处理工艺，如生物法或化学法，虽可去除污水中的氮、磷等生源要素，但存在投资大、运行费用高、净化效果不理想等问题。而生态技术，如人工湿地，则在尾水深度处理中表现出了较多的优势，如投资、维护和运行费用低，管理渐变，处理效果好，二次污染小，抗冲击负荷能力强等。

## 参考文献

An X W，Li H M，Wang L Y，et al. 2018. Compensation mechanism for urban water environment treatment PPP project in China[J]. Journal of Cleaner Production，201: 246-253.

Brion N，Verbanck M A，Bauwens W，et al. 2015. Assessing the impacts of wastewater treatment im-plementation on the water quality of a small urban river over the past 40 years[J]. Environmental Science and Pollution Research，22 (16): 12 720-12 736.

Chang Y，Cui H，Huang M，et al. 2017. Artificial floating islands for water quality improve-ment[J]. Environmental Reviews，25(3): 350-357.

Huang C，Li Y，Zhang Y，et al. 2011. Influence of discharge modes of the tail water from a municipal sewage plant on river water quality[C]//Remote Sensing，Environment and Transportation Engineering，2 221-2 224.

Jia H，Sun Z，Li G. 2014. A four-stage constructed wetland system for treating polluted water from an urban river[J]. Ecological Engineering，71: 48-55.

Jin Z，Zhang X，Li J，et al. 2017. Impact of wastewater treatment plant effluent on an urban river[J]. Journal of Freshwater Ecology，32(1): 697-710.

曹仲宏，刘春光. 2012. 城市水环境面源污染及其控制 [J]. 城市道桥与防洪，(10): 69-71.

陈慧萍，路俊玲，肖琳. 2018. 电解强化人工湿地处理城市污水处理厂尾水中微生物群落分析 [J]. 中国园林，34 (6): 49-53.

陈磊. 2017. 城市水环境综合整治与污染控制治理的对策 [J]. 海峡科技与产业，07: 215-217.

谷军. 2015. 城市水环境治理措施探析 [J]. 科技展望，25 (1): 72.

解宇峰，李文静，李维新，等. 2014. 江苏省城市污水处理厂尾水时空排放特征研究 [J]. 环境工程，32 (8): 33-37.

康琳琦，朱亮，汤颖. 等. 2012. 污水处理厂尾水排放形式对河流水质的影响研究 [J]. 人民长江，43 (19): 85-89.

李新贵，孙亚月，黄美荣. 2017. 城市水环境的修复与综合治理 [J]. 上海城市管理，26 (4): 12-18.

刘弥高. 2017. 曝气生物滤池＋人工湿地深度处理污水厂尾水的研究 [D]. 武汉：长江大学.

齐田. 2018. 城市水环境保护措施研究 [J]. 山东工业技术，3: 210-210.

田涛，赵坤，布旻晟，等. 2014. 城市污水处理厂尾水排放对水环境质量影响定量评估 [J]. 环境工程，32 (6): 135-139.

汪锋，钱庄，张周，等. 2016. 污水处理厂尾水对排放河道水质的影响 [J]. 安徽农业科学，44 (14): 65-68.

王家卓. 2018. 城市水环境治理的现状与未来方向 [J]. 环境经济，07: 56-57.

徐明晗. 2016. 生态技术在城市水环境修复中的应用 [J]. 黑龙江水利科技，44 (3): 107-109.

尹文超，赵昕，王宝贞. 2017. 城市水环境改善坚持走创新绿色生态之路 [J]. 给水排水，43 (4):41-49.

苑天晓. 2016. 外加碳源人工湿地处理污水厂尾水的脱氮工艺研究 [D]. 北京：北京林业大学.

郑毅. 2016. 我国城市水环境现状及防治对策探讨 [J]. 浙江水利科技，44 (6): 50-52+58.

钟铮. 2018. 沿河城镇污水处理厂尾水污染及其深度净化处理 [J]. 江苏科技信息，35 (21): 37-39.

# 2　人工湿地污水处理技术概述

人工湿地（Constructed Wetlands，CWs）是人工建造和监督控制的具有针对性的仿照或模拟天然湿地的功能和构造的体系。一般来说，人工湿地是一个独特的生态系统，在一定长宽比及地面坡度的洼地上用土壤、沙、石等级配构建而成填料床，并且在床体上种植处理性能好、成活率高、抗水性强、生长期长、美观且具有经济价值的水生植物（芦苇、香蒲、美人蕉等），同时填料表面上生存着动物、微生物等，其污染物降解能力甚至高于天然湿地。人工湿地通过物理、化学和生物的协同作用来实现对污水的净化作用，且促进污水中碳、氮、磷等营养物质的良性循环，达到污水处理与资源化的最佳效益，具有投资低、运行费用低、管理要求低、产泥量少等优点。

人工湿地可根据植物、用途以及水体流动等多种方式来分类。根据湿地中主要植物形式可分为浮水植物系统、沉水植物系统以及挺水植物系统。浮水植物主要用于氮、磷的去除和提高传统稳定塘效率，该种植物种类繁多，习性各异，大小不一。沉水植物系统中植物光合作用的组织全部潜在水中，应用较少。目前，应用较广泛的是挺水植物系统，通常情况下所说的人工湿地系统都是指挺水植物系统。

按照用途来分类，人工湿地主要可分为以下类型：①人工抗洪湿地，用于控制洪水或者泄洪；②人工生态湿地，协助天然湿地保护生物多样性；③人工处理湿地，用于污染治理。在工程实例中，大多数小规模人工湿地以污染治理为目的，即为人工处理湿地。人工湿地污水处理技术广泛应用于污染水体的水质净化与恢复、面源污染控制、雨水处理与利用、污水处理等领域，具有投资及维护费用低、出水水质好、二次污染小等优点，是削减污水处理厂二级出水中氮、磷污染物的有效工艺之一。它不仅可满足二级出水脱氮除磷的水质要求，而且可大幅削减进入受纳水体的污染负荷，在一定程度上保障受纳水体的水质需求，具有良好的环境效益和经济效益。

## 2.1　人工湿地的构成

人工湿地主要由填料床、水生高等植物和微生物组成。用于深度处理污水时，是利用填料床、植物、微生物的物理、化学、生物作用使污水得到净化。

填料床是处理污水的主要场所，也是植物与微生物的主要载体。当一定比例的污水经过人工湿地时，其中的营养物质被基质拦截下来，并经过一系列的沉淀、吸附、吸收、离子交换等过程，使污水中的氮、磷等营养物质被去除。大量研究表明，基质对有机物质有着较强的过滤作用，基质的渗透系数也影响着污水的处理能力，渗透系数越小越容易发生堵塞问题，不同的基质对污染物的处理效果不同。

植物主要通过根系吸附富集重金属与一些有毒有害物质来处理污水。植物为微生物的生长提供了重要的条件，植物向土壤中释放的糖类、醇类以及根部的腐解均可促进微生物对有机污染物的分解。植物的输氧作用维持了人工湿地环境，使得根区存在有氧、缺氧及厌氧区域，为各类微生物提供了生长环境，有利于硝化细菌与反硝化细菌生长，进而提高其对污水的脱氮效果。有学者认为，人工湿地不能只应用一种单一的植物，要充分利用生物多样性协同作用来提高人工湿地净化能力。植物作为人工湿地的核心，不仅可以去除污染物、净化污水，还可以促进污水中营养物质的循环利用，从而绿化土地，改善生态环境。

微生物是人工湿地进行污水处理的"主力军"，其数量在一定程度上可以反映人工湿地对污水的处理能力。微生物的组成与其功能的发挥直接决定了人工湿地的处理效果。大量的有机物质和氮素等都需要微生物作用来去除，微生物群体是维持人工湿地稳定和净化污水的重要组成部分。大量研究表明，人工湿地的污水来源、类型、水生植物和基质种类、运行方式等都会导致微生物种群和数量的不同，因此当处理不同类型污水时，应合理选择不同类型的人工湿地调控微生物的种群和数量，以更快速、高效地处理。

## 2.2　人工湿地的主要类型

从工程建设角度，根据污水在人工湿地中的流动方式，将人工湿地分为表面流人工湿地（Surface Flow Constructed Wetlands，SFCWs）、水平潜流人工湿地（Subsurface Horizontal Flow Constructed Wetlands，SSFCWs）和垂直流人工湿地（Vertical Flow Constructed Wetlands，VFCWs）。另外，近几年还发展出一种结合水平潜流和垂直流两种水流形式的复合流人工湿地，以及由多个同类型或不同类型的人工湿地池体构成的组合人工湿地（Combined Constructed Wetlands）处理系统。

### 2.2.1　表面流人工湿地

表面流人工湿地是指污水在基质层表面流动，依靠基质、植物根茎的拦截及微生物的降解作用使污水净化的人工湿地（图2-1）。表面流人工湿地与自然湿地类似，水深一般在4 m以下，当污水进入湿地表面后，主要靠生长在植物茎、杆上的微生物去除其中的污染物，绝大部分有机物的去除是由长在植物水下茎、杆上的生物膜来完成。表面流人工湿地不易堵塞，具有对悬浮物的沉淀截留作用，也具有较好的复氧功能。表面流人工湿地具有建设费用低、运行管理方便等优点。但表面流人工湿地没有充分发挥基质和植物的作用，运行中易产生异味、孳生蚊蝇（蚊蝇大量生长和繁殖），容易受环境影响，特别是冬季自由水面容易结冰，影响其处理效果。因此，该类型湿地一般不适合北方地区。

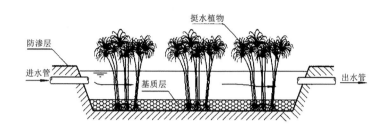

图 2-1　表面流人工湿地结构与水流示意图

### 2.2.2　水平潜流人工湿地

水平潜流人工湿地是指污水在湿地床的表面下流动（图 2-2），流经基质时，通过基质的拦截作用、植物根部与生物膜的降解作用，使污水净化的人工湿地。与表面流人工湿地相比，水平潜流人工湿地依靠湿地植物传输给系统氧气，能够充分利用植物和基质，水力负荷、污染负荷较大，对生化需氧量、化学需氧量、悬浮物、重金属等均有较好的处理效果，且几乎没有产生异味、孳生蚊蝇等现象。由于污水是在地表下流动的，因此保温性较好，受气候影响较小。水平潜流人工湿地出水水质优于传统的二级生物处理。水平潜流人工湿地缺点是投资较表面流人工湿地略多，控制相对复杂。

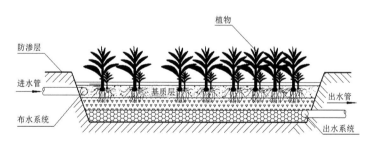

图 2-2　水平潜流人工湿地结构与水流示意图

### 2.2.3　垂直流人工湿地

垂直流人工湿地是指污水从湿地表面垂直流过基质从底部排出（下行流），或从湿地底部垂直流过基质从表层排出（上行流），使污水净化的人工湿地（图 2-3）。该湿地基质处于不饱和状态，由于氧通过大气扩散与植物传输进湿地系统，使得系统的硝化能力高于水平潜流人工湿地，因此可用来处理氨氮含量较高的污水。但是其对有机物的去除能力低于水平潜流人工湿地，落干/淹水时间较长，运行控制较复杂。垂直流人工湿地系统是水平潜流与表面流人工湿地处理系统的结合体,硝化能力高于水平潜流系统,其缺点是对有机物的处理能力不如水平潜流系统,且建造要求高,造价也高,控制也相对复杂,在处理负荷较高时夏季有孳生蚊蝇的现象。

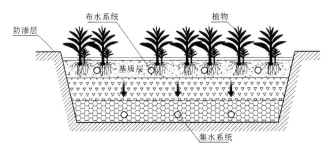

**图 2-3　垂直流人工湿地结构与水流示意图**

以上三种人工湿地各有特点,在结构特点、水力负荷、占地面积、运行管理等方面的比较如表 2-1 所示。

**表 2-1　三种类型人工湿地比较**

| 人工湿地类型 | 表面流人工湿地 | 水平潜流人工湿地 | 垂直流人工湿地 |
|---|---|---|---|
| 结构特点 | 水流流态单一,基质较单一,适合生长的植物类型多 | 水流流态复杂,基质类型多,适合生长的植物类型单一(挺水植物较多) | 水流流态复杂,基质类型多,适合生长的植物类型单一(挺水植物较多) |
| 水力负荷 | 较低 | 较高 | 较高 |
| 占地面积 | 较大 | 较小 | 较小 |
| 受气候影响 | 较大 | 较小 | 较小 |
| 建设成本 | 较小 | 较大 | 较大 |
| 运行管理 | 较简单 | 较复杂 | 较复杂 |
| 主要用途 | 适合处理只经过简单沉淀或一级处理的受污水体,处理农村生活、养殖污水等 | 适合用于二级污水处理,处理二级城市污水、垃圾渗滤液等 | 适合处理氨氮含量较高的污水,城市生活污水的深度处理等 |

另外,为了提高人工湿地污水处理效率,较好解决现有人工湿地处理系统的局限性,特别是为了提升对污水的脱氮效果,近几年国内外一些学者还研究开发了一种新型复合垂直流人工湿地(图 2-4)。此类人工湿地是由两个底部相连的下行流池和上行流池组成,污水从一个池体垂直向下流入另一个池体中后垂直向上流出。复合垂直流人工湿地可选用不同植物多级串联使用,通过延长污水的流动路线来增加污水的停留时间,从而提高人工湿地对污染物的去除能力。该人工湿地通常采用连续运行方式,具有较高的污染处理负荷。

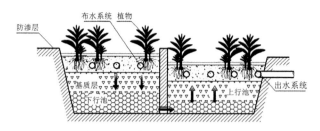

图 2-4　复合垂直流人工湿地结构与水流示意图

### 2.2.4　组合人工湿地

由于不同类型人工湿地有不同的优缺点，例如，表面流人工湿地对有机物去除能力显著，但氮、磷去除效果欠佳；水平潜流人工湿地对有机物和重金属去除效果较好，但其因氧气传输限制使得脱氮除磷效果有待提高；垂直流人工湿地因其复氧效果良好，使得硝化作用较强却无法持续稳定地进行反硝化作用。因此，为提高人工湿地对废水的净化效果，尤其是脱氮效果，国内外许多学者研究开发了由多个同类型或不同类型的人工湿地池体构成的组合人工湿地处理系统。人工湿地组合工艺，即包括复合垂直流人工湿地、复合水平潜流人工湿地、水平潜流－垂直流组合人工湿地和垂直流－水平潜流组合人工湿地工艺。研究表面流人工湿地和水平潜流人工湿地进行组合用以处理河水，结果显示对水体改善的效果依次为：水平潜流－水平潜流组合人工湿地＞水平潜流－表面流组合人工湿地＞表面流－水平潜流组合人工湿地＞表面流－表面流组合人工湿地。一般来说，人工湿地组合工艺的处理效果稳定且其对化粪池出水的净化效果要好于单一的湿地系统。

## 2.3　人工湿地对污染物的去除机理

### 2.3.1　对有机物的去除

典型的人工湿地床体深度为 0.6 ～ 0.8 m，以满足湿地植物根生长穿透整个床体并通过根释放氧气。芦苇等湿地植物大多为维管植物并能将大气中的氧气输送至根系，主要为根系自身代谢需要，同时部分氧气会释放至根区。但是许多研究表明，根系释放的氧气远不能满足好氧反应需求，因此在水平潜流人工湿地系统中缺氧和厌氧代谢也起到了重要作用。

通常认为好氧异养菌决定了溶解性有机物（Dissolved Organic Matter，DOM）的好氧降解速率。氨氧化细菌在好氧条件下代谢有机物过程中还进行硝化反应。尽管所有的细菌群落都能代谢有机物，但异养菌较快的降解速率决定了它们才是系统代谢 $BOD_5$（五日生化需氧量）的主要贡献者。值得一提的是，大部分人工湿地系统基质床体是缺氧的环境，这会大大降低去除有机物的速率。在大多数处理污水的系统中溶解性有机物都是充足的，这时反应限制因素往往是供氧量。对异养细菌和硝化细菌来说，它们需要充足氧气来满足其生理活动。厌氧代谢发生在 $Fe^{3+}$ 还原层下方的基质层，参与代谢的包括兼性厌氧菌和专性厌氧菌。厌氧代谢将大分子有机物转化成能被微生物利用的溶解性小分子有机物。厌氧代谢是一个多步反应，第一步的发酵产物是脂肪酸类物质（包括乙酸、丁酸和乳酸）、乙醇和 $CO_2$、$H_2$ 气体。乙酸是很多淹水土壤和沉积物中酸的主成分。湿地中厌氧硫酸盐还原菌和产甲烷菌能利用发酵产物，这些产物是由群落复杂的发酵菌群发酵产生的，所有的种群都在有机物代谢过程中起到不可替代的重要作用。有机物的厌氧代谢是一个缓慢的过程，但在供氧量有限的情况下（大多数水平潜流湿地基质中下层都是如此），厌氧代谢将起主要作用。

### 2.3.2 对悬浮物的去除

悬浮物可被湿地的过滤和沉降作用有效去除。研究表明，大多数悬浮固体在基质床体前端部分就被过滤和沉降，有国外报道废水中大部分不溶性 $BOD_5$ 和 $COD_{Cr}$ 在床体 5 m 内就可被截留并通过沉淀作用去除，而悬浮物在经过床体 10 m 后去除率就达到 90% 以上。这些被截留下来的悬浮物会堵塞床体，影响处理效果。因此，高悬浮物废水进人工湿地前必须进行预处理。人工湿地更适合深度处理城镇污水处理厂尾水，因为尾水中悬浮物含量一般并不高。

### 2.3.3 对氮的去除

氮在湿地系统中的循环变化是一个复杂的生物化学变化过程，包括了七种价态的多种有机和无机物的转化。人工湿地系统去除氮的主要机制是基质床体中发生的硝化/反硝化反应。氮素在人工湿地中的转化过程如图 2-5 所示。但是水平潜流人工湿地系统中供氧量的不足往往会导致硝化反应不能完全进行。美国环保署的经验表明，对于进水浓度 1.0 mg/L 的氨氮，系统中溶解氧（Dissolved Oxygen，DO）大于 4.6 mg/L 时，硝化过程才能顺利进行。当进水负荷高，硝化反应进行不完全时，水平潜流人工湿地出水溶解氧小于 0.5 mg/L。国外运行经验表明，就一般水平潜流人工湿地而言，要满足完全硝化的条件，TN 的负荷不宜超过 73 g/($m^2 \cdot y$)。这个负荷标准是相当小的，对那些通常以 $BOD_5$ 和 SS 去除率为标准设计的系统（人口当量一般为 5 $m^2$/PE）来说，往往难以达到。一般来说，硝化反应仅仅发生在靠近根茎的区域，以便从根茎获得氧气，而其他缺氧厌氧的区域就为反硝化反应提供了良好条件，这时硝态氮的浓度就成了反硝化反应的限制因子。但对城镇污水处理厂尾水来说，关键在反硝化，因为硝化基本在污水处理厂好氧生化阶段已经完成。

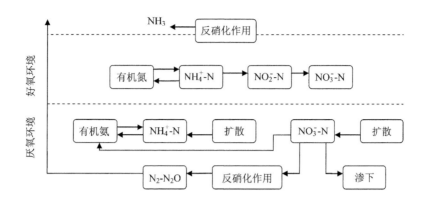

图 2-5　氮在人工湿地系统中的转化过程

### 2.3.4　对磷的去除

人工湿地磷的去除一般是通过基质的吸附、过滤和各种磷酸盐的沉淀反应及植物的吸收利用，但主要还是依赖化学反应。一般是与铁、铝、钙的化合物反应，但是常用于水平潜流人工湿地的基质（细砾石、碎石）并不富含这类化学物质，因此对磷的去除效果一般较低。有植物生长的湿地表层（10 cm 深度）为好氧状态（氧化还原电位 $E_h$ = 367 mV），而没有植物生长的湿地表层（10 cm 深度）为较缺氧状态（氧化还原电位仅为 $E_h$ = 8 mV）。而相关领域研究表明，好氧状态下，磷更容易发生吸附和共沉淀反应而不容易发生解吸。磷在人工湿地系统中的转化过程如图 2-6 所示。

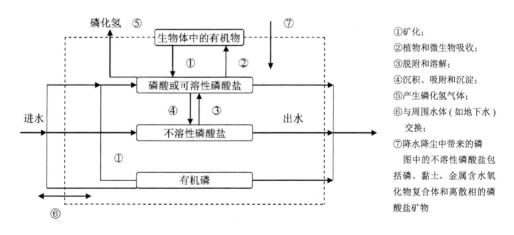

图 2-6　磷在人工湿地系统中的转化过程

国内外研究还表明，植物收割对氮和磷的去除作用是有限的。特别要注意的是，收割法并不适用于温带及寒带，因为收割季节（夏末秋初）正是污水浓度很高的时期；而在亚热带和热带收割法能起到一定作用，因为这里的植物可以常年生长并且全年污水浓度变化不大。植物地上部分生物量收割后去除的氮量能达到 $40 \sim 50 \ g/m^2$，去除磷量 $5 \sim 10 \ g/m^2$，低于全年去除量的 10%，并且收割法带来的工作量相当大，在经济上会存在一定的问题。不过如果系统处理的是低浓度的污水（如经过二级处理后的出水），收割法带来的去除量还是占相当大比例的。

### 2.3.5 对重金属的去除

人工湿地对重金属的去除机理包括物理沉淀、过滤、化学沉淀、吸附、微生物交互作用以及植物的吸收。人工湿地植物的吸收和生物富集作用、填料的吸附沉淀作用和金属离子与 $S^{2-}$ 形成硫化物沉淀是人工湿地去除重金属的主要方式。

**1. 基质的去除作用**

基质对重金属的去除作用主要是通过吸附和化学作用实现的。重金属进入人工湿地系统后，便可以在人工湿地的基质系统内发生多重反应，进行吸附与解吸、络合与解络、沉淀与溶解的平衡反应。在水平潜流或垂直流人工湿地中，重金属与填料发生化学反应而留在填料中，最后被人工湿地植物吸收，或者在更换填料时被去除。

另外，人工湿地基质可以强化重金属去除，使其转化为难迁移转化的形态。人工湿地基质对重金属的容滞过程包括重金属和矿物及基质中的腐殖酸阳离子交换，有机物络合和沉淀为氧化物、碳酸盐及硫化物。其中转化为硫化物在表面流人工湿地处理高硫酸盐废水中是一种主要的去除重金属的方式，因为在基质中的厌氧环境下，微生物可以将硫酸盐转化为 $S^{2-}$ 从而使得重金属沉淀为较为稳定的硫化物。

**2. 植物的去除作用**

人工湿地植物主要通过植物吸附、挥发和吸收去除重金属。总体来看，植物对金属离子的摄取量仅占废水中重金属去除总量的很小一部分。人工湿地中植物对重金属的去除作用主要是调节痕量金属在固相和液相中的分布。其过程分为植物表面的快速吸附和生物质中缓慢的沉积和迁移两个过程。

人工湿地植物从大气中吸收氧气并传到根部，湿地植物的根部能够在湿地一定深度区域形成有氧区域，其中一部分扩散至已沉淀的硫化物中，使其重新氧化，从而使重金属释放至液体中。湿地植物能够减缓水流的速率，使污染物颗粒的停留时间增长；湿地植物还可以释放出有机碳传至重金属沉淀物表面使其变成还原状态。因此，种植湿地植物加强了硫的循环和金属在氧化态和还原态间的转化。湿地植物还可以提供微生物附着和形成菌落的场所，促进微生物群落的发育，植物代谢产物和残体及溶解的有机碳给人工湿地中的硫酸还原菌和其他细菌提供食物源。

**3. 微生物的作用**

微生物在重金属废水处理中的作用主要有：①微生物对重金属的吸收或吸附作用；② 微生物分泌蛋白对可溶性重金属的螯合沉淀作用；③微生物对重金属形态转化的间接作

用。在厌氧条件下，利用硫酸盐还原菌将硫酸盐还原成硫化氢，废水中的重金属便可以和硫化氢反应生成溶解度很低的金属硫化物沉淀而被去除。

### 2.3.6 对病原微生物的去除和综合毒性的削减

人工湿地去除有机污染物的同时，还具有较强的去除病原微生物的能力。通常认为湿地系统去除病原微生物的主要机制是基质的物理吸附作用。Williams（1995）利用芦苇床水平潜流人工湿地处理生活污水，研究表明，床体长度和大肠杆菌处理量之间存在显著相关性。Decamp（2000）对湿地去除大肠杆菌的规律和动力学开展研究，发现植物、填料、停留时间、微生物种群数量等是动力学的重要参数，另外，不同的组合方式也会影响到对大肠杆菌的去除效果，土壤床－砂砾床组合工艺去除效果要高于砂砾床－土壤床系统。部分研究指出，没有明显数据表明大肠杆菌去除率和季节间有联系，研究者认为湿地系统对病原微生物的主要去除作用可能是物理化学作用截留病原微生物后导致其死亡。但是就寄生虫卵这类污染物来说，去除率在干旱或较热的季节要高一些。

人工湿地具有超长泥龄，其物理、化学、生物的多重协同作用削减了难降解有机物的浓度，使出水的综合毒性得以降低，因此人工湿地应用于城镇污水处理厂尾水的深度处理时，出水更为接近天然水体的品质。

## 2.4 影响人工湿地污水处理效果的因素

### 2.4.1 湿地植物的种类

在人工湿地污水处理系统中，水生植物特别是挺水植物，是重要的有机组成部分，选择恰当与否直接关系到人工湿地的处理效果。研究表明，湿地中宽叶香蒲和黑三棱是摄取同化、吸附富集高速公路径流油类、有机物、铅和锌的较适宜植物种类。Adsock（2002）对水麦冬和芦苇两种人工湿地植物的研究结果表明：水麦冬具有明显发达的根系，对氮、磷的去除效果是芦苇的 5 倍。鲁敏等（2004）研究了 7 种武汉地区常见湿地植物对生活污水的处理效果，发现各种植物的人工湿地对 $COD_{Cr}$、TN、TP 和 SS 有明显的去除效果，其中，香蒲、美人蕉、黄花鸢尾、茭白和菖蒲的处理效果相对较好。

### 2.4.2 基质类型

基质是植物生长的载体，是湿地内所有生物和非生物的储存库，它将发生在湿地内部的各种处理过程连接成一个整体，在污水净化过程中起过滤、沉淀和吸附污染物的作用。

不同的基质对人工湿地的处理效果影响较大。袁东海等（2004）模拟污水磷素净化实验表明，矿渣、粉煤灰、硅石净化磷素污染效果较好，表土和下蜀黄土次之，沸石和砂子净化磷素污染效果较差。朱夕珍等（2002）以石英砂、煤灰渣和高炉渣为基质构建人工湿地的结果表明：煤灰渣基质的人工湿地对有机污染物的处理效果最好，$COD_{Cr}$ 和 $BOD_5$ 的去除率分别达到 71% ~ 88% 和 80% ~ 89%；高炉渣人工湿地的除磷效果最好，总磷去除率高达 83% ~ 90%；而石英砂人工湿地处理效果较差，$COD_{Cr}$、$BOD_5$ 和 TP 的去除率分别为 36% ~ 49%、65% ~ 75% 和 40% ~ 55%。郭本华（2006）等的研究表明，由碎石、页岩陶粒、沸石 3 种基质和芦苇构建的 4 个水平潜流人工湿地单元中，碎石单元对 TP 去除效果最好，页岩陶粒次之，沸石最差。

### 2.4.3 水力条件

#### 1. 水流方式

人工湿地按照系统布水方式的不同，可分为表面流人工湿地、水平潜流人工湿地和垂直流人工湿地。水平潜流人工湿地对 $BOD_5$、$COD_{Cr}$ 等有机物和重金属的去除效果较好；垂直流人工湿地系统的硝化能力高于水平潜流人工湿地，可用于处理氨氮含量较高的污水；表面流人工湿地的处理效果一般。但如果将不同类型的人工湿地进行组合，有利于提高系统的处理能力。

#### 2. 水力负荷

水力负荷是指单位面积（$m^2$）单位时间（d）能够消纳的污水体积（$m^3$）。水力负荷关系到占地面积，是目前衡量人工湿地设计、管理水平的最重要指标。目前人工湿地水力负荷在 0.2 ~ 0.4 $m^3/(m^2 \cdot d)$ 范围内，欧洲、北美及澳大利亚，人少地多，水力负荷大都低于 0.1 $m^3/(m^2 \cdot d)$。我国人多地少，水力负荷较高，一般高于 0.2 $m^3/(m^2 \cdot d)$，但考虑冬季低温的影响，我国北方人工湿地水力负荷为 0.2 ~ 0.5 $m^3/(m^2 \cdot d)$，南方为 0.4 ~ 0.8 $m^3/(m^2 \cdot d)$。一般情况下，水平潜流和垂直流人工湿地比表面流人工湿地的水力负荷要高。水力负荷的确定对湿地类型的选择及其尺寸（占地面积）的确定至关重要，并且直接关系着人工湿地对污染的净化效果。因此，宜根据不同水质及水量的实际情况，合理确定人工湿地的水力负荷。

#### 3. 水力停留时间

水力停留时间（Hydraulic Retention Time，HRT）指待处理污水在反应器内的平均停留时间，也就是污水与生物反应器内微生物作用的平均反应时间。人工湿地系统水力停留时间和水流状态与污染物降解与去除率关系密切，是维持系统正常运行并充分发挥净化效果的重要参数。

人工湿地的停留时间与处理效果关系密切，停留时间过短，生化反应不充分，停留时间过长，易引起污水滞留和厌氧区扩大，影响处理效果，一般为 10 ~ 20 d。适当延长水力停留时间，可提高处理效果和处理能力，但是水力停留时间过长，会降低人工湿地污水处理负荷。北京昌平人工湿地的运行结果表明,停留时间宜为 4 ~ 6 d。张毅敏等(1998)的研究表明,在 36 h 的水力停留时间下,经人工湿地处理后的小城镇生活污水可以达到城镇污水处理厂污染物排放标准一级 B 标准的要求。王世和等(2003)认为,停留时间为 5 ~ 7 d,各种污染物的处理效果最佳。

水力停留时间的变化显著影响水平潜流和垂直流人工湿地污染物的净化效果,2 种湿地高锰酸盐指数和氨氮去除效果随水力停留时间的变化均呈现先上升后下降的趋势。垂直流人工湿地显示出比水平潜流人工湿地更好、更稳定的污染物净化效果,其高锰酸盐指数和氨氮去除效果的最佳停留时间均出现在 2 d 左右,2 种污染物的去除率分别达到 93.1% 和 87.7%;而水平潜流人工湿地在水力停留时间为 2 d 左右时高锰酸盐指数去除率最高,达到 92.3%,在 2.5 d 左右的时候氨氮去除率最高,达到 81.5%。

### 2.4.4　人工湿地堵塞问题及对策

人工湿地,特别是水平潜流人工湿地运行一段时间后,会出现堵塞现象,造成基质渗透系数急剧下降,过水能力降低,污水壅积在湿地表面,引发恶臭,壅积的污水使氧气难以向基质内扩散,影响处理效果,并缩短湿地的运行寿命。堵塞物质主要来自固体的截留作用、生物膜的生长、植物根系的生长、化学作用。

对于人工湿地运行中遇到的堵塞问题的解决方案:

①对污水进行适当的预处理(格栅、厌氧消化池等)可以减少湿地的悬浮物,降低有机负荷。

②改进进水方式(间歇进水等)可提高湿地中的溶解氧,提高微生物分解有机物的速度,减少胞外聚合物的过量积累,从而缓解堵塞问题。

③进行曝气,提高系统中的溶解氧量,作用与方案②同。

④基质粒径和级配影响湿地的孔隙率和水容量,选择合理的基质粒径和级配。

⑤停床轮休。一方面可以使氧气进入湿地系统,提高微生物的活性,增强降解污染物的能力;另一方面停止进水,使系统中缺乏营养物质,微生物消耗自身有机物并老化死亡,减少胞外聚合物积累。

⑥选择合理的植物。湿地植物分泌的有机物质或其根茎的死亡等会使人工湿地基质层顶部 100 mm 厚度内积累大量有机物。可以选择分泌难降解物质的植物并定期收割植物地上部分。

⑦加强湿地的运行管理。每 6 个月就应综合检查一次;日常要注意拔除杂草、清洗管道等。

### 2.4.5　环境因子与管理措施的影响

环境因素,特别是温度对人工湿地的去污效果产生显著影响。湿地系统对污染物的去除主要依靠湿地植物的吸收、填料的过滤及吸附、微生物的分解与转化等作用来完成，而植物与微生物的生长与繁殖能力受温度的变化影响较大，造成湿地系统在不同的季节有不同的生长量。研究表明，人工湿地对污染物和氮磷的去除作用夏季明显强于冬季。水温在 20 ~ 25℃时，生物去污的效果最好；低于 10℃时，处理效率会明显下降。夏天的处理效果要好过冬天，而温度高于 30℃又会对硝化与反硝化等过程产生抑制作用。但是，目前主要还是冬季低温问题严重制约人工湿地，特别是表面流人工湿地运行的稳定性。另外，人工湿地的运行管理措施是否科学合理也直接影响运行效果，科学和精细化的人工湿地管理是确保人工湿地稳定持久高效运行的重要保障。

## 2.5 人工湿地污水处理技术的应用及发展趋势

近十几年来，英国、德国、法国、澳大利亚、巴西、荷兰等国家人工湿地发展迅速，人工湿地污水处理技术不仅成为中小城镇污水处理的重要措施，而且也成为雨水处理、工业废水处理的重要技术。目前，欧洲已有数以百计的人工湿地在运行之中，处理规模有大有小，规模最小的仅处理一家一户的生活污水（湿地面积约为 40 $m^2$），规模大的占地达 5 000 $m^2$，用于处理人口当量 1 000 以上的村镇排放的生活污水。人工湿地已作为一种独特新型污水处理技术正式进入水污染控制领域。

我国利用人工湿地处理污水的研究起步较晚。1987 年由天津市环境保护研究所建成的占地 6 $hm^2$ 的处理规模为 1 400 $m^3/d$ 的芦苇湿地工程，是我国首例使用人工湿地处理污水的研究工作。1990 年，国家环保局华南环保所建造的深圳白泥坑人工湿地为我国首座人工湿地，其占地面积 8 400 $m^2$，日处理 100 t 城镇综合污水。基于基建投资少、运行费用低、维护和管理相对简单、生态景观效果好等优点，人工湿地污水处理技术在我国经过 20 多年的发展，已广泛应用于城镇生活污水处理、湖泊污染防治、受污河水治理、富营养化水体修复和生态建设等各个方面。自此以后，人工湿地在我国逐步受到关注，广泛应用于城市生活污水和工业废水的处理，在北京、深圳、山东、成都等地均有应用实例。无锡市城北污水处理厂、无锡市马山污水处理厂、无锡市东亭污水处理厂相继建设人工湿地，开展人工湿地深度处理污水处理厂尾水的研究。社会主义新农村建设的实践表明，人工湿地也是农村分散污水处理中最为经济的技术方案。

近年来，人们开始将人工湿地应用于生态修复和景观微污染水治理领域。武汉月湖地区生态系统重建与景观改善示范工程中，通过构建人工湿地来恢复湖泊水质并形成以湿地为主的滨水景观。盐城自然保护区在核心区边缘地带建立人工湿地生态系统，改善自然生态环境，促进生物多样性保护。水鸟的分布动态调查表明已产生初步生态效益。广东东莞某小区的人工湖中使用人工湿地结合生物生态净化基工艺，对人工湖微污染的修复及控制进行研究，结果表明：人工湿地结合生物生态净化基工艺应用于景观水微污染控制是有效的，$COD_{Cr}$、

NH₃-N、叶绿素 a 去除率分别达到 75%，85%，90% 以上。随着我国脱氮除磷要求的提高，人工湿地在废水深度脱氮除磷、微污染水体修复领域的研究必将是今后一段时间的热点。

　　总之，人工湿地污水处理系统出水水质稳定，对氮、磷和有机物去除能力强，基建运行费用低，易于维护，耐冲击负荷强，适于处理间歇排放的污水，并具有美学价值，发展前景十分广阔。但由于湿地系统中影响因素繁多，受地域及气候条件影响较大，人们对污水进入湿地系统后污染物的迁移转化机理与过程的认识尚不充分，人工湿地设计的可移植性不强。因此，全面了解污水在湿地中的净化机制，改善人工湿地的处理效率，是未来人工湿地技术研究的趋势。

## 2.6　总结与展望

　　我国在短时间内提高污水处理达标排放存在很大的困难，但人工湿地污水处理系统管理简单、动力消耗较小、不产生污泥、出水水质达到要求、投资费用低，是一种经济的水处理方式，具有良好的社会效益，非常符合我国的现状。同时，经人工湿地处理后提升了出水水质，减缓了受纳水体的富营养化程度，从而改善地表水整体水质。人工湿地不仅可以处理城市生活污水、河水等，也适用于处理水量不大、水质变化较小、管理要求不高的城镇污水和较分散的污水。随着我国污水产生量逐年增加以及污水深度处理重要性逐渐增强，我国发展人工湿地污水处理技术的潜力巨大，其在我国的应用也将越来越广泛。

### 参考文献

Adsock J. 2002. The use of sub-surface constructed wetlands for wastewater treatment in the Czech Republic: 10 years experience[J]. Ecological Engineering，18(5): 633-646.

Decamp O，Warren A. 2000. Investigation of Escherichia coli removal in various designs of subsurface flow wetlands used for wastewater treatment[J]. Ecological Engineering，14(3): 293-299.

Williams J，Bahgat M，May E，et al. 1995. Mineralisation and removal in gravel bed hydroponic constructed wetland for wastewater treatment[J]. Water Science and Technology，32(3): 49-58.

曹笑笑，吕宪国，张仲胜，等. 2013. 人工湿地设计研究进展 [J]. 湿地科学，11(1): 121-128.

陈玉成. 2003. 污染环境生物修复工程 [M]. 北京：化学工业出版社，30-52.

郭本华，宋志文，李捷，等. 2006. 3 种不同基质潜流湿地对磷的去除效果 [J]. 环境工程学报，7(1):110-113.

雷明，李凌云. 2004. 人工湿地土壤堵塞现象及机理探讨 [J]. 工业水处理，24(10): 9-12.

国家统计局，环境保护部. 2016. 中国环境统计年鉴 [M]. 北京：中国统计出版社.

梁威，胡洪营. 2003. 人工湿地净化污水过程中的生物作用 [J]. 中国给水排水，19(10): 28-31.

鲁敏，曾庆福. 2004. 七种植物的人工湿地处理生活污水的研究 [J]. 武汉科技学院学报，17(2): 35-38.

满丽. 2017. 洙水河滩人工湿地水质净化工程设计 [J]. 中国给水排水，33(14): 66-69.

牛晓君. 2005. 我国人工湿地植物系统的研究进展 [J]. 四川环境，24(5): 45-47.

沈耀良，王宝贞. 1999. 废水生物处理新技术 —— 理论与应用 [M]. 北京：中国环境科学出版社.

宋志文，郭本华，韩潇源，等．2003．潜流型人工湿地污水处理系统及其应用 [J]．工业用水与废水，34(6): 5-8.

孙桂琴，董瑞斌，潘乐英，等．2006．人工湿地污水处理技术及其在我国的应用 [J]．环境科学与技术，29(s08): 144-146.

王亮．2016．复合垂直流人工湿地对污水深度处理研究 [D]．合肥：合肥工业大学．

王楠，王晓昌，熊家晴，等．2017．人工湿地在工业园区污水厂尾水处理中的工程应用 [J]．环境工程，35(12): 11-15.

王圣瑞，年跃刚，侯文华，等．2004．人工湿地植物的选择 [J]．湖泊科学，16(1): 91-96.

王世和，王薇，俞燕．2003．水力条件对人工湿地处理效果的影响 [J]．东南大学学报：自然科学版，33(3): 359-362.

吴树彪，董仁杰．2008．人工湿地污水处理应用与研究进展 [J]．水处理技术，34(8): 5-9.

徐德福，李映雪．2007．用于污水处理的人工湿地基质、植物及其配置 [J]．湿地科学，5(1): 32-38.

许兵．2013．人工湿地深度处理污水处理厂二级出水试验研究 [D]．济南：山东大学．

尧平凡，陈静静．2007．人工湿地基质堵塞预防措施及恢复对策研究进展 [J]．净水技术，26(5): 45-48.

叶建锋，徐祖信，李怀正．2008．垂直潜流人工湿地堵塞机制：堵塞成因及堵塞物积累规律 [J]．环境科学，29(6): 1 508-1 512.

于搏海．2016．人工湿地的堵塞规律研究及机理探讨 [D]．杭州：浙江大学．

于慧卿．2013．CWM1 模型在人工湿地水体修复及生活污水处理中的应用研究 [D]．西安：长安大学．

余芃飞，胡将军，张列宇，等．2015．多介质人工湿地提升再生水水质的工程实例 [J]．中国给水排水，31(4): 99-101.

袁东海，任全进，高士祥，等．2004．几种湿地植物净化生活污水 COD、总氮效果比较 [J]．应用生态学报，15(12): 2 337-2 341.

张建，邵长飞，黄霞，等．2003．污水土地处理工艺中的土壤堵塞问题 [J]．中国给水排水，19(3): 17-20.

张清．2011．人工湿地的构建与应用 [J]．湿地科学，7(4): 373-378.

张巍，赵军，郎咸明，等．2010．人工湿地系统微生物去除污染物的研究进展 [J]．环境工程学报，4(4): 721-728.

张毅敏，张永春．1998．利用人工湿地治理太湖流域小城镇生活污水可行性探讨 [J]．农业环境保护，17(5): 232-234.

张迎颖，丁为民，钱玮燕，等．2009．人工湿地污水处理技术的工艺与设计 [J]．工业用水与废水，40(1): 5-10.

赵慧敏，赵剑强．2015．潜流人工湿地基质堵塞的研究进展 [J]．安全与环境学报，15(1): 235-239.

周巧红，王亚芬，吴振斌．2008．人工湿地系统中微生物的研究进展 [J]．环境科学与技术，31(7): 58-61.

朱夕珍，崔理华，温晓露，等．2003．不同基质垂直流人工湿地对城市污水的净化效果 [J]．农业环境科学学报，22(4): 454-457.

# 3 典型城镇污水处理厂尾水水质基本特征

污水处理技术至今已有一百多年的历史，活性污泥法在保护水环境、促进水资源的再生和循环利用中扮演了重要的角色。近年来，我国污水处理能力得到快速提高，截至 2018 年 6 月，全国累计建成城市污水处理厂 5 222 座（不含乡镇污水处理厂和工业污水处理厂），污水处理能力达 2.28 亿 $m^3/d$。在《水污染防治行动计划》实施的大背景下，全国重点区域及重点流域均对污水处理提出了更高的要求。人类社会在关注气候变化、人口膨胀、能源危机及水资源短缺等重大问题的同时，不断寻求水资源管理的新思路、新系统和污水处理的新概念、新方法和新技术。污水处理厂节能减排、尾水再生回用、污水中资源回收等对实现城市水资源、能源、土地及经济的可持续循环十分重要。

## 3.1 典型污水处理厂尾水氮磷含量及分布特征

### 3.1.1 氮磷污染的主要危害

氮和磷是组成生物体的基本元素，是微生物生长必需的营养物质。但当水体中氮磷含量过多时，则会破坏水环境原有的生态平衡，造成水体污染。其中最为明显的就是水体富营养化。富营养化所造成的危害主要有以下几方面。

（1）水生植物和藻类的过分生长

作为微生物生长的必需元素，氮素进入水体会刺激水生植物和藻类的过度生长，并引发一系列不良后果，影响水生生态健康。主要体现在：①水生植物和藻类的大量繁殖会覆盖水面，造成赤潮或绿潮。②藻类过度密集会阻塞鱼鳃和贝类水孔，影响其呼吸作用。③藻类会产生毒素，影响鱼、贝。④藻类会产生气味物质，使水体散发土腥味、鱼腥味、霉腐味等异常气味。

（2）消耗水体中的溶解氧

由于氮素的引入，藻类和其他水生生物大量繁殖覆盖水面，从而使透射入水体深层的阳光减少，进而削弱下层水生植物的光合作用，水中溶解氧含量递减。由于生物间对氧的竞争作用，大量水生生物死亡，水中营养物质增多，水中好氧微生物会进行好氧分解，消耗水中溶解氧。此外，若水体没有足够的稀释能力，当污水处理厂二级出水排入水体后，水中的氨氮会通过硝化作用消耗部分溶解氧。

（3）对水生生物产生毒害

氨可作为水生植物和藻类的营养物质，同时也是其他水生动物以及鱼类的毒性物质。氨在水中以离子和分子的形态存在，起毒害作用的主要是分子态的 $NH_3$。升高 pH 或温度会促进氨的水解平衡向左进行，从而增强氨的毒性。夏季时，富营养化水体温度高，同时光合作用强，大量消耗水中的 $CO_2$，pH 升高，极易诱发水生生物氨中毒。

（4）危害人类健康

氨氮氧化的产物硝酸盐和亚硝酸盐能诱发高铁血红蛋白症和胃癌。婴儿是高铁血红蛋白症的主要发病人群，含有硝酸盐的饮品被婴儿吸食后，会在唾液和胃中还原成亚硝酸盐，与血红蛋白反应生成高铁血红蛋白。高铁血红蛋白没有携氧能力，当其在血液中含量超过 70% 时，会导致婴儿窒息。此外，亚硝酸盐与胺或酰胺反应会生成亚硝胺或亚硝酰胺，两者均有致癌作用。因此，必须严格控制饮用水中的氮素含量。

（5）影响供水水质并增加处理成本

湖泊和水库是重要的城市供水水源，约占我国城市日供水的 1/4。藻类的过度繁殖会给净水厂的过滤带来障碍，水藻会经常堵塞滤池。为了消除堵塞现象，需要改善或者增加过滤措施。其次，富营养化水体在一定条件下由于厌氧作用会产生硫化氢、甲烷和氨气等有害气体，并且在制水过程中水藻本身及其产生的某些有毒物质也会增加水处理的技术难度，既影响净水厂的产水率，同时也加大了制水费用。

### 3.1.2 生物脱氮除磷原理

**1. 生物脱氮的原理**

传统生物脱氮是将污水中的含氮物质逐步转化成 $N_2$。传统生物脱氮过程如图 3-1 所示。其中，含氮有机物的脱氨反应速度很快，而硝化反应（亚硝酸氧化和硝酸氧化）和反硝化反应的耦合是生物脱氮的关键问题。

硝化反应的反应方程式如下：

$$NH_4^+ + \frac{3}{2}O_2 \longrightarrow NO_2^- + H_2O + 2H^+$$

$$NO_2^- + \frac{1}{2}O_2 \longrightarrow NO_3^-$$

首先由亚硝酸菌将 $NH_4^+$-N 氧化为 $NO_2^-$-N，然后再由硝酸菌将亚硝酸氧化为 $NO_3^-$-N。由于上述细菌可以利用反应释放的能量进行细胞合成，故属于化能自养型细菌。温度对硝化细菌的增殖和活性影响较大，其最适生长温度均为 30℃ 左右，当温度低于 15℃ 时，硝化速度会明显下降。在混合体系中，亚硝酸菌的最适生长 pH 为 7～8.5，而硝酸菌的最适生长 pH 为 6.5～7.5。实际污水处理中，一般控制 pH 为 7 左右，此时亚硝酸氧化反应更易进行。硝化反应是一种好氧反应，由反应方程式可知，若不考虑硝化细菌本身的增殖，那么

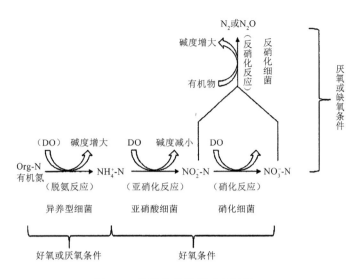

**图 3-1 传统生物脱氮反应过程**

将 1 mg $NH_4^+$-N 转化为 $NO_3^-$-N 需消耗 4.5 mg $O_2$。多数研究表明，溶氧浓度控制在 2 mg/L 以上为宜。

反硝化反应（也称脱氮反应）是在厌氧或者缺氧条件下，部分细菌以污水中的 $NO_3^-$ 或 $NO_2^-$ 作为氧源，和有机物进行反应，将污水中所含的氮素转化为 $N_2$ 或 $N_2O$ 并除去。反硝化细菌（也称脱氮细菌）一般属于异养兼性细菌，在有氧环境中利用氧呼吸，在厌氧条件下，且有 $NO_3^-$ 或 $NO_2^-$ 离子存在的环境中，则利用这些离子中的氧呼吸。

$$NH_2^- + 3H（有机物）\longrightarrow \frac{1}{2}N_2 + H_2O + OH^-$$

$$NO_3^- + 5H（有机物）\longrightarrow \frac{1}{2}N_2 + 2H_2O + OH^-$$

进行反硝化反应通常需要有机物，若有机物不足量，则需额外投加，一般投加甲醇作为碳源。反硝化细菌的最适反应温度偏高，为 34 ～ 37℃。温度对反硝化速率的影响与反应器的类型、$NO_3^-$ 的水力负荷等因素相关，当 $NO_3^-$ 的水力负荷较低时，温度的影响也相应较小。反硝化细菌的最适生长 pH 为 6.5 ～ 7.5，与一般异养型细菌相似，当 pH 大于 8 或小于 6 时，反应速率将大大降低。另外，由于反硝化细菌为兼性细菌，所以在有溶解氧存在的环境中，它们首先利用溶解氧，然后再利用 $NO_3^-$ 或 $NO_2^-$ 离子中的氧，溶解氧的存在一定程度上成为反硝化反应的阻碍。当然，在液相溶解氧浓度较低的环境中，污泥絮体内部仍然呈现厌氧状态，所以反硝化反应不一定要求溶解氧保持在零，只需将溶解氧维持在较低水平即可。

**2. 生物除磷的原理**

生物除磷的关键是依靠多种微生物的除磷活性。聚磷菌（*phosphorus accumulating bacteria*，PAB）在好氧和缺氧条件下摄取磷，并以聚磷酸盐的形式储存。在厌氧条件下它能分解其细胞内的聚磷酸盐而产生 ATP（三磷酸腺苷）并产生能量，用以将废水中的脂肪酸等小分子量的有机物摄取入细胞中，以 PHB（聚 -β- 羟基丁酸）和糖原等有机颗粒的形式储存于细胞内，同时将分解聚磷酸盐所产生的磷酸排出细胞外。这时，细胞内还会诱导聚磷酸盐激酶，一旦进入好氧环境，这类除磷菌又可以利用 PHB 氧化分解所释放的能量来摄取废水中的磷，并将其聚合成聚磷酸盐而储存于细胞中。一般来说，聚磷菌在好氧环境中摄取的磷量比在厌氧环境中释放的磷量要多。据有关资料显示，聚磷菌在好氧条件下吸收的磷是在厌氧条件下放出的磷的 11 倍，这个变化一般称为 luxury uptake（对磷的过多摄取）现象。污水的生物除磷正是利用这一特点，把聚磷菌作为磷的载体，通过剩余活性污泥的排放，来排出处理系统中的磷。废水生物除磷机理如图 3-2 和图 3-3 所示。

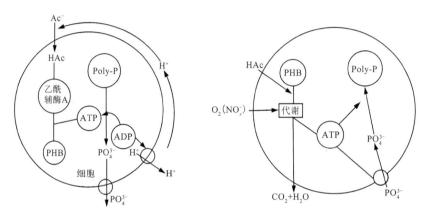

图 3-2　除磷菌厌氧生化代谢模式　　　图 3-3　除磷菌好氧代谢生化模式

### 3.1.3　生物脱氮除磷工艺

#### 1. 生物脱氮技术

废水脱氮技术可分为物化法和生物法两大类，其中物化法主要包括吹脱法、离子交换法、折点氯化法以及磷酸铵镁沉淀法等。而在实际工程应用中，面对大量的城市污水以及水质复杂的工业废水，生物脱氮则被认为是最为经济有效的脱氮方法。

生物脱氮即在微生物的作用下，环境中的有机氮和氨氮经过一系列的氧化还原反应，最终转化成氮气的过程。该过程中，氨化细菌的氨化作用、亚硝化细菌和硝化细菌的硝化作用以及反硝化细菌的反硝化作用在生物脱氮过程中占主导地位。具体如图 3-4 所示。

图 3-4　脱氮过程中氮的转化

传统的生物脱氮工艺主要通过调节工艺流程，为硝化细菌和反硝化细菌提供适宜的反应环境，以尽可能减少硝化细菌和反硝化细菌在反应发生条件上存在的矛盾。常见的脱氮工艺有 A/O 工艺、A²O 工艺、SBR 工艺以及氧化沟工艺等。其中，A²O 工艺、SBR 工艺和氧化沟工艺均为同步脱氮除磷工艺。

（1）A/O 工艺

A/O 工艺，即缺氧－好氧工艺，主要用于生物脱氮。设计原理是前置缺氧池，同时设置内循环将好氧池的硝化液回流至前端缺氧池，缺氧池的反硝化细菌则在缺氧条件下利用充足的有机碳源进行反硝化脱氮反应，将 $NO_2^-$-N 和 $NO_3^-$-N 还原成氮气。其工艺流程如图 3-5 所示。

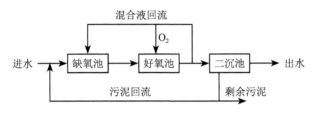

图 3-5　A/O 工艺流程图

A/O 工艺具有如下特点：前置反硝化的缺氧池有机碳源充足，可顺利进行反硝化反应，不需要外加碳源；前置缺氧池可以减轻后续硝化阶段的有机负荷，因此可以减少水力停留时间和供气量；反硝化过程产生的碱度可以补充硝化过程消耗的部分碱度，系统 pH 浮动不大。该工艺内回流比一般在 300% 以上，脱氮效率可达 60% 以上。若要继续改善脱氮效果，则需进一步加大回流量，但这样会增加能耗。同时，大量的硝化液回流时会将一定量的溶解氧带入缺氧池，使缺氧池的溶解氧含量偏高，破坏原有的缺氧环境，影响反硝化效果。

（2）A²O 工艺

A²O 工艺，即厌氧－缺氧－好氧工艺，此工艺是厌氧－好氧除磷工艺和缺氧－好氧脱氮工艺的合并，即在 A/O 工艺前端增设厌氧池，可用于同步脱氮除磷。其工艺流程如图 3-6 所示。

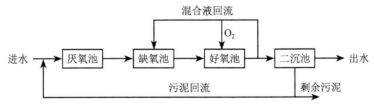

图 3-6　A²O 工艺流程图

A²O 工艺是流程较为简单的同步脱氮除磷工艺，总水力停留时间较短。但由于该工艺本身存在的矛盾，其脱氮除磷的效率一般。在脱氮除磷过程中，存在对反应底物的相互竞争，且为满足脱氮除磷所需控制的污泥龄不同。

（3）改良 A²O 工艺

传统 A²O 工艺将厌氧池设于工艺最前端，目的是保证聚磷菌在厌氧条件下充分释磷。而改良 A²O 工艺考虑同步脱氮除磷的矛盾，为保证脱氮除磷效果，对传统 A²O 工艺进行了改进。如倒置 $A^2O$ 工艺和前置预缺氧 $A^2O$ 工艺等。前者是将传统 $A^2O$ 工艺中的缺氧池置于厌氧池前端，以保证反硝化过程有充足的有机碳源。后者是在原有 $A^2O$ 工艺前端增设预缺氧池，预先除去回流污泥中的 $NO_3^-$-N，以免影响厌氧池中的释磷过程。两种工艺的流程分别如图 3-7 和图 3-8 所示。

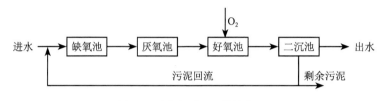

图 3-7　倒置 $A^2O$ 工艺流程图

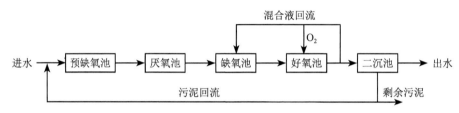

图 3-8　前置预缺氧 $A^2O$ 工艺流程图

倒置 $A^2O$ 工艺将缺氧池设在最前端，保证了反硝化过程有足够的有机碳源，有利于脱氮效率的提高；由于内外回流合并，省去了内循环，简化了工艺流程，降低了动力消耗，可减少处理成本；聚磷菌在厌氧池充分释磷后，立即进入好氧池，有利于增加聚磷菌的吸磷动力，从而提高系统的除磷能力。

（4）序批式生物反应器工艺

序批式生物反应器（Sequencing Batch Reactor，SBR）工艺是活性污泥法的一种。可通过调节反应的时序及各时序的搅拌和曝气情况来控制系统的反应环境，以达到脱氮除磷的目的。通常工艺运行中一个周期内按进水、反应、沉淀、排水排泥、闲置 5 个阶段依次进行。SBR 工艺无二沉池及污泥回流系统，工艺流程简单；因池体兼具稀释、均化、调节的作用，系统耐冲击负荷能力较强；工艺操作在空间和时间上是推流的，能灵活调整系统反应环境，有效防止污泥膨胀；对自控技术要求较高，实际应用中一般为多组反应池独立交替运行，以缩短闲置时间，在合理利用空间和时间的基础上使反应池实现连续运行的效果。

（5）氧化沟工艺

氧化沟又称循环曝气池，是一种封闭沟渠式的水处理构筑物。混合液通过曝气转刷的推动，在氧化沟中经长时间的连续循环流动，从而使污水得到净化。在环状的氧化沟内一点或多点设置曝气转刷，利用设置表面曝气的位置和距离的远近，实现水体中缺氧环境和好氧环境的交替，从而达到同步脱氮的目的。通常氧化沟设计采用的污泥龄较长，污泥负荷较低，比较适于脱氮，脱氮效率可达 60%～97%。工程中常用的有奥贝尔氧化沟、卡罗塞尔氧化沟、三沟交替运行的氧化沟等。氧化沟工艺简易流程如图 3-9 所示。

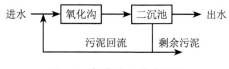

图 3-9　氧化沟工艺流程图

**2. 新的脱氮工艺**

随着科学技术的发展，近年来，国内外学者们突破传统的脱氮观念，提出了新的脱氮理论与技术，为脱氮工艺的研究发展提供了新方向，逐步形成新的脱氮工艺。目前常见的主要有短程硝化反硝化工艺、厌氧氨氧化工艺及同步硝化反硝化工艺等。

（1）短程硝化反硝化工艺

传统的生物脱氮理论即全程硝化反硝化理论认为，污水中的 $NH_4^+$-N 在亚硝化细菌和硝化细菌的作用下最终被氧化成 $NO_3^-$-N，然后在反硝化细菌的作用下将 $NO_3^-$-N 还原成氮气。而短程硝化反硝化的理论则认为可以将硝化过程控制在 $NO_2^-$-N 阶段，直接以 $NO_2^-$-N 为最终电子受体，有机物为电子供体，进行反硝化。因此，实现短程硝化反硝化的关键是控制反应环境条件，使 $NO_2^-$-N 得到积累。其原理则是硝化细菌和亚硝化细菌生长所需环境条件的不同。

短程硝化反硝化工艺有以下优点：

①低能耗，缩短硝化过程，使得曝气供氧减少 25% 左右。

②减少碳源消耗，反硝化过程中有机碳源消耗量减少 40% 左右。

③缩短反应时间，缩短反硝化过程，可减小 30% ～ 40% 的反应器容积。

④提高反硝化速率，$NO_2^-$-N 的氧化速率比 $NO_3^-$-N 高 63% 左右。

⑤降低污泥产率，反硝化过程产泥量减少 55% 左右，硝化过程产泥量减少 33% ～ 35%。

（2）厌氧氨氧化工艺

厌氧氨氧化工艺是基于短程硝化反硝化工艺基础上的一种新型工艺，是指微生物在厌氧条件下，以 $NH_4^+$-N 为电子供体，$NO_2^-$-N 为电子受体，反应生成 $N_2$ 的生物过程。该工艺包括亚硝化反应和厌氧氨氧化两个过程。先在有氧条件下，亚硝化细菌将 $NH_4^+$-N 氧化成 $NO_2^-$-N，然后在缺氧条件下，以 $NO_2^-$-N 为电子受体，将 $NH_4^+$-N 氧化成 $N_2$。

与传统的生物脱氮工艺相比，厌氧氨氧化工艺有明显的优势：

①无需外加碳源，以 $NH_4^+$-N 为电子供体，节省费用。

②减少能耗，在不考虑细胞合成的情况下，耗氧下降 62.5%。在厌氧氨氧化反应中，氧化 1 mol 的 $NH_4^+$-N 只需消耗 0.75 mol 的氧，而在硝化作用中则需消耗 2 mol 的氧。

③节省中和试剂，厌氧氨氧化的生物产碱量为零，产酸量也大大降低。

（3）同步硝化反硝化工艺

同步硝化反硝化（Simultaneous Nitrification and Denitrification，SND）是指在低溶解氧

的条件下，硝化反应与反硝化反应同时进行的过程。不同曝气装置，反应器内溶解氧的分布状态亦不同，这为同步硝化反硝化的实现提供了可能。微观理论认为：微生物个体微小，因此微小的环境变化也会在一定程度上影响微生物的生存。活性污泥絮体内由内到外存在缺氧区、好氧区、扩散区的溶解氧分布，导致不同区段内细菌由内到外依次为反硝化细菌、好氧菌和硝化细菌的分布。实现同步硝化反硝化的必要条件是活性污泥絮体内部缺氧区的存在，因此必须控制溶解氧浓度。此外，异养硝化细菌的发现和好氧反硝化细菌的发现打破了传统的生物脱氮理论，为实现同步硝化反硝化提供了可能。

与传统的生物脱氮工艺相比，同步硝化反硝化工艺存在明显的优势：

①因该工艺中有机物氧化、硝化和反硝化过程是在同一反应器中进行的，可节省反应池尺寸。

②硝化过程产生的 $NO_2^-$-N 和 $NO_3^-$-N 在同一反应器内，能快速地被利用，可大大缩短反应时间。

③同一反应器中，硝化过程消耗的部分碱度与反硝化产生的碱度快速抵消，可以更好地维持系统 pH 的稳定。

④省去了硝化液回流系统，反应所需溶解氧浓度相对低，简化了工艺，节省了能耗。

**3. 生物除磷工艺**

常用的生物除磷工艺主要包括 Wuhrmann 工艺、A/O 工艺、Bardenpho 工艺、$A^2O$ 工艺、UCT 工艺、Phostrip 工艺、SBR 工艺、Phoredox 工艺等。兼性反硝化细菌（反硝化聚磷菌）生物摄放磷能力的发现，不仅拓宽了磷的去除途径，而且提供了一种改良现有污水生物除磷工艺的新思路。

（1）Wuhrmann 工艺

Wuhrmann 工艺是最早的生物除磷工艺，起初用于生物脱氮，但发现该工艺也具备一定的除磷能力。其工艺流程如图 3-10 所示，聚磷菌通过在好氧池与缺氧池中的交替循环完成聚磷和释磷作用。由于系统首端好氧池内异养菌消耗大部分原水中的有机物，导致缺氧阶段聚磷菌可利用碳源不足从而抑制了释磷能力，因此 Wuhrmann 工艺除磷效果不明显。

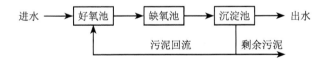

图 3-10　Wuhrmann 工艺除磷流程图

（2）A/O 工艺

1962 年 Ludzk 和 Ettinger 对 Wuhrmann 工艺进行了改进，将缺氧池前置，在理论上解决了碳源不足问题。A/O 工艺是由厌氧池和好氧池组成的同时去除污水中有机污染物及磷的处理系统，全称是 Anaerobic/Oxic 工艺（图 3-11）。A/O 工艺是最基本的除磷工艺，在该系统中，在厌氧阶段微生物将细胞中的磷释放，然后进入好氧阶段，并在好氧环境中摄取的磷比在厌氧条件下所释放的磷更多，也就是说除磷微生物利用其过量摄磷能力将污水中的磷以高含磷污泥的形式从系统中排出，从而降低污水中磷的含量。

图 3-11 A/O 工艺除磷流程图

A/O 工艺具有流程简单、不需另加化学药品、基建和运行费用低等优点。厌氧池设置在好氧池前，不仅有利于抑制丝状菌的生长，防止污泥膨胀，而且厌氧环境有利于聚磷菌的选择性增殖，污泥的含磷量可达干重的 6%。厌氧池分格有利于改善污泥的沉淀性能，而好氧池分格所形成的平推流又有利于磷的吸收。A/O 工艺高负荷运行，污泥龄和停留时间短。

A/O 工艺适合处理 P/BOD$_5$ 较低的废水。当进水中的有机基质浓度较低，尤其是易降解的基质浓度较低时，不利于 A/O 工艺除磷。我国的城市污水，含磷量一般为 3 ～ 8 mg/L，此时要达到除磷的要求，进水中有机基质的浓度必须大于 173.5 mg/L。通过排除剩余污泥的形式来实现磷的去除，这种方式受到运行以及环境条件的影响，而聚磷菌难以直接利用分子量低且容易降解的有机基质，从而影响微生物磷的释放，进而导致好氧摄磷能力下降，二沉池中污泥的浓缩和消化过程同样存在着磷的释放，因此 A/O 除磷工艺存在除磷效率低的问题。可以通过在 A/O 工艺中加入生物膜流化床的方式来提高反应器的除磷效果。

（3）Phostrip 工艺

Phostrip 工艺是一种常见的活性污泥工艺，工艺中的旁路是指在污泥回流过程中增加了厌氧释磷池和化学沉淀池。具体工艺流程如图 3-12 所示。

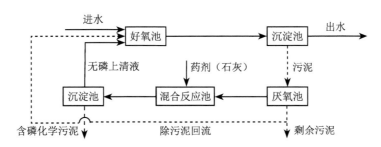

图 3-12 旁流除磷的 Phostrip 工艺流程图

Phostrip 工艺以常规的活性污泥法曝气池作为其主流部分，而一部分的回流污泥（约为进水流量的 10% ～ 20%）则通过旁流进入厌氧池，聚磷菌可以通过吸收发酵产物释放磷，也可以因为菌体自溶作用释放磷。脱磷后的污泥回流进入曝气池后再次吸磷，富集了磷的上清液则进入化学沉淀池后用一定量的石灰作处理，石灰的剂量由废水的碱度决定，经溶解状态的磷转化为不溶于水的磷酸钙。磷酸钙经过沉淀从系统内去除。该工艺同其他化学除磷工艺相比，由于只有一小部分废水需投加化学试剂处理，大大地减少了化学药物的投加量以及工艺产生的化学污泥量。同其他主流生物除磷工艺相比，Phostrip 工艺对进水 $BOD_5$ 和 $P/BOD_5$ 的要求不严格，在进水 $BOD_5$ 不高的情况下，只要操作处理合理，出水 TP 可低于 1 mg/L。Phostrip 工艺受外界条件，主要是受温度的影响较小，工艺操作较灵活，除磷效果较好且稳定，比较适合于对现有除磷工艺的改进。但该工艺只能除磷，而不能兼顾脱氮的效果，因此在低温低有机基质浓度的条件下及以除磷为主的工程中，可以考虑采用该工艺。

（4）SBR 工艺

SBR 工艺是一种不同于传统活性污泥法的废水处理工艺。SBR 是活性污泥法初创时期充排式反应器的一种改进模型。

SBR 工艺结构形式简单、运行方式灵活多变、空间上完全混合、时间上理想推流。间歇操作是它运行工况的主要特征。一个运行周期可分为进水、沉淀、反应、排水排泥和闲置 5 个阶段。SBR 工艺流程如图 3-13 所示。

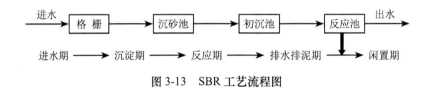

图 3-13　SBR 工艺流程图

SBR 工艺包括初沉池、反应池等处理设施。反应池具有调节池和沉淀池的作用。当反应器完成进水后曝气开始，有机物浓度达到排放标准后停止曝气，在静止状态下混合液固液分离，之后排出上清液，沉淀下来的污泥进入闲置期，下一个周期开始待机。一个周期中的各个阶段剩余污泥的排放频率是由每个周期污泥净增长及混合曝气设备的容量所决定的。进水时，又根据曝气情况分为限制曝气、半限制曝气和非限制曝气三种。限制曝气在进水时不进行曝气，且尽量缩短进水时间，由于进水时间短，在反应开始时混合液基质浓度比较高，整个反应时间内基质的浓度梯度较大，从而可增大反应速度。限制曝气方式对处理无毒性的污水较为合适。与限制曝气相反，非限制曝气则是在进水的同时曝气，所以在进水阶段便可以使一部分基质得到降解，避免混合液中的基质在反应初期过度积累，反而抑制整个反应。非限制曝气方式适合处理有毒且基质浓度较大的污水。半限制曝气是介于限制曝气与非限制曝气之间的一种运行方式，它在进水的后半期开始曝气。

由于 SBR 工艺特殊的运行方式，使其相对于连续流系统具有一系列无法比拟的优点，因此越来越受到重视，并且得到广泛应用。SBR 系统的主体工艺设备没有二沉池和污泥回流设备，通常也不设置调节池，与传统的连续流系统相比，只需要间歇式曝气池。在多数时候，可以不要初沉池，因此大大降低了 SBR 系统的建设费用。SBR 工艺除了能够节省建设费用外，由于不需要污泥回流，从而能够节省一部分常规运行费用。又由于 SBR 工艺反应效率较高，能够在较短的曝气时间内达到与传统活性污泥法同样的出水水质，因此还能节省曝气费用。

SBR 工艺中反应器底物浓度梯度大，使得生化反应的推动力大，解决了连续流完全混合式曝气池底物浓度低、反应推动力小、水流反混严重等缺点。研究表明，SBR 工艺中微生物的 RNA 含量是传统活性污泥法中 3 ~ 4 倍。RNA 含量是评价微生物活性最重要的指标，这也是使得 SBR 法有机物降解效率高的一个重要原因。

此外，SBR 工艺由于反应初期底物浓度高，更有利于絮状细菌的生长，以此来抑制专性好氧丝状菌的增殖，从而能够有效地防止污泥膨胀。SBR 法操作灵活多样，只需通过改变进水方式、调整运行顺序、变化曝气时间和强度等形式就能够实现不同的污水处理要求。由于 SBR 反应池没有污泥回流，反应器中能够保持比较高的污泥浓度，使反应器耐冲击负荷能力得到了提高，在污泥沉淀过程中没有进行进水和出水，从而避免了对沉淀的干扰，使系统的沉淀时间缩短并获得了更好的沉淀效果。

### 4. 同步生物脱氮除磷工艺

Barnard 提出将 Wuhrmann 工艺与 A/O 工艺耦合，称为 Bardenpho 工艺，如图 3-14 所示。

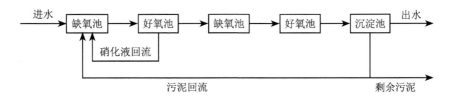

图 3-14  Bardenpho 工艺流程图

在此情况下，中间好氧池硝化作用形成的硝酸盐部分回流进入前置缺氧池完成反硝化作用，部分进入后置缺氧池强化脱氮及释磷，而在后置好氧池中实现部分吸磷。通过工艺流程可以发现，Bardenpho 工艺在理论上具有高效脱氮的潜力，但由于好氧 / 缺氧 / 好氧循环条件下硝酸盐氮的存在对聚磷菌极其不利，因此在实际应用中对氮的去除效果稳定而除磷效率较低。

1980 年，Rabinowitz 和 Marais 提出了厌氧 - 缺氧 - 好氧工艺，即 A²O 工艺，其工艺流程如图 3-15 所示。在厌氧和缺氧反应过程中，聚磷菌和反硝化细菌分别利用原水中短链脂肪酸完成释磷和脱氮作用，而在好氧反应阶段聚磷菌利用厌氧合成的聚羟基脂肪酸酯（Polyhydroxyalkanoates，PHA）过量吸磷，同时硝化细菌完成硝化作用。A²O 工艺具备同步生物脱氮除磷功能且工艺流程相对简单，但是该工艺存在聚磷菌与反硝化细菌对碳源的竞争及聚磷菌与硝化细菌污泥龄矛盾的问题，而且回流污泥携带的硝酸盐氮和溶解氧也会对聚磷菌产生抑制作用，导致实际运行中高效脱氮除磷功能无法同时兼备。

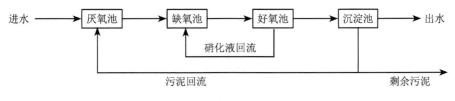

图 3-15  A²O 工艺流程图

针对 A²O 工艺存在的问题，中国市政工程华北设计研究院提出，在 A²O 工艺之前增设厌氧缺氧调节池以降低回流污泥中硝态氮对聚磷菌的不利影响，并通过厌氧缺氧池的选择作用抑制丝状菌的增殖，工艺流程如图 3-16 所示。高廷耀等（1999）针对反硝化细菌与聚磷菌竞争碳源的实际问题，提出将厌氧池和缺氧池置换以提高反硝化细菌对碳源的利用效率，即倒置 A²O 工艺。该工艺能够强化系统脱氮能力，而且经厌氧释放磷后的聚磷菌直接进入好氧环境，能够保证合成聚羟基脂肪酸酯在好氧阶段的充分利用。

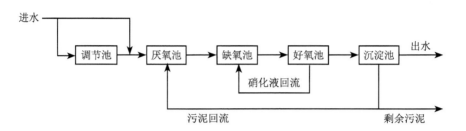

图 3-16　改良 A²O 工艺流程图

南非开普敦大学在 A²O 工艺基础上对回流方式作了适当调整，提出了 UCT 工艺，如图 3-17 所示。该操作方式避免了系统中硝酸盐和溶解氧进入厌氧池而影响磷的释放。然而当进水 C/N 较低时，缺氧池可利用碳源降低将导致脱氮能力的降低。改良的 UCT 工艺 —— MUCT 工艺在一定程度上能够解决脱氮能力降低的问题，通过将缺氧池分为只接受沉淀池的回流污泥和接受好氧池的回流硝化液的优化方式，避免了硝酸盐对聚磷菌的影响。但可以发现 MUCT 工艺运行动力费用高，经济性较差。

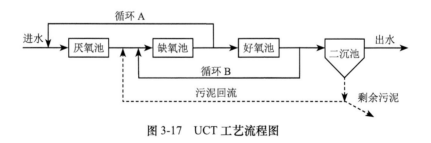

图 3-17　UCT 工艺流程图

### 5. 反硝化除磷脱氮工艺

Kuba 在厌氧/缺氧交替运行的活性污泥系统中发现一类具有同时反硝化和除磷作用的兼性厌氧微生物，该类微生物在吸磷过程中可以利用 $O_2$ 或 $NO_3^-$ 作为电子受体，而且该类微生物对聚羟基脂肪酸酯和糖原的代谢模式与传统的聚磷菌类似，因此该类微生物被命名为反硝化聚磷菌（Denitrifying PAO，DPAO），相应的工艺称为反硝化除磷工艺。

BCFS 工艺是反硝化除磷工艺中最具代表性的工艺，该系统由 5 个功能独立的反应器（厌氧池、选择池、缺氧池、混合池、好氧池）及 3 个循环系统构成（图 3-18）。其中，厌氧池主要完成生物释磷和合成聚羟基脂肪酸酯，而后通过选择池进一步吸收剩余的有机底物并

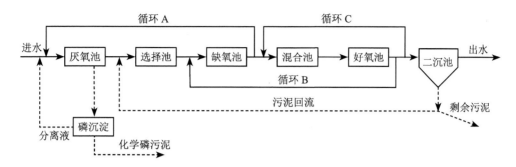

图 3-18 BCFS 工艺流程图

抑制丝状菌的增长；缺氧池中污泥以硝酸氮为电子受体来反硝化除磷。同时，溶解氧浓度较低的混合池可以实现同步硝化与反硝化，从而保持出水较低的总氮浓度。

Dephanox 工艺是将硝化细菌与反硝化聚磷菌分离的双污泥系统，能够降低聚磷菌和反硝化细菌竞争碳源的问题，同时使世代时间较长的硝化细菌处于更有利的环境（图 3-19）。在 Dephanox 工艺中，含反硝化聚磷菌兼性污泥在厌氧池完成释磷和聚羟基脂肪酸酯合成，经快沉池分离后超越好氧池至缺氧池，而含氨氮的上清液直接进入固定膜反应器硝化，硝化液进入缺氧池后与反硝化聚磷菌完成过量吸磷和反硝化反应。

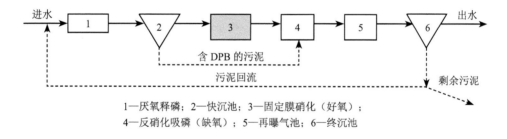

1—厌氧释磷；2—快沉池；3—固定膜硝化（好氧）；
4—反硝化吸磷（缺氧）；5—再曝气池；6—终沉池

图 3-19 Dephanox 工艺流程图

### 3.1.4 典型污水处理厂尾水氮磷形态特征

水体的氮污染主要来源于居民生活污水和工业废水。用总氮（TN）来表示污水中所有形态的氮的总量。总氮由总硝态氮（$TNO_x$）和总凯氏氮（TKN）组成；总硝态氮又分为硝酸盐氮（$NO_3^-$，硝态氮）和亚硝酸盐氨（$NO_2^-$，亚硝态氮）；总凯氏氮又分为总氨氮（TAN）和总有机氮（TON）。可以用如下的关系式来表达：

总氮 = 总硝态氮 + 总凯氏氮

= （硝酸盐氮 + 亚硝酸盐氮）+（总氨氮 + 总有机氮）

= （硝酸盐氮 + 亚硝酸盐氮）+（离子态氨氮 + 分子态氨氮 + 总有机氮）

表 3-1 总结了污水中氮的定义、关系和形态。图 3-20 也形象地表达了污水中氮的形态和关系。

表 3-1 污水中氮的定义、关系和形态

| 序 号 | 氮的形态、名称 | 简写或代号 | 含 义 |
|---|---|---|---|
| 1 | 氨气、游离氨、分子态氨氮 | $NH_3$ | 游离于水中的氨气分子，$NH_3$ |
| 2 | 铵盐离子、离子态氨氮 | $NH_4^+$ | 水解的铵盐离子，$NH_4^+$ |
| 3 | 总氨氮（或氨氮） | TAN | $TAN = NH_3 + NH_4^+$ |
| 4 | 亚硝酸盐氮 | $NO_2^-$ | 亚硝酸根，$NO_2^-$ |
| 5 | 硝酸盐氮 | $NO_3^-$ | 硝酸根，$NO_3^-$ |
| 6 | 总硝态氮（或总硝酸盐氮） | $TNO_x$ | $TNO_x = NO_2^- + NO_3^-$ |
| 7 | 总无机氮 | TIN | $TIN = NO_2^- + NO_3^-$ |

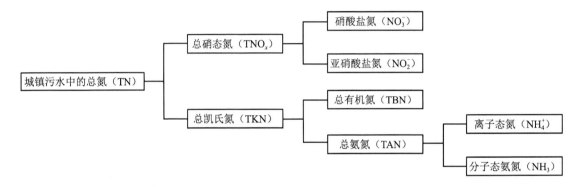

图 3-20 污水中氮的形态和关系

氮元素的价态从硝酸盐的正 5 价到氨的负 3 价，进行着各种价态的转化。所以，氮的氧化-还原作用非常多样化。亚硝态氮不稳定，可以氧化成硝态氮，或者还原成氨氮。有机氮有核酸、蛋白质、氨基酸、氨基糖、尿素、尿酸、有机碱等含氮有机物。其中，尿素和蛋白质可通过氨化等作用转化为氨氮的可溶性有机氮的主要存在形式，在好氧和厌氧的条件下，有机氮均可转化成氨氮。

生活污水中磷的主要来源是人类的排泄物、食物残渣、合成洗涤剂。我国人均体内排出的磷为 0.8 ~ 1.0 g/d，若按 1.0 g 计算，加上食物残渣和其他家庭污染物含磷量为 0.3 g 左右，合计 1.3 g/(PE·d)。欧洲一些国家曾对生活污水中的总磷做过多次调查，由人类食物产生的磷基本上不变；国外后来普遍采用无磷洗涤剂，所以由洗涤剂产生的磷降低了很多。

污水中磷的最常见存在形态有有机磷、磷酸盐（$H_2PO_4^-$, $HPO_4^{2-}$, $PO_4^{3-}$）和聚磷酸盐（poly-P）。生活污水中一般含有 10 ~ 15 mg/L 的磷，其中 70% 是可溶性的。传统的二级处理出水中有 90% 左右的磷是以磷酸盐的形式存在。磷在水中以何种形式存在主要取决于 pH，当 pH 为 2 ~ 7 时，水中的磷酸盐离子多数以 $H_2PO_4^-$ 形式存在；而当 pH 为 7 ~ 10 时，则水中的磷酸盐离子多数以 $HPO_4^-$ 形式存在。

污水中的磷根据污水的类型而以不同的形式存在，总的来说，磷可按物理态和化学态来分类。按物理态可分为溶解态磷和颗粒态磷，一般采用 0.45 μm 的微孔滤膜对此二态进行分离，其中颗粒态磷（包括有机的和无机的）大多存在于细菌或动植物残骸的碎屑中。按化学态可分为正磷酸盐（$H_2PO_4^-$，$HPO_4^{2-}$，$PO_4^{3-}$），聚合磷酸盐（$P_2O_7^{4-}$，$P_3O_{10}^{5-}$，$(PO_3)_n^{n-}$）和有机磷酸盐（如磷脂等）。由于废水来源不同，总磷及各种形式的磷含量差别较大。典型的生活污水中总磷含量在 3 ～ 15 mg/L（以磷计）；在新鲜的生活污水中，磷酸盐的分配大致如下：正磷酸盐 5 mg/L（以磷计）、三聚磷酸盐 3 mg/L（以磷计）、焦磷酸盐 1 mg/L（以磷计）以及有机磷＜ 1 mg/L（以磷计）。聚磷酸盐和有机磷（核酸）一般在污水管网中和污水处理中就转化成正磷酸盐。徐伟勇等（2009）在 2008 年 3 月至 2008 年 6 月期间对某城市污水处理厂二沉池出水进行广泛采样分析，结果表明，该厂二沉池出水中磷主要以溶解态形式存在，颗粒态磷含量和其他溶解态磷含量比较低。根据为期 3 个月的定期监测数据，各形态磷含量的总体规律为：溶解态总磷酸盐含量＞溶解态正磷酸盐含量＞颗粒态磷含量＞其他溶解态磷含量。各形态磷含量占总磷含量的百分比（均值）分别为：溶解态总磷酸盐占 82.78％，溶解态正磷酸盐占 76.82％，颗粒态磷占 17.22％，其他溶解态磷占 5.96％。其中颗粒态磷主要存在于污泥颗粒的聚磷菌中，主要为无机磷酸盐，可见生物处理过程中聚磷菌对缩合磷酸盐和有机磷酸盐有较好的降解作用。

## 3.2 典型污水处理厂尾水有机物含量及其组分特征

### 3.2.1 污水二级出水有机物

在城市污水中，大约有 90％ 的溶解态有机质和约 96％ 的非溶解态有机质可通过生化系统去除，而将经初级和二级生化系统后仍未被降解的有机物统称为污水二级出水有机物（Effluent Organic Matters，EfOM）。污水二级出水有机物是由多种有机成分组成的混合物，它决定了二级生化出水能否达到排放标准，以及在污水回用过程中产生诸如影响回用水感官指标、孳生细菌、生成消毒副产物、造成滤膜堵塞等负面影响。国内外对城市污水二级出水中 EfOM 的性质研究主要集中在有机物组分与含量、分子量分布及亲疏水特性上，在污水回用过程中其他有机物性质影响均较小。

污水二级出水有机物种类复杂，通常包括残留的可生化降解有机物、天然有机物、人工合成的难降解有机物、溶解性微生物代谢产物（Soluble Microbial Products，SMPs）、消毒副产物及一些尚未辨识的有机物等（图 3-21）。

在污水二级出水有机物的分子量分布上，主要的测定方法可分为两种，一种是测定通过不同分子量级别的 UF 膜的总有机碳含量；另一种将二级出水通过凝胶排阻色谱，利用溶质在固定相和流动相的体积排阻作用，实现有机物分子量的分布。Haberkamp et al.（2007）

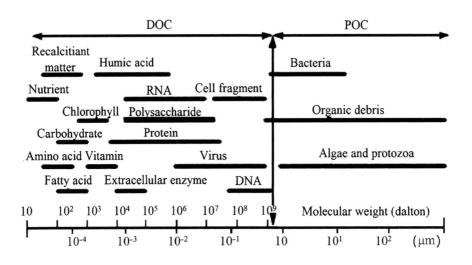

图 3-21　EfOM 组成及尺寸分布

将污水二级出水有机物按照分子量大小分类为生物代谢聚体类、腐殖酸类、低分子量酸类、低分子量中性物质。郭瑾等（2011）对污水二级出水有机物的分子量分布研究中得出，相对分子量大于 10 kDa 的有机物质占污水二级出水有机物总量的 30% ～ 64%。陈立春（2015）研究得出二级生化出水的分子量分布呈典型双峰形态分布，主要集中在大于 100 kDa 和小于 5 kDa 的范围内。其中运行参数的变化也会对二级生物处理工艺出水中有机物的分子量分布产生影响，当水力停留时间延长时，相对分子量会有所提高。

二级生化出水有机物的亲疏水组分对混凝、吸附、膜分离等处理过程会产生重要影响。通常采用树脂分离的方法进行污水二级出水有机物亲疏水性分析。Aiken（1992）提出可以利用二级生化出水有机物在 XAD-8 和 XAD-4 树脂上的吸附特性，将有机物分成为疏水性酸性物质、疏水性中性物、过渡亲水性酸性物质、过渡亲水性中性物质和亲水性物质等组分。Xue et al.（2011）采用了 XAD-8 结合阳离子交换树脂的方法分离纯化二级生化出水，得到的腐殖酸类、富里酸类和亲水性片段组分中，亲水性片段组分较多，且不具备腐殖化特征。

### 3.2.2　污水处理厂尾水有机氮

溶解性有机氮（Dissolved Organic Nitrogen，DON）通常是指能够通过 0.45 μm 滤膜的一类含氮有机化合物，0.45 μm 滤膜可以截留大部分的颗粒态有机质，比如悬浮颗粒物和动植物细胞，但细胞分解或破碎后产生的一些大分子蛋白质和脂肪组分不能被截留。由于溶解性有机氮是一类含氮化合物的总称，因而常采用不同的分类标准对其描述：以分子量大小划分为小分子化合物（＜ 1 kDa）如尿素和氨基酸，大分子化合物（＞ 1 kDa）如蛋白质、脂肪族化合物、木质素和腐殖质。同时，从生物可利用性的难易程度划分，溶解性有机氮一般可以分为三类：①活性组分（Labile DON，LDON），包括游离态氨基酸、尿素、核酸等，其利用周期一般为几分钟或者几天；②半活性组分（Semi-labile DON，S-DON），主要包括一些蛋白质、结合态氨基酸和氨基糖等，利用周期几天甚至几年；③抑制性组分（Refractory DON，R-DON），主要包括富里酸、胡敏酸等，利用周期常以年为时间尺度。其中，活性和半活性组分可以被藻类直接或者间接利用。

污水处理厂出水中溶解性有机氮主要分为自然源和人为源，自然源溶解性有机氮主要包括尿素、氨基酸、蛋白质、一些脂肪族类含氮化合物和复合类组分（如 EDTA、天然腐殖质）；人为源溶解性有机氮主要是市政污水和工业废水中排放的大量难降解有机物。在污泥硝化、生物膜新陈代谢（死亡、释放和裂解）过程中产生的溶解性微生物代谢产物也是出水中溶解性有机氮的一部分。

污水中溶解性有机氮主要包括两类：易生物降解的溶解性有机氮和难生物降解的溶解性有机氮。在生物处理工艺中，易被降解的组分通过微生物作用被去除转化为 $CO_2$ 和 $H_2O$，而难降解组分伴随着工艺流程作为出水中一部分排出。在污水处理过程中，溶解性有机氮浓度和含量会发生变化，出水中溶解性有机氮主要来源于进水中未被削减的部分（包括难生物降解的部分和被保留下来的易生物降解的部分）及生物处理过程中所生成的部分，这与处理工艺关系较大。

由于处理工艺和处理效率的差异，不同污水处理厂出水溶解性有机氮含量也不尽相同。Liu et al.（2012）发现采用活性污泥处理工艺出水溶解性有机氮浓度在 0.9～1.0 mg/L，而采用 5 阶段 Bardenpho 工艺出水溶解性有机氮浓度在 0.7～1.8 mg/L，不同污水处理厂出水溶解性有机氮占 TN 的比例为 7.7%～100%。不同污水处理厂出水溶解性有机氮浓度存在一定的差异。生物处理工艺对可生物降解的溶解性有机氮的去除率较高，进水中大部分的有机氮能被传统的硝化和反硝化作用成功去除。活性污泥处理工艺和生物滤池工艺出水中可生物降解的溶解性有机氮分别占总溶解性有机氮的 50% 和 51%。相对于传统活性污泥处理工艺，膜生物反应器处理对颗粒态有机氮具有较强的水解能力，并能将溶解性有机氮转化为硝态氮。尽管 60%～80% 的溶解性有机氮能被生物处理工艺所去除，但进水中仍有一些溶解性有机氮难以被生物降解。污水处理厂出水中一些难降解溶解性有机氮（0.1～0.2 mg/L）来自自然水体，根据污水处理过程中溶解性有机氮的变化，发现一些大分子的蛋白质（50 kDa～150 kDa）在处理过程中始终存在，并定义为难降解溶解性有机氮。

## 3.3 典型污水处理厂尾水中有毒有害物质的赋存特征

### 3.3.1 重金属赋存形态及其去除机理

**1. 污水中重金属的存在形态**

污水中重金属迁移转化规律受到其存在形态的直接影响，因此有必要研究水中重金属离子的存在形态。城市污水中重金属主要有两种存在形态，即溶解态和颗粒态。溶解态指的是水样用滤膜过滤、滤液经酸化后测得的重金属的总量，也称作水相的重金属含量。颗粒态是指过滤后的滤渣经过消解处理后测得的重金属的总量。溶解态重金属又可分为不安态和络合态。过滤的水样滤液若不经酸化而直接测定则得到的是不安态。不安态是具有电活性的、游离的、简单的无机络离子。溶解态减去不安态就得到络合态，包括中等不稳定态、慢不稳定态和惰性态。其中，中等不稳定态是与有机物和胶体物络合结合较弱的部分，慢不稳定态是络合结合较强的部分，而惰性态则是对树脂不敏感但与水中有机物质或胶体物质强烈结合的部分。

颗粒态重金属根据不同的多级连续提取方法而有不同的分类形态。主要有三种常用的多级连续提取方法，分别为 Forstner 法、BCR 法和 Tessier 法。根据 Forstner 法，可将颗粒态重金属分为 7 种形态，即交换态、碳酸盐态、有机态、无定形氧化锰结合态、无定形氧化铁结合态、晶型氧化铁结合态和残渣态。由四步提取的 BCR 法可将颗粒态重金属分为 4 种形态，即酸可提取态（代表当环境条件变酸时，能释放到环境中的金属）、还原态（代表与铁锰氧化物结合在一起的金属）、氧化态（代表与有机质和硫化物结合的金属）和残渣态（指与原生或次生矿物牢固结合的金属）。采用 Tessier 法可将颗粒态重金属的形态分为离子交换态（指交换吸附在沉积物上的黏土矿物及其他成分）、碳酸盐结合态（指碳酸盐沉淀结合一些进入水体的重金属）、铁锰水合氧化物结合态（指水体中重金属与水合氧化铁、氧化锰生成结核的部分）、有机结合态和硫化物结合态（指颗粒物中的重金属以不同形式进入或包裹在有机质颗粒上同有机质螯合等或生成硫化物）、残渣态（指石英、黏土矿物等晶格里的部分），该法是目前应用最广泛的方法。

**2. 污水生物处理工艺中重金属的去除机理**

对于传统活性污泥处理法，污水中的颗粒态重金属主要通过初沉池去除，溶解态重金属主要通过生物处理单元和二沉池去除。其中初沉池和二沉池的去除机理主要是颗粒物的吸附、共沉淀等理化作用。生物处理单元的去除机理主要有：①同化吸收作用，即微生物对可溶性重金属的同化利用；②生物吸附作用，主要指细胞外的生物多聚物和污泥颗粒的吸附作用，重金属离子被生物体细胞表面的多种吸附物质所吸附；③截留作用，即生物处理单元中的混合基质截留去除颗粒态重金属。在生物处理单元中，重金属的去除主要是生物吸附作用。

活性污泥是大量微生物所构成的絮凝体，絮凝体的比表面积大，表面带负电荷，通过电荷中和作用可以吸附重金属，且吸附能力较大。活性污泥的吸附过程中 $Cu^{2+}$，$Zn^{2+}$，$Cd^{2+}$ 等主要是与较大的活性污泥颗粒（直径大于 8 μm）结合，而 $Ni^{2+}$ 主要是与直径小于 8 μm 的污泥颗粒结合，活性污泥对这 4 种金属吸附能力的大小顺序为：$Cu^{2+} > Zn^{2+} > Cd^{2+} > Ni^{2+}$。

### 3.3.2 污水处理厂尾水有毒有机污染及其含量

#### 1. 酸性和中性药物

污水处理厂出水和环境中药物残留物的主要成分是氯贝酸和三种调脂药的代谢产物。在 20 世纪 70 年代的北美，处理后废水中氯贝酸的质量浓度为 μg/L 水平。在欧洲，第一次全面性的关于环境中药物污染的研究据报道是由 Waggott 于 1981 年和 Watts 于 1983 年进行的。英国的这些研究表明，水环境中存在的药物质量浓度最高大约为 1 μg/L，但并未检测出每种药物成分的准确浓度。

欧洲和北美的很多文章都描述了在污水处理厂出水、水环境和一些饮用水中发现药物和造影剂，如表 3-2 所示。

表 3-2　欧洲与北美污水处理厂出水和地表水中检出的药物与碘化物的种类及其用途

| 种　类 | 用　途 | 实　例 |
|---|---|---|
| 抗炎药 | 非处方：治疗感冒、过敏和疼痛<br>处方：慢性病、关节炎、偏头痛 | 扑热息痛、乙酰基水杨酸、布洛芬、萘普生（US）、茚甲新、甲氧萘丙酸（EU）、异丙安替比林 |
| 脂类调节剂 | 降低血胆固醇 | 阿托伐他汀、氯贝酸、苯氧戊酸 |
| 抗癫痫 | 抗惊厥剂 | 卡马西平（一种镇痛抗惊厥药） |
| 精神调理 | 精神（病）药物、抗抑郁剂 | 安定、氟西汀 |
| β-阻断剂 | 心律不齐、高血压 | 美托洛尔、心得安 |
| 拟交感（神经） | 治疗哮喘 | 舒喘宁 |
| 抗组胺剂 | 治疗胃炎 | 甲腈咪胺（抗消化性溃疡药） |
| 抑制细胞药 | 肿瘤化学治疗 | 安道生（免疫抑制剂及抗肿瘤药）、异磷酰胺 |
| 造影剂 | 诊断辅助 | 碘帕醇 |
| 抗生素 | 治疗细菌感染 | 环丙沙星、磺胺甲恶唑、四环素、三甲氧苄二胺嘧啶 |
| 激素 | 生育控制、更年期治疗 | 17α-乙炔雌二醇 |

表 3-3　不同国家已处理废水中发现的目标药物（中等/最大质量浓度，ng/L）

| 类　别 | 化合物 | 法国、希腊、意大利、瑞士[①] | 德国[②] | 英国[③] | 加拿大[④] | 美国[⑤] |
|---|---|---|---|---|---|---|
| 抗炎药 | 服他灵<br>布洛芬<br>Salycilic 酸<br>萘普生 | 680/5 500<br>50/7 100<br><br>1 100/5 200 | 1 500/10 000<br>430/3 700<br><br>70/940 | <br>420/2 400<br>3 100/27 300 | 360/28 400<br>1 885/24600<br>3 600/59 600<br>170/860 | 60/80<br>50/320<br><br>300/3 200 |
| 调脂药 | 氯贝酸<br>苯氧戊酸<br>必降脂 | < LOQ/680<br>840/4 760<br>< LOQ/107 | 160/3 300<br>120/730<br>490/4 800 | < LOQ | 30/80<br>40/2 170<br>50/200 | <br>920/5 500 |
| 造影剂 | 碘帕醇<br>复方泛影葡胺<br>碘普罗胺 | | < LOQ/9 400<br>< LOQ/15 800<br>210/7 400 | | | |
| 抗抑郁剂 | 安定<br>氟西汀 | | < LOQ/100 | | 50/140 | |
| 抗癫痫药物 | 卡马西平 | 870/1 200 | 920/22 000 | | 110/2 300 | |
| β- 阻断剂 | 美托洛尔<br>心得安<br>索他洛尔 | 80/390<br>10/90 | 620/9 120<br>40/650<br>0.63/6.5 | <br>80/280 | | 60/160<br>20/50 |
| 抗生素 | 环丙沙星<br>克拉霉素<br>红霉素 -H₂O<br>罗红霉素<br>磺胺甲恶唑<br>甲氧苄啶 | 60/70<br><br><br><br>50/90<br>40/130 | < LOQ/140<br>20/1 800<br>140/6 000<br>40/1 700<br>120/4 700<br>40/1 500 | <br><br>< LOQ<br>/1 800<br>< LOQ/130<br>70/1 300 | 120/400<br>90/540<br>80/840<br>10/20<br>240/870<br>70/190 | 170/860<br><br>270/300<br><br>1 400/2 000<br>550/1 900 |

注：LOQ——量的限制。① Andreozzi et al.（2003）；② Römbke（1997）；③ Ashton et al.（2004）；④ Metcalfe et al.（2004），Miao et al.2004）；⑤ Sedlak et al.（2005），Karthikeyan and Meyer（2006）。

　　不同国家污水处理厂出水中检测到的所选药物质量浓度水平不同。通常，污水处理厂出水中药物质量浓度的范围从 ng/L 水平到 μg/L 水平，如表 3-3 所示。

　　因为处方或非处方抗炎药（布洛芬、萘普生）常被用于治疗感冒、疼痛或者关节炎，所以其在污水和地表水中频频被发现。

　　在欧洲和北美，研究人员已经证实在污水处理厂出水和河水中发现了多种调脂药，包括氯贝酸、必降脂和苯氧戊酸。虽然缓解抑制调脂药被大量使用，但是因为这些物质在人体中被大量代谢，所以在加拿大的污水处理厂出水和地表水样中，其质量浓度很低。在欧洲和北美的污水处理厂出水、地表水和地下水中，发现了抗癫痫药物 —— 卡马西平。最近在污水处理厂出水中又发现了卡马西平的多种代谢产物，在地表水中发现了卡马西平的羟基代谢物。在出水和（或）地表水中发现了用于治疗精神病的抗抑郁药物（如安定、氟西汀）。在出水和（或）地表水中也偶然发现用于治疗心律不齐、高血压、胃炎、哮喘和糖尿病的其他药物以及化疗药物。

### 2. 抗生素

因为抗生素在传播和保持细菌病原体抗性方面的潜在效应，所以最常被研究。在欧洲和北美有关于污水处理厂和地表水中抗生素的存在和去向问题的研究，包括喹诺酮类（如环丙沙星、氟哌酸）、磺胺药物类（如磺胺甲恶唑）、三甲氧苄二氨嘧啶、大环内酯物抗生素（克拉霉素、脱水 - 红霉素）和四环素类药物。

废水中抗生素的质量浓度范围达到 μg/L 水平。青霉素的 β- 二内酰胺环很不稳定，易受水解影响，所以很难在水环境中发现青霉素。虽然四环素类药物（氯四环素、土霉素和四环素）会和阳离子（如钙离子）发生沉淀并吸附在污泥或沉积物上，但在美国的地表水中却发现了此类药物。因为抗生素常被用于饲料添加剂，所以不能排除畜牧行业产生的废物是地表水和地下水中某些抗生素的来源。

Hirsch et al.（1999）首先调查了污水处理厂出水以及河水中一些来自大环内酯物、磺胺药物、青霉素和四环素类抗生素的物质。他们观察到红霉素 -$H_2O$、罗红霉素和磺胺甲恶唑的质量浓度常常达到 6 μg/L。在瑞士 Glatt 河流域调查了氟喹诺酮类抗生素的含量变化。检测城市污水处理厂出水和受纳地表水体 Glatt 河后发现，在瑞士主要使用的是氟喹诺酮类、环丙沙星和氟哌酸，未经处理的污水和最终出水中测得质量浓度分别是 255 ~ 568 μg/L 和 36 ~ 106 ng/L。在 Glatt 河，氟喹诺酮类药物的质量浓度低于 19 ng/L。

废水经过处理后，喹诺酮类药物的去除率为 79% ~ 87%。在污水处理厂出水和一些地表水的抓斗式取样中检测到大环内酯物和磺胺药物。克拉霉素是其中含量最高的大环内酯物，这反映出大环内酯物类抗生素药物的主要消费规律。夏季，污水处理厂出水中质量浓度变化范围为 57 ~ 330 ng/L。冬季的质量浓度负荷是夏季的 2 倍多。红霉素 -$H_2O$ 质量浓度变化范围为 30 ~ 200 ng/L。在 Glatt 河，克拉霉素的质量浓度达到 75 ng/L。2001 年，苏黎世 Glatt 污水处理厂被关闭，废水从 Glatt 污水处理厂转向到以 Limmat 河为排污河的 Werdhölzli 污水处理厂。结果，因苏黎世 Glatt 污水处理厂的排放量占排放总量的 40%，所以进入 Glatt 河的处理后废水量急剧减少。在 Oberglatt 位于苏黎世 Glatt 污水处理厂出水口下游的取样点，从 2001 年冬季到 2002 年冬季，克拉霉素的平均负荷减低到 13.9 g/d（54%）。在威斯康星州进行的筛选研究中发现，污水处理厂的出水中存在 6 种抗生素。其中，红霉素 -$H_2O$ 的平均质量浓度为 1.1 μg/L，磺胺甲恶唑为 0.27 μg/L 和环丙沙星为 0.31 μg/L。

### 3. 碘化 X 射线造影剂

碘化 X 射线造影剂可大致分为含有一个自由羧基的离子试剂和非离子试剂，后者的羧基被转化成衍生物。五种碘化 X 射线造影剂碘帕醇、复方泛影葡胺、碘普罗胺、复方泛影葡胺和碘海醇在下水道及水环境中普遍存在。考虑地表水的暴露程度，碘化 X 射线造影剂被归类为"最危险的污染物"，因为其使用量达到 200 g/d，95% 的排泄物是未新陈代谢的，极难生物降解。

进入污水处理厂的碘化 X 射线造影剂的量是很大的。在工作日碘化 X 射线造影剂的负荷较高，因为从周一到周五医院和放射机构都进行 X 射线检查。污水处理厂出水中检测到碘帕醇的最大质量浓度是 15 μg/L。因为碘化 X 射线造影剂对污水处理厂出水造成污染，排污河流也遭到严重污染。环境中检测到碘帕醇的质量浓度为 0.49 μg/L，复方泛影葡胺的质量浓度是 0.23 μg/L。因为碘化 X 射线造影剂被广泛用于人类医疗，其废液通常排入城市污水管网，因此城镇污水处理厂污水可能是水环境污染的唯一来源。

在海神计划中，难以解释碘帕醇的去除变化规律，这可能归因于污水质量浓度的变化。病人很少，但是摄入量很高，导致碘普罗胺每日的进水负荷相对较高。考虑每个成人日消费的剂量（4 ~ 200 g）以及下水道系统的稀释作用，每个病人平均增加了污水质量浓度一般为 0.1 ~ 4 μg/L，这个范围和检测到污水中的质量浓度是一致的。中等规模污水处理厂（1 万 ~ 10 万人口的城市规模）进水负荷的变化相差 7 倍以上，其 24 h 的混合样品和下一个 24 h 的样品结果不同，这表明该污染物是无规律排放的，而且是由少数接受治疗的病人排放的。

### 4. 雌激素

医疗中会使用一些药物影响人体分泌系统，众所周知的例子是节育药品中用作活性成分的避孕药物。在城镇污水处理厂出水口和排污口，雌激素酮、17β- 雌二醇和避孕成分 17α- 乙炔雌二醇是最常被检测到的雌激素，据报道其质量浓度达到低质量浓度的几个 ng/L 甚至 pg/L。雌激素 $\log K_{ow}$ 的范围为 3.1 ~ 4.7，这预示其在一定程度上具有亲脂性并少量吸附于沉积物和污泥。

## 3.4 污水处理厂尾水人工湿地处理技术

### 3.4.1 污水处理厂尾水的处理技术

污水处理厂尾水常用的处理技术有活性炭吸附技术、膜分离技术、高级氧化技术等。

活性炭吸附技术是利用多孔性的活性炭，使水中一种或多种物质被吸附在活性炭表面而去除的方法，去除对象包括溶解性的有机物质、合成洗涤剂、微生物、病毒和一定量的重金属，并能够脱色、除臭。活性炭、磺化煤、沸石、焦炭等都是水处理常用的吸附剂，活性炭经过活化后碳晶格形成形状和大小不一的发达细孔，大大增加比表面积，提高吸附能力。活性炭的细孔有效半径一般为 1 ~ 10 000 nm。按国际纯粹与应用化学联合会（IUPAC）定义，微孔半径在 2 nm 以下，过渡孔半径一般为 2 ~ 50 nm，大孔半径为 50 nm 以上。小孔容积一般为 0.15 ~ 0.90 mL/g，过渡孔容积一般为 0.02 ~ 0.10 mL/g，大孔容积一般为

0.20 ~ 0.50 mL/ g。其优点是操作过程容易控制，适应性很强，对分子量在 500 ~ 3 000 Da 的有机物去除明显。其基建和运行费用较高，并且容易产生亚硝酸盐等致癌物质，对突发性污染适应性差。

膜分离技术的工作原理是在一定的压力下，当原液流过膜表面时，膜表面密布的许多细小的微孔只允许水及小分子物质通过而成为透过液，而原液中体积大于膜表面微孔径的物质则被截留在膜的进液侧，成为浓缩液，因而实现对原液的分离和浓缩的目的。膜分离法的主要特点是无相变、能耗低，装置规模根据处理量的要求可大可小，而且具有设备简单、操作方便安全、启动快、运行可靠性高、不污染环境、投资少、用途广等优点。但其强度低、寿命短、抗污染能力差，并且还需要清洗及更新。

高级氧化技术又称做深度氧化技术，以产生具有强氧化能力的羟基自由基($\cdot$OH)为特点，在高温高压、电、声、光辐照、催化剂等反应条件下，使大分子难降解有机物氧化成低毒或无毒的小分子物质。但是其处理效率有待提高。

由于尾水水量大，一般污水处理厂的规模都是每天几万立方米，对于以上这些处理方法来说，根本不可能实现。另外，这些方法费用昂贵，管理较复杂，处理每吨水的费用也较高，为一级处理费用的 4 ~ 5 倍以上。从实际应用来看，现有的污水处理技术依然存在投资高、运行和维护费用高等缺点，严重制约了污水处理技术的发展。而人工湿地技术具有耐高负荷、投资低、运行管理简单的优点，适宜作为污水处理厂尾水深度处理技术。

### 3.4.2 污水处理厂尾水人工湿地处理技术

#### 1. 用于污水处理厂尾水深度处理的人工湿地类型

用于污水处理厂尾水深度处理的人工湿地包含五部分：①具有透水性能的基质，如碎石、砾石、火山石、土壤和砂；②适于在水中生长的植物，如鸢尾、香蒲、芦苇和芦竹；③微生物种群，如硝化细菌和反硝化细菌；④脊椎或无脊椎动物；⑤水体。湿地系统正是在这种具有一定长宽比和底面坡度的低洼地势中，由底层基质（如碎石）和上层土壤混合组成填料床，污水在床体的表面或者床体的填料缝隙中流动，并在床体表面种植成活率高、生长周期长、耐水淹、美观以及具有经济价值的水生植物（如芦竹），从而形成一个独特的动植物生态系统。

表面流人工湿地，水力路径以地表推流为主，在处理过程中，主要通过植物茎叶拦截、土壤吸附过滤和污染物自然沉降来达到去除污染物的目的；通常由一个或几个池体或渠道组成，池体或渠道间设隔挡墙分隔；池中填有合适的介质过滤材料（碎石、砾石、沸石或陶粒）、土壤、砂等供水生植物固定根系；水流缓慢，通常以水平流的流态流经各个处理单元；水位较浅，一般为 0.1 ~ 0.6 m，水面处于土面之上，暴露于空气中；它与自然湿地较为接近，绝大部分有机物的去除由长在水下的植物茎、杆上的生物膜来完成；通过植物来吸收大量的氨氮，此类型湿地对氨氮有良好的去除效果，去除率可达 90% 以上。污水中不溶性有机物通过湿地的沉淀、过滤作用，可以较快地截留而被微生物利用；可溶性有机物则可通过植物根系生物膜的吸附、吸收及生物代谢过程而被分解去除；资料表明，在进水浓度较低的条件下，人工湿地对 $BOD_5$ 的去除率可达 85% ～ 95%，对 $COD_{Cr}$ 的去除率可达 80% 以上，脱氮效率大于 50%，湿地出水中 TP 含量一般小于 1 mg/L。

垂直流人工湿地中往往填有大量的碎石、卵石、砂或土壤水在填料表面下渗流，因而可充分利用填料表面及植物根系上的生物膜及其他各种作用来处理；基质表面栽种植物；污水在介质间渗流，水面低于介质面，因此呈潜流状态；垂直流人工湿地置于绿化地下，不会对周围景观和环境造成不良影响。

水平潜流人工湿地，因污水从一端水平流过填料床而得名，它由一个或多个填料床组成，床体填充基质，床底设有防渗层，防止污染地下水，与表面流人工湿地相比，水平潜流人工湿地的水力负荷大和污染负荷大，对 $BOD_5$、$COD_{Cr}$、SS、重金属等污染指标的去除效果好，且很少有恶臭和孳生蚊蝇现象。目前，水平潜流人工湿地已被美国、日本、澳大利亚、德国、瑞典、英国、荷兰和挪威等国家广泛使用。这种类型人工湿地的缺点是控制相对复杂，脱氮除磷的效果不如垂直流人工湿地。

**2. 人工湿地深度净化污水处理厂尾水机理**

人工湿地是一个通过模拟天然湿地，由植物、微生物、原生动物和基质构成的生态系统，它应用生态系统中物种共生、物质循环再生原理，结构与功能协调原则，在促进废水中污染物质良性循环的前提下，充分发挥资源的生产潜力，防止环境的再污染，获得污水处理与资源化的最佳效益。人工湿地主要由填料、植物以及附着在填料表面的微生物三部分构成。人工湿地可通过水体与基质、水生植物、微生物之间一系列物理、化学和生化反应，通过沉淀、离子交换、过滤、基质吸附、微生物分解转化、植物吸收等途径实现对污水中污染物的去除。

尾水中的有机物包括可溶性有机物与不溶性有机物。不溶性有机物通过在湿地基质中的沉积、过滤作用，很快被截留，进一步被湿地中的微生物分解和利用；可溶性有机物则通过生长在植物根系的生物膜吸附、吸收以及厌氧、好氧生物代谢降解过程被分解去除。微生物作为人工湿地中的重要组成部分，承担了大部分污染物的降解工作，将尾水中大部分有机物最终转化为其体内细胞物质及 $CO_2$、$H_2O$。

进入人工湿地系统中的氮素可以通过氨的挥发、微生物硝化 / 反硝化作用、植物吸收以及基质的沉淀吸附等过程得以清除，最主要的部分是微生物硝化 / 反硝化作用。人工湿地中的硝化过程主要由两步构成：① $NH_3$ 或 $NH_4^+$ 被亚硝化单胞菌转化成 $NO_2^-$；② $NO_2^-$ 被硝化细菌氧化成 $NO_3^-$。而反硝化过程是一个 $NO_3^-$ 的生物还原过程，反硝化细菌利用 $NO_2^-$ 和 $NO_3^-$ 为呼吸作用的最终电子受体，把 $NO_2^-$ 和 $NO_3^-$ 最终还原为气态氮（$N_2$、$N_2O$ 或 NO）。人工湿地对磷素的去除主要是填料对磷的吸附、沉淀作用，大约占总除磷量的 80% 以上。

**3. 人工湿地处理尾水对受纳水体的效应**

人工湿地现在已被广泛地应用于生活污水、暴雨径流、工业废水、农业径流、酸性采矿废水和垃圾渗滤液等各种废水的处理，作为一种自然处理系统具有重要的污水处理和资源恢复功能。现在，利用人工湿地处理污水处理厂尾水的研究也越来越多，并且在国内外都取得了较好的成果。

2001 年，在意大利将人工湿地用于污水三级处理的就有 16 个，并取得较好的去除效果，$COD_{Cr}$ 的去除率为 88%，TN 的去除率在 78% ～ 84%。在荷兰的特赛尔岛，当地政府在 1994 年就建立了一个大型的人工湿地，处理水量约为 6 万 $m^3/d$，该湿地处理系统可对来自污水处理厂的出水作进一步处理。由荷兰政府资助 Utrecht 大学对该湿地系统进行了 3 年（1995—1998 年）的监测研究。监测结果表明，用人工湿地对污水处理厂的出水进行三级处理，不但节约了成本，而且提高了水的再生利用价值，排放的水不但不会对周边环境造成影响，还成为荷兰一大生态景点，成为众多野生动物栖息繁殖的场所。在北美，用人工湿地作为三级处理的系统大约就有 300 多个。如 The River Hebert 湿地是加拿大大西洋海岸建立的第一个用来处理二级出水的人工湿地，该湿地既可以处理污水，又成为野生动物栖息的场所。张丽等（2008）以人工湿地深度处理污水处理厂尾水，工程设计处理规模为 5 000 $m^3/d$，进水 $COD_{Cr}$ 为 60 mg/L、$NH_3$-N 为 20 mg/L，出水可满足国家景观环境用水标准，通过构建人工景观湖，实现了尾水的资源化利用。管策等（2012）的调研结果表明，将人工湿地作为一种深度处理二级出水的有效手段，可大幅削减进入受纳水体的氮磷污染负荷，改善受纳水体的水质。

目前，我国人工湿地用于处理污水处理厂尾水的案例或研究也越来越多。常用的工艺有复合垂直流、水平潜流、以湿地为核心的组合工艺等。其中，组合工艺是应用最多的，而且规模较大，如东莞的生态氧化池－垂直流人工湿地－自然湿地系统处理量为 10 万 $m^3/d$。该工艺大多分布在我国的南方区域，以广东省为最多；无锡和合肥等城市也有该工艺的应用，但一般都处于实验室水平或者规模较小。杨立君（2009）将生态氧化池－生态砾石床组合工艺作为强化型前处理系统，与垂直流人工湿地工艺相结合，用于处理城镇污水处理厂尾水，连续 5 个月的试运行结果表明，整个处理系统运行稳定，对 $COD_{Cr}$，$BOD_5$，$NH_3$-N 和 TP 的平均去除率分别为 70.3%，69.0%，91.9% 和 83.1%，出水达到《地表水环境质量标准》（GB 3838—2002）III 类水标准。垂直流人工湿地对主要污染物的平均去除率均在 55% 以上。赵安娜等（2010）采用由一级垂直流人工湿地、连续的 4 级沉水植物氧化塘和二级垂直流人工湿地组成的复合型人工湿地处理小城镇污水处理厂尾水，结果表明，在 0.13 $m^3/(m^2 \cdot d)$ 的水力负荷条件下，系统出水达到 IV 类水标准；当二级垂直流湿地水力负荷调整为 0.06 $m^3/(m^2 \cdot d)$ 时，出水最终达到 III 类水标准；水体中 TN 主要通过一级垂直流人工湿地的过滤吸附和二级垂直流人工湿地的反硝化作用去除，而 TP 则主要以一级垂直流人工湿地中石灰石的吸附沉降方式来去除。杨长明等（2010）研究了组合人工湿地对城镇污水处理厂尾水中不同形态有机物的去除特征，结果表明，组合人工湿地对污水处理厂尾水具有较好的深度处理效果，出水水质基本可以达到 III 或 IV 类水标准，并且该组合人工湿地系统对尾水中的有机物去除效果比较好，$COD_{Cr}$ 和 $BOD_5$ 总体去除率分别达到 35.2% 和 44.3%。曹明利等（2012）针对某工业园区混合化工污水处理厂尾水的水质特点，设计了基于水资源循环利用的人工快渗－两级水平潜流人工湿地－表面流人工湿地－氧化塘－三级水平潜流人工湿地组合工艺对其进行深度处理，考察了该工艺运行一年多来对 $COD_{Cr}$、$NH_3-N$ 和 TP 的去除效果，结果表明，该工艺对混合化工污水处理厂尾水的处理效果较好，对 $COD_{Cr}$、$NH_3-N$ 和 TP 的平均去除率分别为 78.8%，86.9% 和 76.4%，出水达到 V 类水标准，并具有运行费用低、操作方便等优点。杨林等（2012）也将三级水平潜流人工湿地与氧化塘和表面流人工湿地进行组合来处理工业园区污水处理厂尾水，系统出水达到 V 类水标准。

除组合工艺外，比较常用的还有垂直复合流或者是垂直流人工湿地。该工艺应用较多的地区是南方广东省等，在北方只处于实验室水平阶段。李艳红等（2006）在实验室内，利用垂直复合流人工湿地系统对城市污水处理厂尾水进行深度处理实验研究，重点分析了水力停留时间对处理效果的影响，实验研究表明：人工湿地系统在停留时间为 24 h，水力负荷为 $0.4\ m^3/(m^2 \cdot d)$ 时的运行条件处理效果较佳，在此条件下连续稳定运行 10 个月，处理后的尾水主要指标达到《城市污水再生利用 景观环境用水水质》（GB/T 18921—2002）标准。韩瑞瑞等（2009）利用间歇的复合垂直流人工湿地净化污水处理厂二级出水，结果表明，该系统能够有效降低污水处理厂二级出水中的氮和磷，适用于城市污水的深度处理。在 $0.4\ m^3/(m^2 \cdot d)$ 的低水力负荷条件下，系统对 $COD_{Cr}$、$NH_3-N$、TN 和 TP 的去除率分别为 87.4%，82.15%，60.32% 和 30.15%；当排空时间为 2 h 时，系统的处理效果最好，对 $NH_3-N$、TN、TP 的去除率分别为 84.44%，65.46% 和 40.33%。

目前，单独利用水平潜流人工湿地处理污水处理厂尾水的工程案例较少，大部分研究都是在实验室水平下进行的。杨长明等（2012）在实验室水平研究了两种基质水平潜流人工湿地对城镇污水处理厂尾水中有机物的去除特征，设计水力负荷为 $0.07\ m^3/(m^2 \cdot d)$，湿地系统稳定运行后，所构建的陶粒基质和沸石基质水平潜流人工湿地系统均有良好的去除效果，全年出水均可达到《地表水环境质量标准》（GB 3838—2002）Ⅳ类水标准。

## 参考文献

Aiken G R，Mcknight D M，Thorn K A，et al. 1992. Isolation of hydrophilic organic acids from water using nonionic macroporous resins[J]. Organic Geochemistry，18(4):567-573.

And W L，Westerhoff P. 2005. Dissolved Organic Nitrogen Measurement Using Dialysis Pretreatment[J]. Environmental Science and Technology，39(3): 879-884.

Andreozzi R，Raffaele M，Nicklas P. 2003. Pharmaceuticals in STP effluents and their solar photodegradation in aquatic environment[J]. Chemosphere，50(10): 1 319-1 330.

Ashton D，Hilton M，Thomas K V. 2004. Investigating the environmental transport of human pharmaceuticals to streams in the United Kingdom[J]. Science of the Total Environment，333(1-3): 167-184.

Barker P S，Dold P L. 1996. Denitrification behaviour in biological excess phosphorus removal activated sludge systems[J]. Water Research，30(4): 769-780.

Bravo M，J Sáenz，Bravo M，et al. 2000. Environmental risk assessment of human pharmaceuticals in Denmark after normal therapeutic use[J]. Chemosphere，40(7): 783-793.

Bronk D A，Glibert P M，Ward B B. 1994. Nitrogen uptake, dissolved organic nitrogen release, and new production[J]. Science，265(5180): 1 843-1 846.

Chan S Y，Tsang Y F，Cui L H，et al. 2008. Domestic wastewater treatment using batch-fed constructed wetland and predictive model development for NH-N removal[J]. Process Biochemistry，43(3): 297-305.

Chung A K C，Wu Y，Tam N F Y. 2008. Nitrogen and phosphate mass balance in a sub-surface flow constructed wetland for treating municipal wastewater[J]. Ecological Engineering，32(1): 81-89.

Conte G，Martinuzzi N，Giovannelli L，et al. 2001. Constructed wetlands for wastewater treatment in central Italy[J]. Water Science and Technology：A Journal of the International Association on Water Pollution Research，44(11-12): 339-343.

Czerwionka K，Makinia J，Pagilla K R，et al. 2012. Characteristics and fate of organic nitrogen in municipal biological nutrient removal wastewater treatment plants[J]. Water Research，46(7): 2 057-2 066.

Dignac M F，Ginestet P，Rybacki D，et al. 2000. Fate of wastewater organic pollution during activated sludge treatment: nature of residual organic matter[J]. Water Research，34(17): 4 185-4 194.

Drewes J E，Fox P. 1999. Fate of natural organic matter (NOM) during groundwater recharge using reclaimed water[J]. Water Science and Technology，40(9): 241-248.

Duca G，Boldescu V. 1999. Pharmaceuticals and Personal Care Products in the Environment[J]. Environmental Health Perspectives，107(6): 907-938.

Glassmeyer S T，Furlong E T，Kolpin D W，et al. 2005. Transport of chemical and microbial compounds from known wastewater discharges: Potential for use as indicators of human fecal contamination[J]. Environmental Science and Technology，39(14): 51-57.

Golet E M，Alder A C，Giger W. 2002. Environmental exposure and risk assessment of fluoroquinolone antibacterial agents in wastewater and river water of the Glatt Valley Watershed, Switzerland[J]. Environmental Science and Technology，36(17): 3645-3651.

Gottschall N，Boutin C，Crolla A，et al. 2007. The role of plants in the removal of nutrients at a constructed wetland treating agricultural (dairy) wastewater, Ontario, Canada[J]. Ecological Engineering，29(2): 154-163.

Haberkamp J，Ruhl A S，Ernst M，et al. 2007. Impact of coagulation and adsorption on DOC fractions of secondary effluent and resulting fouling behaviour in ultrafiltration[J]. Water Research，41(17): 3 794-3 802.

Han X，Wang Z，Ma J，et al. 2015. Formation and removal of dissolved organic nitrogen (DON) in membrane bioreactor and conventional activated sludge processes[J]. Environmental Science and Pollution Research，22(16): 12 633-12 643.

Hartig C，Storm T，Jekel M. 1999. Detection and identification of sulphonamide drugs in municipal waste water by liquid chromatography coupled with electrospray ionisation tandem mass spectrometry[J]. Journal of Chromatography A，854(1-2): 163-173.

Heberer T. 2002. Occurrence, fate, and removal of pharmaceutical residues in the aquatic environment: a review of recent research data[J]. Toxicology Letters，131(1): 5-17.

Hignite C，Azarnoff D L. 1977. Drugs and drug metabolites as environmental contaminants: chlorophenoxyisobutyrate and salicyclic acid in sewage water effluent[J]. Life Sciences，20(2): 337-341.

Hirsch R，Ternes T，Haberer K，et al. 1999. Occurrence of antibiotics in the aquatic environment[J]. Science of the Total Environment，225(1-2): 109-118.

Hong W Z，Mavinic D S，Oldham W K，et al. 1999. Controlling factors for simultaneous nitrification and denitrification in a two-stage intermittent aeration process treating domestic sewage[J]. Water Research，33(4): 961-970.

Imai A，Fukushima T，Matsushige K，et al. 2002. Characterization of dissolved organic matter in effluents from wastewater treatment plants[J]. Water Research，36(4): 859-870.

Jardin N ，Pöpel H J. 1996. Behavior of Waste Activated Sludge from Enhanced Biological Phosphorus Removal during Sludge Treatment[J] . Water Environment Research，68 (6):965-973.

Johansson L，Gustafsson J P. 2000. Phosphate removal using blast furnace slags and opoka-mechanisms[J]. Water Research，34(1): 259-265.

Johnson A C，Williams R J. 2004. A model to estimate influent and effluent concentrations of estradiol, estrone, and ethinylestradiol at sewage treatment works[J]. Environmental Science and Technology，38(13): 3 649-3 658.

Joss A，Andersen H，Ternes T，et al. 2004. Removal of estrogens in municipal wastewater treatment under aerobic and anaerobic conditions: consequences for plant optimization[J]. Environmental Science and Technology，38(11): 3 047-3 055.

Karthikeyan K G，Meyer M T. 2006. Occurrence of antibiotics in wastewater treatment facilities in Wisconsin, USA[J]. Science of the Total Environment，361(1-3): 196-207.

Knowles P，Dotro G，Nivala J，et al. 2011. Clogging in subsurface-flow treatment wetlands: Occurrence and contributing factors[J]. Ecological Engineering，37(2): 99-112.

Kolpin D W，Furlong E T，Meyer M T，et al. 2002. Pharmaceuticals, hormones and other organic wastewater contaminants in U.S. streams[J]. A national reconnaissance. Environmental Science & Technology, 36, 1 202-1 211.

Kuba T，Loosdrecht M C M V，Brandse F A，et al. 2016. Occurrence of denitrifying phosphorus removing bacteria in modified UCT-type wastewater treatment plants[J]. Water Research，31(4): 777-786.

Kuba T，Loosdrecht M C M V，Heijnen J J. 1997. Biological dephosphatation by activated sludge under denitrifying conditions: pH influence and occurrence of denitrifying dephosphatation in a full-scale waste water treatment plant[J]. Water Science and Technology，36(12): 75-82.

Kunacheva C，Stuckey D C. 2014. Analytical methods for soluble microbial products (SMP) and extracellular polymers (ECP) in wastewater treatment systems: a review[J]. Water Research，61(18): 1-18.

Lacko N，Drysdale G D，Bux F. 2003. Anoxic phosphorus removal by denitrifying heterotrophic bacteria[J]. Water Science and Technology，47(11): 17-22.

Levin G V，Sala U D. 1987. PHOSTRIP ®; PROCESS — A viable answer to eutrophication of lakes and coastal sea waters in italy[J]. Biological Phosphate Removal from Wastewaters，249-259.

Levine A D，Tchobanoglous G，Asano T. 1985. Characterization of the size distribution of contaminants in wastewater: treatment and reuse implications[J]. Journal，57(7): 805-816.

Lindsey M E，Meyer M，Thurman E M. 2001. Analysis of trace levels of sulfonamide and tetracycline antimicrobials in groundwater and surface water using solid-phase extraction and liquid chromatography/mass spectrometry[J]. Analytical Chemistry，73(19), 4 640-4 646.

Liu H，Jeong J，Gray H，et al. 2012. Algal uptake of hydrophobic and hydrophilic dissolved organic nitrogen in effluent from biological nutrient removal municipal wastewater treatment systems[J]. Environmental Science and Technology，46(2): 713-721.

Liu Y Q，Liu Y，Tay J H，et al. 2010. Biological phosphorus removal processes[J]. Environmental Bioengineering, 11:497-521.

Loosdrecht M C M V，Brandse F A，de Vries A C. 1998. Upgrading of waste water treatment processes for integrated nutrient removal — The BCFS® process[J]. Water Science and Technology，37(9): 209-217.

McArdell，Christa S，Molnar E，et al. 2003. Occurrence and fate of macrolide antibiotics in wastewater treatment plants and in the glatt valley watershed, Switzerland[J]. Environmental Science and Technology，37(24): 5 479-5 486.

Mcmahon K D，Dojka M A，Pace N R，et al. 2002. Polyphosphate kinase from activated sludge performing enhanced biological phosphorus removal[J]. Applied and Environmental Microbiology，68(10): 4 971-4 978.

Metcalfe C D，Miao X S，Koenig B G，et al. 2010. Distribution of acidic and neutral drugs in surface waters near sewage treatment plants in the lower Great Lakes, Canada[J]. Environmental Toxicology and Chemistry，22(12): 2 881-2 889.

Metcalfe C，Miao X S，Hua W，et al. 2004. Pharmaceuticals in the Canadian Environment[M]. Springer Berlin Heidelberg.

Miao X S，Bishay F，Chen M，et al. 2004 Occurrence of antimicrobials in the final effluents of wastewater treatment plants in Canada[J]. Environmental Science and Technology，38(13): 3 533-3 541.

Miao X S，Koenig B G，Metcalfe C D. 2002. Analysis of acidic drugs in the effluents of sewage treatment plants using liquid chromatography-electrospray ionization tandem mass spectrometry[J]. Journal of Chromatography A，952(1):

139-147.

Miao X S，Metcalfe C D．2003．Determination of cholesterol-lowering statin drugs in aqueous samples using liquid chro-matography–electrospray ionization tandem mass spectrometry[J]．Journal of Chromatography A，998(1-2): 133-141．

Murthy S，Jones K，Baidoo S，et al．2006．Biodegradability of Dissolved Organic Nitrogen: Adaptation of the BOD Test[J]．Proceedings of the Water Environment Federation，11(1): 1 550-1 559．

Parkin G F，Mccarty P L．1981．A comparison of the characteristics of soluble organic nitrogen in untreated and activated sludge treated wastewaters[J]．Water Research，15(1): 139-149．

Pehlivanoglumantas E，Sedlak D L．2008．Measurement of dissolved organic nitrogen forms in wastewater effluents: concentrations, size distribution and NDMA formation potential[J]．Water Research，42(14): 3 890-3 898．

Perakis S S，Hedin L O．2002．Nitrogen loss from unpolluted South American forests mainly via dissolved organic com-pounds[J]．Nature，415(6 870): 416-419．

Prochaska C A，Zouboulis A I．2006．Removal of phosphates by pilot vertical-flow constructed wetlands using a mixture of sand and dolomite as substrate[J]．Ecological Engineering，26(3): 293-303．

Putschew A，Wischnack S，Jekel M．2000．Occurrence of triiodinated X-ray contrast agents in the aquatic environ-ment[J]．Science of the Total Environment，255(1): 129-134．

Rao G A K，Viraraghavan T．1992．Removal of heavy metals at a Canadian wastewater treatment plant[J]．Environmen-tal Letters，27(1): 13-23．

Rousseau D P，Vanrolleghem P A，De P N．2004．Model-based design of horizontal subsurface flow constructed treat-ment wetlands: a review[J]．Water Research，38(6): 1 484-1 493．

Römbke J，Knacker T，Stahlschmidt-Allner P．1997．Arzneimittel in der Umwelt[J]．Umweltwissenschaften und Schadstoff-Forschung，9(1):6-6．

Sattayatewa C，Pagilla K，Pitt P，et al．2009．Organic nitrogen transformations in a 4-stage Bardenpho nitrogen remov-al plant and bioavailability/biodegradability of effluent DON[J]．Water Research，43(18): 4 507-4 516．

Sedlak D L，Pinkston K，Huang C H．2005．Occurrence Survey of Pharmaceutically Active Compounds[M]．Denve,CO: Awwa Research Foundation．

Seo D C，Cho J S，Lee H J，et al．2005．Phosphorous retention capacity of filter media for estimating the longevity of constructed wetland[J]．Water Research，39(11): 2 445-2 457．

Shon H K，Vigneswaran S，Kim I S，et al．2006．Fouling of ultrafiltration membrane by effluent organic matter: A de-tailed characterization using different organic fractions in wastewater[J]．Journal of Membrane Science，278(1): 232-238．

Simsek H，Kasi M，Wadhawan T，et al．2012．Fate of dissolved organic nitrogen in two stage trickling filter pro-cess[J]．Water Research，46(16): 5 115-5 126．

Slotsbo S，Heckmann L H，Damgaard C，et al．2005．Removal of pharmaceuticals and fragrances in biological waste-water treatment[J]．Water Research，39(14): 3 139-3 152．

Ternes T A．1998．Occurrence of drugs in German sewage treatment plants and rivers 1[J]．Water Research，32(11): 3 245-3 260．

Vigneswaran S．2006．Effluent Organic Matter (EfOM) in Wastewater: Constituents, Effects, and Treatment[J]．Critical Reviews in Environmental Science and Technology，36(4): 327-374．

Westgate P J，Park C．2010．Evaluation of Proteins and Organic Nitrogen in Wastewater Treatment Effluents[J]．Envi-ronmental Science and Technology，44(14): 5 352-5 357．

Xue S，Zhao Q，Ma X，et al．2011．Comparison of dissolved organic matter fractions in a secondary effluent and a nat-ural water[J]．Environmental Monitoring and Assessment，180(1-4): 371-383．

Zuehlke S，Duennbier U，Heberer T．2015．Determination of estrogenic steroids in surface water and wastewater by liq-uid chromatography-electrospray tandem mass spectrometry[J]．Journal of Separation Science，28(1): 52-58．

曹明利，崔康平，许为义，等．2012．人工快渗／复合人工湿地工艺处理园区污水厂尾水 [J]．中国给水排水，28(19): 12-14．

陈立春．2015．城市污水二级生化出水有机物膜分离过程与膜污染行为 [D]．哈尔滨：哈尔滨工业大学．

高廷耀. 1999. 水污染控制工程：下册 [M]. 北京：高等教育出版社.

管策，郁达伟，郑祥，等. 2012. 我国人工湿地在城市污水处理厂尾水脱氮除磷中的研究与应用进展 [J]. 农业环境科学学报，31(12): 2 309-2 320.

郭瑾，盛丰，马民涛，等. 2011. 污水二级生化出水有机物（EfOM）性质表征及去除研究现状 [J]. 北京工业大学学报，37(1): 131-138.

韩瑞瑞，袁林江，孔海霞. 2009. 复合垂直流人工湿地净化污水厂二级出水的研究. 中国给水排水，25(21): 50-52.

贾艳萍，贾心倩，刘印，等. 2013. 同步硝化反硝化脱氮机理及影响因素研究 [J]. 东北电力大学学报，33 (4): 19-23.

李辰旻. 2015. SBR 工艺运行效果及垃圾渗滤液与污水合并处理的研究 [D]. 太原：太原理工大学.

李艳红，解庆林，白少元，等. 2006. 利用人工湿地系统深度处理城市污水尾水. 环境工程，24(03): 86-89+6.

李泽兵，李军，李妍，等. 2011. 短程硝化反硝化技术研究进展 [J]. 给水排水，37 (9): 163-168.

林武，廖波. 2013. 生态工程组合工艺应用于城市污水处理厂尾水深度处理 [J]. 环境保护与循环经济，33(7): 34-38.

沈耀良，王宝贞. 1999. 废水生物处理新技术：理论与应用 [M]. 北京：中国环境科学出版社.

孙锦宜. 2003. 含氮废水处理技术与应用 [M]. 北京：化学工业出版社.

托马斯·A. 特内斯，阿德里亚诺·乔斯. 2009. 人类药品、激素和香料：城市水资源管理中微污染物的挑战 [M]. 上海：同济大学出版社.

万年红. 2003. A2/O 工艺的改良与设计应用 [J]. 中国给水排水，19(8): 81-83.

汪大翚，徐新华，宋爽. 2000. 工业废水中专项污染物处理手册 [M]. 北京：化学工业出版社.

王玲玲，沈熠. 2007. 水体富营养化的形成机理、危害及其防治对策探讨 [J]. 环境研究与监测，4:33-35.

谢冰，奚旦立，陈季华. 2003. 活性污泥工艺对重金属的去除及微生物的抵抗机制 [J]. 上海环境科学，4:283-288+292.

徐伟勇. 2009. 城市污水处理厂尾水中磷的形态分析及除磷研究 [D]. 杭州：浙江工业大学.

杨林，李咏. 2012. 组合人工湿地处理工业园区污水厂尾水的中试研究 [J]. 环境工程学报，6(6): 1 846-1 850.

杨长明，马锐，山城幸，等. 2010. 组合人工湿地对城镇污水处理厂尾水中有机物的去除特征研究 [J]. 环境科学学报，30(9): 1 804-1 810.

杨长明，马锐，汪盟盟，等. 2012. 潜流人工湿地对污水厂尾水中有机物去除效果 [J]. 同济大学学报 ( 自然科学版 )，40(8): 1 210-1 216.

杨立君. 2009. 垂直流人工湿地用于城市污水处理厂尾水深度处理 [J]. 中国给水排水，25(18): 41-43.

张波，高廷耀. 2000. 倒置 A2/O 工艺的原理与特点研究 [J]. 中国给水排水，16(7): 11-15.

张丽，朱晓东，邹家庆. 2008. 人工湿地深度处理城市污水处理厂尾水 [J]. 工业水处理，28(1): 85-87.

章旻. 2009. 污水反硝化脱氮的固态有机碳源选择实验研究 [D]. 武汉：武汉理工大学.

赵安娜，柯凡，郭萧，等. 2010. 复合型人工湿地模型对污水厂尾水的深度净化效果 [J]. 生态与农村环境学报，26(6): 579-585.

郑平，徐向阳，胡宝兰. 2004. 新型生物脱氮理论与技术 [M]. 北京：科学出版社.

郑兴灿，李亚新. 1998. 污水除磷脱氮技术 [M]. 北京：中国建筑工业出版社.

# 4 尾水处理人工湿地类型的选择与工艺参数设计

通过对人工湿地处理污水处理厂尾水的中试研究，结合无锡城北污水处理厂二沉池出水组合人工湿地处理系统构建和污染物去除效果的分析，综合无锡周边村镇污水处理装置出水、新农村建设湿地处理生活污水的工程实际情况，针对太湖流域城镇污水处理厂二沉池出水的特点，同时考虑太湖流域当地气候条件、植被类型以及地理环境，并参照国内外最新的人工湿地污水处理技术，本书初步拟定适合环太湖流域地区的城镇污水处理厂尾水深度处理的人工湿地类型组合及设计技术要点。

不同类型的人工湿地有各自不同的优缺点。表面流人工湿地生长着各种挺水、沉水植物和浮叶植物，污水以较为缓慢的流速和较浅的水深流过土壤表面，经过表面流人工湿地系统中各种生物、物理、化学作用，从而得到净化。此工艺的优点是投资少，缺点是负荷低，北方地区冬季表面会结冰，夏季会孳生蚊蝇，散发臭味。

水平潜流人工湿地中污水从一端水平流过填料床，其由一个或多个填料床组成，床体填充基质，床底设防水层。污水在基质的表面下流动，水位较深，因而可充分利用填料表面及植物根系上生物及其他各种作用处理废水，处理效果更好。此工艺的水力负荷大，对 $BOD_5$、$COD_{Cr}$、SS、重金属等污染指标的去除效果好，保温性能好，卫生条件也好，相对于其他湿地形式而言，其在冬季或北方较寒冷地区使用更具优势，缺点是投资较表面流人工湿地略多，控制相对复杂。

针对各类人工湿地的优缺点，实际应用时，可以将不同类型的人工湿地进行组合。如将水平潜流和垂直流组合构成复合流人工湿地技术，将垂直流系统放在组合系统前端，输氧率高，处理效果较好，同时可以通过反硝化去除总氮。

根据环太湖和巢湖流域污水处理厂尾水的水质和水量特点，分别开展了表面流人工湿地、水平潜流人工湿地及不同组合处理系统对尾水处理效果的研究，以期为最终示范工程设计和运行提供技术支撑。

## 4.1 尾水处理人工湿地系统设计考虑因素

城镇污水处理厂尾水人工湿地系统的设计应注意以下几个要点：
①设计尽量简单，复杂的设计经常引发不可预料的失败。

②考虑目前城镇污水处理厂大多在城区，土地资源紧缺，应采用节地型设计理念，尽量减少占地面积。

③设计时应尽量减少后续维护工作。

④减少抬升，应结合场地地形尽可能在系统内采用重力自流。

⑤设计要考虑极端天气和气候因素，对暴雨、洪水、干旱这些异常情况应予以重视。

⑥避免过度工程化设计（诸如长方形坑槽和刚性结构设计）以模仿自然湿地系统和减少土方开挖。

⑦不要期望人工湿地立刻起到很好的作用。通常人工湿地需要一到两年才能达到成熟状态和较好的净化效果。

⑧设计应避免注重形式。假如最初设计引入的植物物种死亡，但湿地功能还保持良好，那么湿地系统并不是失败的。

## 4.2 尾水处理人工湿地选址要求

合适的场址选择能显著减少工程造价。场址选择应该考虑土地使用现状、地形、土壤情况、环境状况以及可能对周边的影响。场址应该尽可能靠近废水的来源，而且尽可能保证来水能够靠重力自流进入湿地系统。尽管湿地场址几乎可以任意选择，但如果土方作业太大或者管路系统复杂，就会导致建设成本过高。

一个合适的场址应该符合如下条件：

①靠近污水处理厂尾水排口；

②有足够的场地；

③最好选择在地势平缓的坡地上；

④地基最好是渗滤系数较小的土壤，以免渗滤污染地下水；

⑤选择在地下水常水位以上；

⑥不应建造在易受洪水影响的地区；

⑦区域内不应存在受保护濒危物种；

⑧区域内不应存在名胜古迹和风景区。

从地形来说，环太湖和巢湖地区城镇总体比较低，池塘和溪流分布密集。所以人工湿地选址应在充分考察当地地质、地貌、水文、自然资源和人文资源，遵循有关法律及听取公众意见的基础上，因地制宜，尽量选择有一定自然坡度的洼地或经济价值不高的荒地，一方面减少土石方工程、利于排水、降低投资，另一方面防止对周围环境产生影响。

人工湿地出水如果是作为周边水体的生态补水，其选址可以尽量靠近受纳水体（如河流、湖泊）附近，这样可以减少因铺设管道带来的构建成本的增加。另外，结合成本角度考虑，城镇污水处理厂内修建人工湿地最好能和厂区景观和绿化工程相结合，使得人工湿地处理系统和厂区景观相得益彰。

## 4.3  人工湿地工艺与结构设计

### 4.3.1  人工湿地处理系统类型

通常建造的人工湿地处理系统类型有表面流人工湿地、水平潜流人工湿地、垂直流人工湿地以及组合人工湿地，具体如图 4-1 所示。

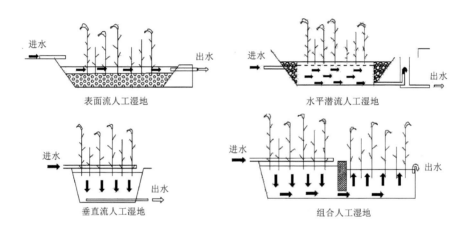

**图 4-1  常见的人工湿地系统类型示意图**

（1）表面流人工湿地

表面流人工湿地包括一个坑槽结构、支持植物生长的土壤或其他基质以及一个控制水深的构筑物。表面流人工湿地看上去就像自然湿地、沼泽，也能给野生动物提供生境。在表面流人工湿地中，表层水环境是好氧的，而深层水和基质通常是缺氧的。这种湿地多用于处理农业地表径流、雨水径流和矿山排水，有时候也称为自由表面流人工湿地。它的优点是投资和运行费用很低，建造、运行和维护也非常简单，缺点是占地较大。

（2）水平潜流人工湿地

水平潜流人工湿地也包含坑槽结构及一个较深的碎石和砾石构成的多孔基质床体，水位设计在基质床体表面以下。在基质床体中的水流动方向多为水平方向。水平潜流人工湿地处理对象要求进水的悬浮颗粒物浓度较低，适合处理城镇污水处理厂二沉池出水以及农村生活污水等。它的优点是耐寒性好，相较于表面流人工湿地具有较大的处理负荷，处理效果通常也比表面流人工湿地好，因此占地较小，此外不容易孳生蚊虫，气味也较小；缺点是建造、维护费用较高，如果运行不当，容易出现堵塞问题。

（3）组合人工湿地系统

针对污水处理厂尾水的特点，结合表面流和水平潜流两种湿地系统的不同特点，可以由不同类型湿地构成系统的好氧段、缺氧段和厌氧段，这样可以提高系统的处理效果，特别是对氨氮和总氮处理效果有所提升。

## 4.3.2 人工湿地处理工艺选择

考虑环太湖和巢湖流域城镇土地资源紧缺的现状，并针对环太湖和巢湖城镇污水处理厂尾水水量和水质特点，以脱氮除磷作为研究目标，宜采用组合人工湿地方式，建议采用表面流、水平潜流和垂直流串联的组合处理模式，这种方式对污水处理厂二沉池出水中总氮和氨氮的去除效果比较好。在水平潜流人工湿地系统中，充分利用填料表面生长的生物膜、丰富的植物根系及表层土和填料截留等作用，提高处理效果和处理能力；另一方面，水平潜流人工湿地系统保温性好，处理效果稳定，本次研究结果也证实了这一点。

同时，考虑二沉池出水溶解氧较低，二沉池出水进入水平潜流人工湿地前，可先利用地势落差，进行自然跌水充氧过程，使得整个组合流程形成好氧—厌氧—好氧—厌氧交替模式，这样对脱氮效果会更为明显。

另外，为了对组合人工湿地处理系统出水进行进一步处理，同时也为了展示所构建的人工湿地系统的处理效果，可在组合人工湿地系统出水处增设一个稳定塘，种植一些沉水和浮叶植物，放养一些观赏性的鱼类。

具体不同单元设计和组合形式如图 4-2 所示。

图 4-2　组合人工湿地系统和工艺流程设计

## 4.3.3 人工湿地系统参数设计

人工湿地系统的参数设计涉及如水力负荷、有机负荷、湿地床构形、工艺流程及布置、进出水系统和湿地栽种植物种类等诸多因素。

**1. 水力负荷和面积负荷的确定**

（1）水力负荷的确定

在前期的研究基础上，根据环太湖城镇污水处理厂二沉池出水水质和水量特点，并结合目前国内外文献资料和相关模型计算，建议环太湖城镇污水处理厂二沉池出水表面流人工湿地水力负荷为 0.80 ～ 1.00 m³/(m²·d)，水平潜流人工湿地水力负荷为 1.50 ～ 2.00 m³/(m²·d)。具体可根据实际水量和水质以及季节进行调整。

（2）面积负荷的确定

根据现有的研究数据，并考虑环太湖流域城镇污水处理厂二沉池出水水质特点，同时结合目前所采用的处理工艺，初步将用于环太湖城镇污水处理厂二沉池出水人工湿地深度处理的面积负荷确定如下：

$BOD_5$：表面流人工湿地 80 ～ 100 g/(m²·d)；水平潜流人工湿地 100 ～ 120 g/(m²·d)；

$COD_{Cr}$：表面流人工湿地 150 ～ 180 g/(m²·d)；水平潜流人工湿地 160 ～ 180 g/(m²·d)；

TN：表面流人工湿地 4 ～ 6 g/(m²·d)；水平潜流人工湿地 6 ～ 8 g/(m²·d)；

TP：表面流人工湿地 0.8 ～ 1.0 g/(m²·d)；水平潜流人工湿地 0.8 ～ 1.0 g/(m²·d)。

**2. 水传导参数的确定**

人工湿地污水处理系统水传导随其建设场地地形、基质条件、植被状况、进水条件以及其他一些随机的水文条件等的变化而变化，特别是水力坡度和土壤孔隙度等设计参数会对污水在湿地中的流动以及整个水流状况产生重要影响，必要时可以增加迂回措施，增强水体的流动，以提高系统的复氧能力和避免死角。

（1）水力坡度

表面流人工湿地水力坡度应控制在 0.5% 以下；水平潜流人工湿地水力坡度应控制在 1.0% ～ 1.2% 为宜，在横向上应该水平。如果全是以砾石作为人工湿地基质，水力坡度可以适当放宽。总之，要保证人工湿地床体水流通畅，不发生回水现象。

（2）孔隙度

人工湿地污水处理系统的孔隙度是指湿地土壤中孔隙占湿地总容积的比。根据目前的研究与实际经验，适合于污水处理厂尾水处理的人工湿地基质孔隙度：表面流人工湿地控制在 0.6 ～ 0.8；水平潜流人工湿地控制在 0.4 ～ 0.6。

（3）水力停留时间的确定

根据目前的研究结果，用于处理城镇污水处理厂二沉池出水的表面流人工湿地系统水力停留时间不宜过长，否则会造成表面流水流流速过缓，在春夏季容易引起藻类滋生，影响去除效果和景观效果，建议表面流人工湿地水力停留时间为 10 ～ 18 h，而水平潜流人工湿地水力停留时间可以适当延长，以 1 ～ 3 d 为宜。

**3. 人工湿地面积、长宽比、深度及水位的确定与控制**

（1）人工湿地面积计算

为了方便计算和实际应用，结合本次研究结果，本项目建议采用如下公式对人工湿地面积进行计算：

$$A_S = \frac{Q}{\alpha}$$

式中　$A_S$——拟构建的人工湿地表面积，m²；

　　　$Q$——污水的设计流量，m³/d；

$\alpha$ —— 人工湿地的水力负荷，$m^3/(m^2 \cdot d)$。

（2）人工湿地长宽比的确定

本次推荐的单元为表面流和水平潜流两种形式，在实际设计中除了考虑总的人工湿地面积之外，还应考虑不同单元之间的面积比例。根据目前的研究结果，表面流人工湿地面积：水平潜流人工湿地面积＝（1.5～1）：1 为宜。根据其面积比，再算出每个单元的面积。

在考虑面积的同时，人工湿地长宽比对去除效果影响也比较大，根据目前在无锡城北污水处理厂的研究结果，并参照国外成功的设计经验，建议在环太湖城镇污水处理厂人工湿地设计时，表面流人工湿地长宽比控制在 1:1 以下，而水平潜流人工湿地长宽比一般为 3:1 为宜。但是，人工湿地总长度一般不宜超过 30 m，长宽比不满足条件时，可再分单元进行。

（3）人工湿地系统深度的确定

人工湿地系统深度是人工湿地污水处理设计、运行和维护的重要参数，水深调节是湿地运行维护、调节湿地处理性能的可用手段之一。为了在最小单位面积湿地内达到最有效地处理污水的目的，在要求的水力停留时间条件下，人工湿地系统深度在理论上应该是越深越好。但是考虑构建成本以及处理效率，同时结合前期的研究结果，在环太湖城镇污水处理厂人工湿地系统深度一般为 50～70 cm，水平潜流人工湿地以及芦苇湿地取上限。

（4）人工湿地床水位控制

通常湿地进水的水位是不变的，为使污水在床体内以推流式流动，须对床层的水位加以控制。

表面流人工湿地床水位控制：一般保持 20 cm 左右。

水平潜流人工湿地床水位控制：当接纳最大设计流量时，进水端不能出现壅水现象；当接纳最小流量时，出水端不能出现填料床面的淹没现象；为了利于植物生长，床中水面浸没植物根系的深度应尽可能均匀，并尽量使水面坡度与底坡基本一致。

### 4.3.4  人工湿地植物和基质的选择与搭配

基于以上确定的人工湿地设计参数，并通过人工湿地植物的优选和搭配以及基质的选择和优化，以实现整个人工湿地基本能按照设计参数运行。

**1. 人工湿地植物的选择与搭配**

一般来说，选择湿地植物要注意以下几个原则：①净化能力强；②具有抗逆性；③易管理；④综合利用价值高；⑤美化景观。

水平潜流人工湿地一般只适合种植挺水植物。表面流人工湿地也是以挺水植物为主，如果水面较开阔，水层也较深，可以适当栽种少量的漂浮植物。一方面可以提高生物多样性，同时，还可以起到抑藻作用。表面流人工湿地一般不适合种植沉水植物。栽种密度视植物植株大小而定，在表面流人工湿地可以适当增加种植密度，最后能够基本覆盖水面，这样起到遮阴作用，也可以对藻类滋生起到抑制作用。

结合太湖流域的气候地理条件，并重点根据本项目研究中对太湖流域本地湿地植物的生长情况以及对污染物的净化效果比较和分析，初步遴选出 8 种人工湿地植物，它们分别是芦苇、香蒲、菱草、水葱、千屈菜、鸢尾、美人蕉和风车草。

在利用湿地植物进行设计时可借鉴生态规划与设计原则，从整体优化、多样性、景观个性、综合性等原则上加以考虑。设计中应根据光照强度、土壤 pH、土壤成分、排水情况等场地特征选用合适的植物。使挺水、浮水、沉水植物相互配置在一个群落中，充分利用空间资源，构成一个稳定的、长期共存的立体植物群落。此外，还要考虑整体空间上的生态合理配置。要保持群落的稳定性就要根据当地植物群落的演替规律，充分考虑群落中物种的相互作用和影响。同时还要根据物种的生物学特性选定合理的种植密度、配置比例、种植面积、配置模式等。

总之，湿地植物的应用绝非简单的"栽种水草"，而是根据功能需要，依据环境条件和群落特性按一定的比例在空间分布、时间分布方面重新设计，适当地引入经济价值较高、有特殊用途、适应能力强及生态效益好的物种，配置多种、多层、高效、稳定的植物群落。

**2. 人工湿地基质的选择**

为了节约构建成本，用于处理环太湖城镇污水处理厂尾水的人工湿地基质应尽量就地取材。表面流人工湿地两端采用粒径为 60 ～ 100 mm 的砾石作为基质，其余部分表层采用当地的素土（含钙在 20 ～ 25 g/kg 为好）铺设，厚度一般为 15 ～ 20 cm。下层以粒径为 5 ～ 50 mm 的砾石为基质。由于表层土壤在浸水后会有一定的下沉，因此，建造时填料表层标高应高出设计值 10% ～ 15%。

水平潜流人工湿地基质可全部采用砾石或者和其他材料如沸石、钢渣进行混填。采用不同级配粒径填充方式，对于砾石来水，水平潜流人工湿地表层应填铺粒径为 8 ～ 15 mm 的砾石，中层铺设 20 ～ 25 mm 的砾石，下层铺设 30 ～ 40 mm 的砾石。

## 4.3.5 人工湿地布水系统与流量控制组件

### 1. 人工湿地布水系统

表面流人工湿地的布水装置比较简单，直接使用一端开放的管道或者简易可控式均匀配水管路（图 4-3），只需要把水输送到湿地系统即可。通常来说，湿地床体长宽比越小，均匀配水的重要性就越大。对一些小长宽比的湿地，进水装置最好采用湿地床体宽度上能均匀配水且易于调节的。

对水平潜流人工湿地系统来说，布水装置可以考虑设在床体表面上的与流向垂直的开口堰式或溢流堰，也可以使用埋设在床体表面下的多头导管或多孔管。设在床体表面下的布水装置可以避免藻类等生长引发的堵塞，但也难于调整流量和维护。设在床体表面的多头导管或溢流堰式布水装置方便调节流量，同时也能避免回水问题。布水装置的落水高度一般为 30 cm 左右。在进水端床体可以设一段以粒径 8 ～ 16 cm 的块石床体以保证进水迅速扩散，

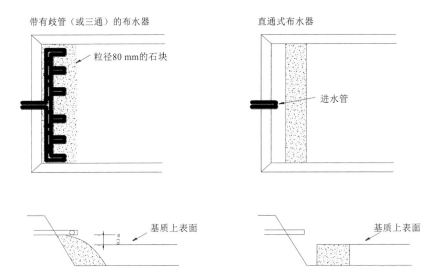

图 4-3  表面流人工湿地布水装置示意图

同时防止壅水现象产生。对并联式的人工湿地系统，需要设置分配槽来分流进水。

### 2. 流量与水位控制单元

流量及水位通常由控制单元或装置来操控。这类装置应该结构简单、易于操控，应该是一个可调整的装置，这样可以随着系统要求的改变而调整系统入流量或水位。进水装置通常设计使用大阻力排水装置来事先均匀配水，同时减少短流现象。布水管路一般推荐使用聚氯乙烯（PVC）管材。湿地系统多设计一些高于湿地表面的布道或栈道来减少人为干扰。

如果湿地系统建造在易于为人接触的场地，相关装置最好使用水泥隔离单元隔离以防止不必要的破坏，当然也要避免被动物破坏。可以使用操作间或隔离网隔开，或者使用防护箱。

### 3. 集水与排水装置

在表面流人工湿地中，水位通常依靠集水装置来调节，通常可以选择溢流堰、溢流孔或者升降式的出水管来实现。溢流堰可以设计成可调节堰口高度的可调节式；溢流孔则通常不能调节。不正确的水位设计会导致湿地无法正常运行，而调整溢流孔高度是比较困难的。

可升降式出水管（图 4-4）或旋转式活接管能够方便地调节水位。通常使用一个 PVC 弯头和旋转式管路活接配合起来就能提供简易的调节水位装置。要注意的是采用的管件通径（DN）应该大于 300 mm，以防止堵塞。

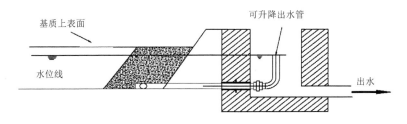

图 4-4  可升降式出水管示意图

在水平潜流人工湿地中，集水系统包括一个位于水下的多头导管和导流槽结构。多头导管应该设置在湿地出水端床体的底部以便能实现水位的全程调整，包括放空。设置可升降式旋转出水管可以保证湿地床体中的水位到一个合适高度，甚至可以在刚引种湿地植物时候使湿地水位淹没湿地基质床体表面，以保证引种成活并清除杂草（一般水平潜流人工湿地需保证能淹水 15 cm 以上），在冬季还可以主动降低水位以防止冻害。因为出水多头导管是埋在湿地基质床体中的，一旦建成就不容易再调整，因此建造时候要注意有层次地充填基质。

湿地系统的出水也要注意小心设计，其排放口应该保证高于受纳水体的最高水位，以避免可能的回灌现象。

### 4.3.6 人工湿地防渗层设计

人工湿地的建造通常要注意使用防渗层以避免污染地下水，或者防止地下水渗入湿地（当地下水位较高时）。地基为黏土的区域可以使用场地原有的土层或渗透系数很小的黏土来建造一个防渗层。而在那些地基为石灰岩、砂土或富含断裂带的地区，则需要使用其他防渗手段，比如人工合成的土工防渗膜（诸如 HDPE 膜之类）。如果场址地基土层渗透系数小于 $10^{-6}$ cm/s，可以考虑直接将场址土壤压实建造防渗层，因此可以在施工前进行试验，分析是否可以直接使用场址土壤构建防渗层。

经常使用的人工防渗材料包括沥青、合成异丁基橡胶或其他塑料膜（比如 1.5～30 mm 厚的高密度聚乙烯膜）。防渗膜必须具备的特性有：足够的抗拉伸、防穿刺性能。如果场地底部有一些带有尖利棱角的碎石，应该预先敷设土工软垫等防止划破防渗膜。防渗膜之上应该至少覆盖 8～10 cm 厚的土壤并压实，以防止植物根系刺穿防渗膜。如果是处理矿山排水或冶矿业废水，需要对构建防渗层的泥土或人工防渗膜进行反应测试，以避免酸性废水与之反应造成泄漏。

## 4.4 表面流人工湿地尾水处理效果试验研究

### 4.4.1 表面流人工湿地系统设计

表面流人工湿地：长×宽×高＝14.5 m×2.6 m×1.0 m，四周及底部为混凝土结构。总有效面积为 37.70 m²。湿地前端 0.5 m 设置配水槽，后端 0.3 m 填充粒径 60～80 mm 碎石作为集水区。湿地底部填充素土，高度为 0.50 m，其上覆盖 0.2 m 塘泥，种植菖蒲，行距及株距均为 30 cm。湿地运行时，表面水深控制在 0.2 m。湿地末端采用花墙集水，设置集水槽，通过旋转弯头出水。尺寸如图 4-5 所示。

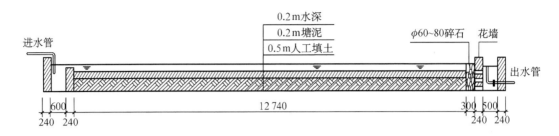

图 4-5　表面流人工湿地处理系统设计

　　人工湿地生态处理系统进水为城镇污水处理厂交互式反应器处理城市污水的出水，其水质特征如表 4-1 所示。处理能力 12 t/d。水力停留时间为 0.629 d。

表 4-1　人工湿地生态处理系统进水水质特征

| 项　目 | 平均值 | 最高值 | 最低值 |
|---|---|---|---|
| 水温（℃） | 22.6 | 30.1 | 7.9 |
| pH | 7.12 | 7.49 | 6.83 |
| SS（mg/L） | 13.70 | 20.00 | 6.00 |
| $COD_{Cr}$（mg/L） | 33.90 | 78.80 | 5.94 |
| $NH_3$-N（mg/L） | 4.90 | 13.60 | 0 |
| $NO_2^-$-N（mg/L） | 2.31 | 8.82 | 0.05 |
| $NO_3^-$-N（mg/L） | 8.20 | 16.80 | 2.34 |
| TN（mg/L） | 15.10 | 19.80 | 6.40 |
| $PO_4^{3-}$-P（mg/L） | 1.24 | 3.44 | 0.45 |
| TP（mg/L） | 1.57 | 3.49 | 0.48 |

## 4.4.2　表面流人工湿地运行效能及影响因素

　　当表面流人工湿地系统处于稳定阶段时，湿地进水中 $COD_{Cr}$ 范围为 15.59～25.22 mg/L，$COD_{Cr}$ 去除率为 18.48%，面积负荷去除率（Area load removal rate）为 1.192 g/(m²·d)，反应动力学常数为 0.06 m/d（表 4-2）。SS 去除率为 32.18%。$NH_3$-N、$NO_2^-$-N、$NO_3^-$-N 的平均去除率分别为 29.83%，64.87%，29.19%。TN 去除率为 31.36%，面积负荷去除率为 2.33 g/(m²·d)，反应动力学常数为 0.12 m/d。TP 去除率为 29.30%，面积负荷去除率为 0.22 g/(m²·d)，反应动力学常数为 0.11 m/d。在表面流人工湿地中，磷的主要去除途径是土壤的离子交换、植物吸收及微生物共同作用。

表 4-2  表面流人工湿地稳态阶段的处理效果 （HRT = 0.629 d）  （n=9）

| 指 标 | 进水浓度<br>（mg/L） | 出水浓度<br>（mg/L） | 去除率 | 面积负荷去除率<br>[g/(m²·d)] | 反应动力学常数<br>（m/d） |
|---|---|---|---|---|---|
| $COD_{Cr}$ | 20.30±2.34 | 16.55±1.83 | 18.49% | 1.19 | 0.06 |
| SS | 19.33±3.26 | 13.11±3.21 | 32.18% | — | — |
| $NH_3$-N | 16.25±2.80 | 11.41±1.83 | 29.83% | — | — |
| $NO_2^-$-N | 0.80±0.27 | 0.28±0.17 | 64.87% | — | — |
| $NO_3^-$-N | 5.34±1.21 | 3.78±1.16 | 29.19% | — | — |
| TN | 23.35±2.35 | 16.02±1.32 | 31.36% | 2.33 | 0.12 |
| TP | 2.31±0.39 | 1.63±0.37 | 29.30% | 0.22 | 0.11 |

表面流人工湿地稳态阶段，$COD_{Cr}$、TN、TP 面积负荷去除率、去除率与面积负荷之间的关系如图 4-6、图 4-7、图 4-8 所示。结果表明，$COD_{Cr}$ 面积负荷去除率与面积负荷之间呈幂函数关系，关系式为 $y = 0.001\,5\,x^{3.506\,9}$（$R^2 = 0.592\,8$）。可见，随表面流人工湿地进水 $COD_{Cr}$ 面积负荷的增加，$COD_{Cr}$ 面积负荷去除率将呈幂级数升高。随 TN 面积负荷的增加，TN 面积负荷去除率也随之增加，线性关系式为 $y = 0.489\,5\,x - 1.305\,3$（$R^2 = 0.576\,9$）。TP 面积负荷去除率与面积负荷之间无显著相关性，其去除率波动较大。

水温、水力停留时间、进水碳氮比、进水氮形态及组分等因素是影响表面流人工湿地运行效能的主要因素。

如图 4-9 所示为表面流人工湿地的 $COD_{Cr}$ 面积负荷去除率、TN 面积负荷去除率与水力停留时间之间的关系。结果表明，$COD_{Cr}$ 面积负荷去除率和 TN 面积负荷去除率与水力停留时间呈显著的线性正相关，即随水力停留时间的增加，表面流人工湿地的 $COD_{Cr}$ 面积负荷去除率和 TN 面积负荷去除率线性增加。$COD_{Cr}$ 面积负荷去除率与水力停留时间的关系式为 $y = 3.467\,0\,x - 0.595\,6$（$R^2 = 0.826\,4$），TN 面积负荷去除率与水力停留时间的关系式为 $y = 0.418\,2\,x + 1.364\,8$（$R^2 = 0.657\,0$）。

水温对 $COD_{Cr}$ 面积负荷去除率和 TP 面积负荷去除率无显著影响，而对 TN 面积负荷去除率却有显著影响。随着水温的升高，TN 面积负荷去除率也线性升高（图 4-10），其关系式为 $y = 0.092\,5\,x - 0.444\,7$（$R^2 = 0.632\,9$）。同时，TN 反应动力学常数与水温之间呈指数函数关系（图 4-11），关系式为 $y = 0.008\,0\,e^{0.100\,2x}$（$R^2 = 0.738\,8$）。

氮组分的变化对 TN 面积负荷去除率有显著影响，用 （$NO_2^-$-N+$NO_3^-$-N）/TN 表示氮组分的变化情况，TN 面积负荷去除率与其呈线性正相关（图 4-12），关系式为 $y = 2.265\,9\,x - 0.276\,3$（$R^2 = 0.739\,4$），即当氮负荷以氧化态形式为主时，TN 面积负荷去除率也相应增加。

在 $COD_{Cr}$/TN 低于 1.5 时，TN 面积负荷去除率与 $COD_{Cr}$/TN 之间无显著相关性（图 4-13）。

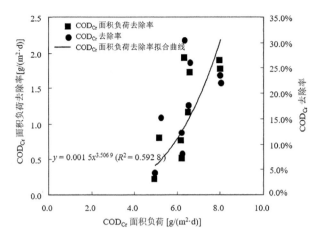

图 4-6  表面流人工湿地 $COD_{Cr}$ 面积负荷去除率与面积负荷的关系（HRT = 0.629 d）

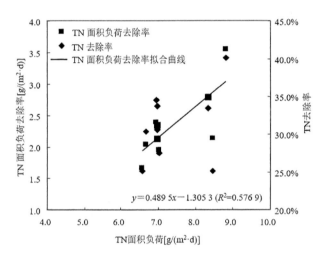

图 4-7  表面流人工湿地 TN 面积负荷去除率与面积负荷的关系（HRT=0.629 d）

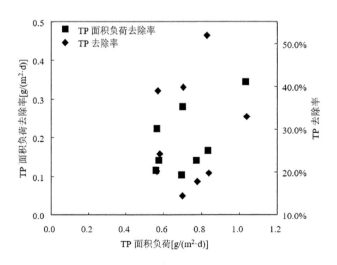

图 4-8  表面流人工湿地 TP 面积负荷去除率与面积负荷的关系（HRT = 0.629 d）

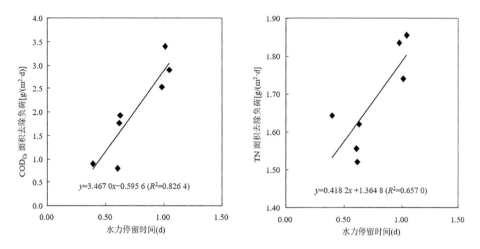

图 4-9　表面流人工湿地 $COD_{Cr}$ 和 TN 面积负荷去除率与水力停留时间的关系

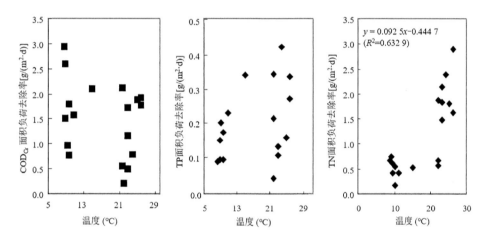

图 4-10　表面流人工湿地水温对 $COD_{Cr}$、TP 和 TN 面积负荷去除率的影响

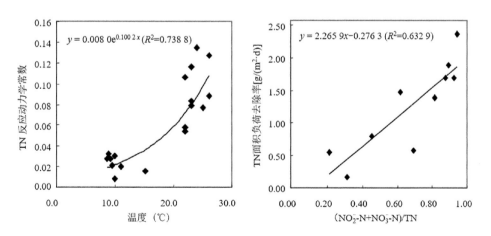

图 4-11　表面流人工湿地水温对 TN 反应　　图 4-12　表面流人工湿地 TN 面积负荷去除率
　　　　　动力学常数的影响　　　　　　　　　　　与（$NO_2^--N+NO_3^--N$）/TN 的关系

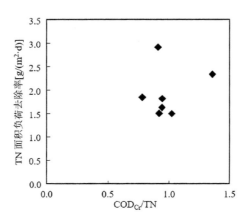

图 4-13　表面流人工湿地 $COD_{Cr}/TN$ 对 TN 面积负荷去除率的影响

## 4.5　水平潜流人工湿地处理效果研究

### 4.5.1　水平潜流人工湿地系统设计

水平潜流人工湿地：长 × 宽 × 高 = 14.5 m×2.6 m×1.0 m，四周及底部为混凝土结构，总有效面积为 37.75 m²，前 7.25 m 填充粒径 20 ～ 30 mm 砾石，后 7.25 m 填充粒径 10 ～ 20 mm 砾石，砾石填充高度 0.70 m，平均孔积率 0.42，有效容积 11.09 m³。填料表层覆盖 15 cm 厚熟土，种植宽叶香蒲，行距及株距均为 30 cm。后一阶段将砾石更换为具较强磷吸附特性的页岩及钢渣。前 7.25 m 填充页岩（粒径 20 ～ 30 mm），后 7.25 m 填充钢渣（粒径 10 ～ 20 mm），填料高度 0.7 m，填料平均孔积率 0.43，有效容积 11.42 m³。种植芦苇，行距及株距均为 30 cm。湿地内每间隔 4.8 m 设 1 个取样点，垂直方向取混合水样。湿地运行时，水深为 0.7 m。具体设计如图 4-14 所示。进水水质和水量同表面流人工湿地。

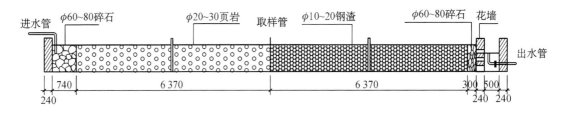

图 4-14　水平潜流人工湿地处理系统设计

### 4.5.2 强化水平潜流人工湿地运行效能及影响因素

水平潜流人工湿地污水强化阶段的处理效果如表 4-3 所示。当向生化反应器出水中混合少量城市污水后，会明显改善湿地进水的 $COD_{Cr}$ 和 SS 含量，湿地进水 $COD_{Cr}$ 浓度在 24.01 ～ 53.26 mg/L，平均为 42.83 mg/L，SS 平均为 25.38 mg/L。$COD_{Cr}$ 去除率为 62.10%，面积负荷去除率为 9.65 g/($m^2\cdot$d)，反应动力学常数为 0.35 m/d。SS 去除率为 38.92%，$NH_3$-N、$NO_2^-$-N 和 $NO_3^-$-N 的平均去除率分别为 85.75%，56.32% 和 18.60%。TN 去除率为 58.04%，面积负荷去除率为 3.58 g/($m^2\cdot$d)，反应动力学常数为 0.31 m/d。当向生化反应器出水投配少量城市污水后，提高了湿地进水的碳氮比（＞2.5），从而促进了该硝化水体的脱氮进程，TN 去除率明显提高。

表 4-3　水平潜流人工湿地污水强化阶段的处理效果（HRT=0.834 d）（$n$=8）

| 指　标 | 进水浓度（mg/L） | 出水浓度（mg/L） | 去除率 | 面积负荷去除率[g/($m^2\cdot$d)] | 反应动力学常数（m/d） |
|---|---|---|---|---|---|
| $COD_{Cr}$ | 42.83±6.15 | 16.23±2.14 | 62.10% | 9.65 | 0.35 |
| SS | 25.38±1.88 | 15.50±1.75 | 38.92% | — | — |
| $NH_3$-N | 4.37±1.22 | 0.62±0.42 | 85.75% | — | — |
| $NO_2^-$-N | 7.37±0.79 | 3.22±0.44 | 56.32% | — | — |
| $NO_3^-$-N | 3.77±1.15 | 3.07±0.64 | 18.60% | — | — |
| TN | 16.98±1.66 | 7.13±0.54 | 58.04% | 3.58 | 0.31 |
| TP | 2.72±0.43 | 0.26±0.09 | 90.47% | 0.89 | 0.86 |

水平潜流人工湿地污水强化处理阶段，$COD_{Cr}$ 和 TN 的面积负荷去除率、去除率、反应动力学常数与面积负荷之间的关系如图 4-15 和图 4-16 所示。

由于页岩和钢渣的高磷吸附性，磷的主要去除途径是填料的吸附或沉淀作用，出水磷为 0.26 mg/L。TP 面积负荷去除率与面积负荷之间具有线性关系（图 4-17），关系式为 $y=1.0829x-0.1757$（$R^2=0.9830$），反应动力学常数与面积负荷之间的关系为 $y=0.8697x^{0.9528}$（$R^2=0.8360$）。湿地进水中如果磷负荷较高，通过选择磷吸附性强的填料用于湿地强化除磷，可有效保证湿地的高效除磷。

水温、水力停留时间、进水碳氮比、进水氮形态及组分等因素是影响水平潜流人工湿地运行效能的主要因素。

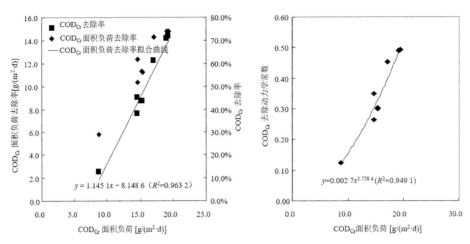

图 4-15　水平潜流人工湿地 $COD_{Cr}$ 去除率、面积负荷去除率、反应动力学常数与面积负荷的关系（HRT=0.834 d）

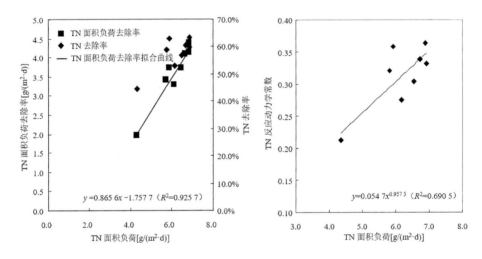

图 4-16　水平潜流人工湿地 TN 去除率、面积负荷去除率、反应动力学常数与面积负荷的关系（HRT=0.834 d）

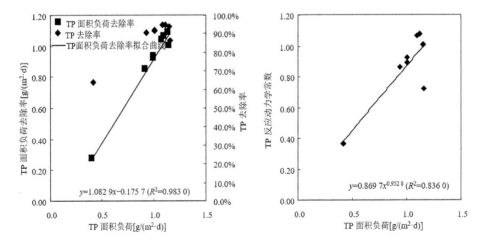

图 4-17　水平潜流人工湿地 TP 去除率、面积负荷去除率、反应动力学常数与面积负荷的关系（HRT=0.834 d）

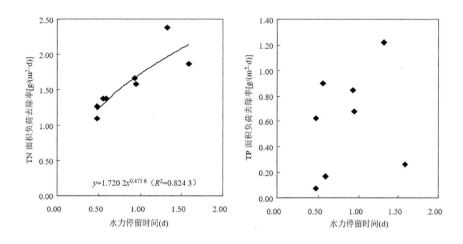

**图 4-18 水平潜流人工湿地 TN 和 TP 面积负荷去除率与水力停留时间的关系**

图 4-18 为水平潜流人工湿地 TN、TP 面积负荷去除率与水力停留时间之间的关系。由图 4-18 可知,水力停留时间对 TP 面积负荷去除率没有显著影响,而对 TN 面积负荷去除率有显著影响。随水力停留时间的增加,TN 面积负荷去除率呈幂函数增长,关系式为 $y = 1.720\,2x^{0.475\,6}$ ($R^2 = 0.824\,3$)。

水温对水平潜流人工湿地 TP 面积负荷去除率无显著影响,对 TN 面积负荷去除率有影响。随水温的增加,TN 面积负荷去除率呈指数增加(图 4-19),关系式为 $y = 0.832\,3\,e^{0.0261x}$ ($R^2 = 0.583\,7$)。

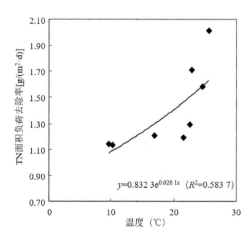

**图 4-19 水平潜流人工湿地 TN 面积负荷去除率与水温的关系**

氮的组成形态对湿地脱氮效率有显著影响,随 $(NO_2^--N + NO_3^--N)/TN$ 值的升高,TN 面积负荷去除率也呈指数增长(图 4-20),关系式为 $y = 1.143\,8\,e^{1.752\,2x}$ ($R^2 = 0.920\,3$)。

碳氮比对湿地的 TN 面积负荷去除率有显著影响。随 $COD_{Cr}/TN$ 的增加,TN 面积负荷去除率呈幂函数增长(图 4-21),关系式 $y = 1.998\,0x^{0.644\,2}$ ($R^2 = 0.832\,9$)。

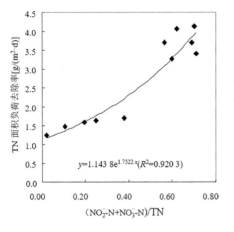 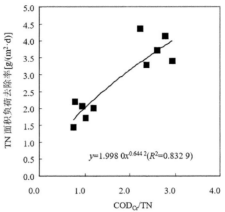

图 4-20  水平潜流人工湿地中 TN 面积负荷去除率
        与 (NO$_2^-$-N+NO$_3^-$-N)/TN  与的关系

图 4-21  水平潜流人工湿地 TN 面积负荷去除率
        与 COD$_{Cr}$/TN 的关系

## 4.6  水平潜流－表面流组合人工湿地研究

### 4.6.1  水平潜流－表面流组合人工湿地设计

在以上对表面流人工湿地和水平潜流人工湿地研究的基础上，本项目设计出适合污水处理厂尾水深度生态处理的水平潜流－表面流组合人工湿地系统，构建了新型组合人工湿地污水处理系统，为城镇污水二级处理出水的生态净化提供新工艺验证。所构建的水平潜流－表面流组合人工湿地生态处理系统其大小为：长 × 宽 × 高 = 14.5 m×2.6 m×1.0 m，四周及底部为混凝土结构，总有效面积为 33.3 m²。前半段为水平潜流人工湿地，有效面积为 17.7 m²，有效容积 6.09 m³，前端 0.8 m、后端 0.3 m 填充粒径 60 ～ 80 mm 碎石作为配水区和集水区，填充基质为粒径 20 ～ 30 mm 砾石，填充高度 0.80 m，填料表层覆盖 0.15 m 熟土，种植香根草，行距及株距均为 30 cm。组合人工湿地后半段为表面流人工湿地，有效面积为 15.6 m²，前端 0.5 m 设置配水槽，后端 0.3 m 填充粒径 60 ～ 80 mm 碎石作为集水区，底部填充素土，填充高度为 0.30 m，其上覆盖 0.2 m 塘泥，种植茭白，行距及株距均为 30 cm。湿地运行时，水平潜流人工湿地水深为 0.8 m，表面流人工湿地水深为 0.26 m，湿地内每间隔 3.6 m 设 1 个取样点，垂直方向取混合水样。湿地末端采用花墙集水，设置集水槽，通过旋转弯头出水。具体设计如图 4-22 所示。进水水质同上。

在人工生态处理系统的性能评估中，主要采用一级推流动力学模型模拟沿湿地长轴方向污染物浓度的指数减少情况。即污染物降解和停留时间满足如下公式：

$$C_e = C_o \cdot \exp(- K_v \cdot \text{HRT})$$

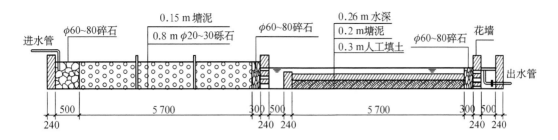

图 4-22　水平潜流－表面流组合人工湿地设计

式中　$C_e$——出水中污染物浓度，mg/L；

　　　　$C_o$——进水中污染物浓度，mg/L；

　　　　$K_v$——容积负荷去除率常数，$d^{-1}$；

　　　　HRT——水力停留时间，d。

$-\ln(C_e/C_o)$ 除以 HRT 可得 $K_v$ 值。

或采用如下公式：

$$C_e / C_o = \exp(-k / HLR)$$

式中　HLR——水力面积负荷率，$m^3/(m^2 \cdot d)$；

　　　　$k$——面积负荷去除率常数，$m^3/(m^2 \cdot d)$。

污染物的去除率公式为

$$\eta = 100\% \cdot (C_o - C_e) / C_o$$

污染物的面积负荷去除率公式为

$$\xi = (C_o - C_e) \cdot Q / A$$

式中　$Q$——进水和出水流量，$m^3/d$；

　　　　$A$——湿地面积，$m^2$。

### 4.6.2　水平潜流－表面流组合人工湿地运行效能及影响因素

　　表 4-4 是水平潜流－表面流组合人工湿地污水强化阶段的处理效果。由表 4-4 可知，向生化反应器出水中混合少量城市污水，可明显增加组合人工湿地进水的 $COD_{Cr}$ 浓度，湿地进水 $COD_{Cr}$ 变化在 53.71 ～ 80.08 mg/L，平均 68.34 mg/L，$COD_{Cr}$ 去除率为 65.58%，面积负荷去除率为 19.03 $g/(m^2 \cdot d)$，反应动力学常数为 0.46 m/d。SS 去除率为 44.44%。湿地污水强化处理极大地改善了氮的转化和去除率。$NH_3$-N、$NO_2^-$-N 和 $NO_3^-$-N 的平均去除率分别为 38.33%，98.35% 和 70.67%。TN 去除率为 65.89%，面积负荷去除率为 5.42 $g/(m^2 \cdot d)$，反应动力学常数为 0.48 m/d。去除率改善的主要原因是，当向生化反应器出水投配少量城市污水后，显著提高了湿地进水的碳氮比（平均达 3.55），从而促进了该硝化出水的脱氮进程，

TN 去除率明显提高。湿地污水强化处理对磷的去除无显著改善。TP 去除率为22.02%，面积负荷去除率为 0.29 g/(m² · d)，反应动力学常数为 0.11 m/d。

表 4-4　水平潜流－表面流组合人工湿地污水强化阶段的处理效果

| 指　　标 | 进水浓度（mg/L） | 出水浓度（mg/L） | 去除率 | 面积负荷去除率[(g/m²•d)] | 反应动力学常数（m/d） |
|---|---|---|---|---|---|
| COD$_{Cr}$ | 68.34±6.93 | 23.52±3.41 | 65.58% | 19.03 | 0.46 |
| SS | 25.20±2.37 | 14.00±1.43 | 44.44% | — | — |
| NH$_3$-N | 9.79±1.39 | 6.04±1.82 | 38.33% | — | — |
| NO$_2^-$-N | 7.29±0.89 | 0.12±0.09 | 98.35% | — | — |
| NO$_3^-$-N | 1.13±0.16 | 0.33±0.14 | 70.67% | — | — |
| TN | 19.37±2.18 | 6.61±1.83 | 65.89% | 5.42 | 0.48 |
| TP | 3.11±0.43 | 2.42±0.29 | 22.02% | 0.29 | 0.11 |

水平潜流－表面流组合人工湿地污水强化处理阶段，COD$_{Cr}$、TN 和 TP 面积负荷去除率、去除率和反应动力学常数与面积负荷之间的关系如图 4-23、图 4-24、图 4-25 所示。

COD$_{Cr}$ 面积负荷去除率与面积负荷之间呈线性关系，关系式为 $y = 0.068\,6x - 1.667\,0$（$R^2 = 0.837\,6$）；COD$_{Cr}$ 反应动力学常数与面积负荷之间也呈线性关系，关系式为 $y = 0.011\,0x - 1.101\,0$（$R^2 = 0.434\,6$）。TN 面积负荷去除率与面积负荷之间呈线性正相关，关系式为 $y = 0.359\,7x + 2.461\,2$（$R^2 = 0.529\,8$）；TN 反应动力学常数与面积负荷之间呈线性关系，关系式为 $y = 2.609\,7x^{-0.820\,2}$（$R^2 = 0.326\,5$）。TP 面积负荷去除率与面积负荷之间呈线性关系，关系式为 $y = 0.164\,4x - 1.812\,3$（$R^2 = 0.487\,4$）；TP 反应动力学常数与面积负荷之间无显著相关性。

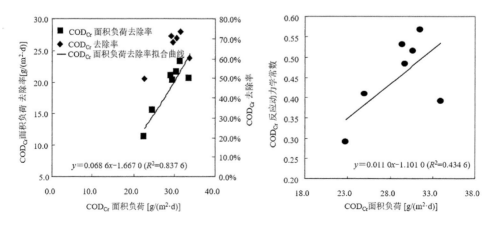

图 4-23　水平潜流－表面流组合人工湿地污水强化阶段 COD$_{Cr}$ 面积负荷去除率、
　　　　　去除率和反应动力学常数与面积负荷的关系（HRT = 0.701 d）

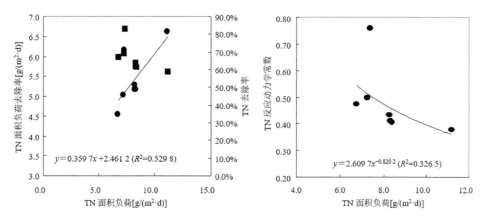

**图 4-24　水平潜流 - 表面流组合人工湿地污水强化阶段 TN 面积负荷去除率、**
**去除率和反应动力学常数与面积负荷的关系**（HRT = 0.701 d）

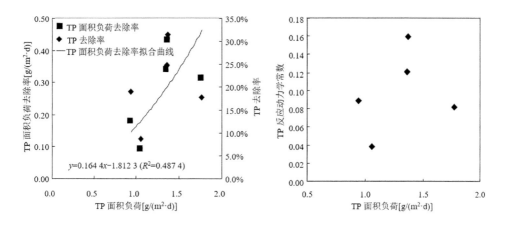

**图 4-25　水平潜流 - 表面流组合人工湿地污水强化阶段 TP 面积负荷去除率、**
**去除率和反应动力学常数与面积负荷的关系**（HRT = 0.701 d）

　　水温、水力停留时间、进水碳氮比、进水氮形态及组分等因素是影响水平潜流 - 表面流组合人工湿地运行效能的主要因素。在污水强化处理条件下，不同水力停留时间对 $COD_{Cr}$、TN、TP 面积负荷去除率的影响如图 4-26 和 4-27 所示。

　　水力停留时间对 $COD_{Cr}$ 面积负荷去除率无显著影响，说明在水平潜流 - 表面流组合人工湿地系统中极易完成有机物的氧化分解。随水力停留时间的延长，TN、TP 的面积负荷去除率反而降低。TN 面积负荷去除率与水力停留时间的关系式为 $y = 20.411\,0e^{-1.951\,7x}$（$R^2 = 0.884\,2$）。当湿地进水中碳源供应充足、氮组分以氧化态形式为主时，组合人工湿地的脱氮效率极高，这时水力停留时间并非脱氮限制因子，而进水中氮负荷供应量成为脱氮限制因子，停留时间在 0.5 d 左右就可达到很好的脱氮效率。同样，TP 面积负荷去除率与水力停留时间的关系式为 $y = -0.451\,8\ln x + 0.234\,6$（$R^2 = 0.524\,6$），原因是随水力停留时间的延长，湿地基质中的磷会重新释放到水体中而使出水磷浓度升高，从而影响处理效率。

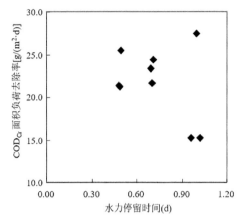

图 4-26　水平潜流－表面流组合人工湿地 $COD_{Cr}$ 面积负荷去除率与水力停留时间的关系

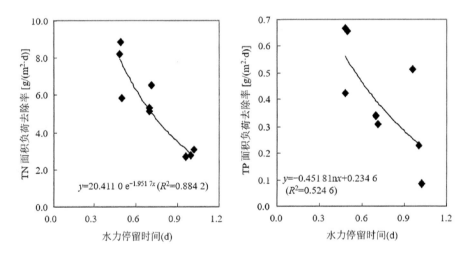

图 4-27　水平潜流－表面流组合人工湿地 TN、TP 面积负荷去除率与水力停留时间的关系

水温对 $COD_{Cr}$、TN、TP 面积负荷去除率的影响如图 4-28 和图 4-29 所示。结果表明，$COD_{Cr}$、TP 面积负荷去除率受季节因素的影响较小，因为湿地系统有机物极易氧化，磷主要通过吸附沉淀被去除。TN 面积负荷去除率受季节因素影响明显，TN 面积负荷去除率与水温之间呈显著线性正相关，关系式为 $y = 0.290\,8\,x^{-0.936\,9}$（$R^2 = 0.946\,0$）。同样，水温也显著影响反应动力学常数，反应动力学常数与水温之间呈显著的幂函数关系，关系式为 $y = 0.000\,6\,x^{2.159\,9}$（$R^2 = 0.900\,2$）。

氮组分对 TN 面积负荷去除率的影响如图 4-30 所示。结果表明，湿地进水中氧化态氮占的比例越高，越有利于湿地系统的脱氮，TN 面积负荷去除率与（$NO_2^-$-N + $NO_3^-$-N）/TN 之间呈显著的线性正相关，关系式为 $y = 0.110\,1\,x + 0.983\,2$（$R^2 = 0.853\,5$）。

$COD_{Cr}$/TN 对 TN 面积负荷去除率的影响如图 4-31 所示。结果表明，TN 面积负荷去除率与 $COD_{Cr}$/TN 之间呈显著幂函数关系，关系式为 $y = 1.417\,2\,x^{0.636\,2}$（$R^2 = 0.801\,4$）。

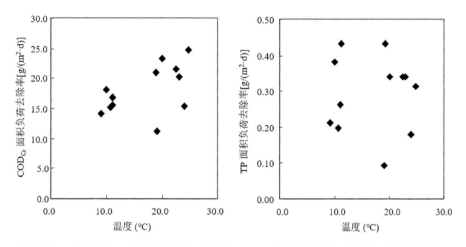

图 4-28　水平潜流 - 表面流组合人工湿地 $COD_{Cr}$、TP 面积负荷去除率与水温的关系

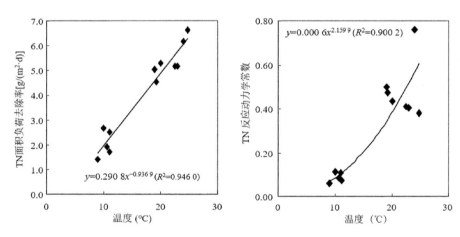

图 4-29　水平潜流 - 表面流组合人工湿地 TN 面积负荷去除率、TN 反应动力学常数与水温的关系

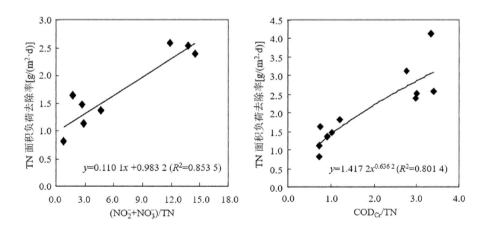

图 4-30　水平潜流 - 表面流组合人工湿地 TN 面积　　图 4-31　水平潜流 - 表面流组合人工湿地 TN
　　　　负荷去除率与 ($NO_2^-$-N+$NO_3^-$-N)/TN 的关系　　　　　　面积负荷去除率与 $COD_{Cr}$/TN 的关系

## 4.7　各种类型湿地工艺组合或运行模式的比较

本节着重对高水力负荷条件下（HRT ≤ 2 d），砾石床水平潜流人工湿地、页岩与钢渣床强化人工湿地、页岩与钢渣床污水强化处理运行模式、表面流人工湿地、水平潜流－表面流组合人工湿地、水平潜流－表面流组合人工湿地污水强化处理运行模式等几种工艺组合或运行模式对碳、氮、磷去除率进行了比较（表 4-5）。

表 4-5　城镇污水处理厂尾水生态处理系统各处理工艺的 $COD_{Cr}$ 及 SS 去除效果比较

| 工艺编号 | HRT(d) | 进水浓度（mg/L） | | 出水浓度（mg/L） | | $COD_{Cr}$ 去除率（%） | SS 去除率（%） | $COD_{Cr}$ 面积负荷去除率 [g/(m²·d)] | $COD_{Cr}$ 反应动力学常数（m/d） |
|---|---|---|---|---|---|---|---|---|---|
| | | $COD_{Cr}$ | SS | $COD_{Cr}$ | SS | | | | |
| A | 1.0～1.2 | 24.52 | 24 | 15.24 | 12 | 37.84 | 50.77 | 2.95 | 1.74 |
| B | 1.0～1.2 | 19.68 | 19 | 13.74 | 11 | 30.21 | 42.96 | 1.89 | 1.82 |
| C | 1.0～1.2 | 63.94 | 27 | 15.64 | 18 | 75.54 | 32.57 | 11.39 | 2.89 |
| D | 1.0～1.2 | 27.64 | 18 | 18.44 | 13 | 33.31 | 27.03 | 1.76 | 1.46 |
| E | 1.0～1.2 | 21.70 | 26 | 15.84 | 15 | 27.02 | 42.31 | 1.86 | 1.80 |
| F | 1.0～1.2 | 87.29 | 17 | 28.34 | 12 | 67.53 | 31.15 | 17.57 | 3.22 |

注：A—砾石床水平潜流人工湿地；B—页岩与钢渣床强化人工湿地；C—页岩与钢渣床污水强化处理运行模式；D—表面流人工湿地；E—水平潜流－表面流组合人工湿地；F—水平潜流－表面流组合人工湿地污水强化处理运行模式。

表 4-6 是城镇污水二级处理尾水生态处理系统各处理工艺的氮去除效果比较。方差分析表明，页岩与钢渣床污水强化处理运行模式、表面流人工湿地的氨氮去除率无显著差异，其去除率分别为 47.93% 和 56.41%。而其他各组的氨氮去除率差异显著（$P < 0.05$）。各组间亚硝氮去除率差异显著（$P < 0.05$），水平潜流－表面流组合人工湿地污水强化处理运行模式的去除率最高（达 99.61%）。对硝氮的去除效果来说，水平潜流－表面流组合人工湿地、表面流人工湿地的硝氮去除率差异不显著，其他各组间差异显著（$P < 0.05$），水平潜流－表面流组合人工湿地污水强化处理运行模式的硝氮去除率达最高（97.18%）。

页岩与钢渣床污水强化处理运行模式的 TN 去除率显著高于其他各组（$P < 0.05$），而其他各组无差异。其中页岩与钢渣床污水强化处理运行模式的 TN 去除率为 68.76%。各组 TN 面积负荷去除率之间差异显著（$P < 0.05$），系统运行过程中进行了污水强化处理的系统的 TN 面积负荷去除率较高，页岩与钢渣床污水强化处理运行模式、水平潜流－表面流组合人工湿地污水强化处理运行模式的 TN 面积负荷去除率分别为 2.89 g/(m²·d) 和 3.22 g/(m²·d)。各组间 TN 反应动力学常数差异显著（$P < 0.05$），其中，页岩与钢渣床污水强化处理运行模式为 0.27 m/d。表 4-6 表明，碳氮比与 TN 面积负荷去除率之间有显著的相关性，当 $COD_{Cr}/TN$ 值等于或高于 2.4 时，各处理工艺或运行模式可获得高达 2.2 g/(m²·d)

表 4-6　城市污水二级处理尾水生态处理系统各处理工艺的氮去除效果比较

| | A | B | C | D | E | F |
|---|---|---|---|---|---|---|
| HRT（d） | 1.0～1.2 | 1.0～1.2 | 1.0～1.2 | 1.0～1.2 | 1.0～1.2 | 1.0～1.2 |
| 进水 $NH_3$-N（mg/L） | 9.45 | 15.41 | 7.68 | 0.54 | 3.80 | 17.58 |
| 进水 $NO_2^-$-N（mg/L） | 0.48 | 0.86 | 6.20 | 9.42 | 0.24 | 5.22 |
| 进水 $NO_3^-$-N（mg/L） | 8.82 | 5.76 | 1.33 | 2.69 | 11.58 | 2.09 |
| 进水 TN（mg/L） | 21.45 | 22.57 | 17.82 | 12.82 | 16.27 | 26.06 |
| 出水 $NH_3$-N（mg/L） | 6.73 | 9.88 | 4.00 | 0.23 | 2.11 | 14.67 |
| 出水 $NO_2^-$-N（mg/L） | 0.21 | 1.93 | 1.05 | 2.29 | 0.40 | 0.02 |
| 出水 $NO_3^-$-N（mg/L） | 7.16 | 4.82 | 0.41 | 2.02 | 7.94 | 0.06 |
| 出水 TN（mg/L） | 15.96 | 16.86 | 5.57 | 5.17 | 10.59 | 15.25 |
| $NH_3$-N 去除率（%） | 28.82 | 35.92 | 47.93 | 56.41 | 44.4 | 16.52 |
| $NO_2^-$-N 去除率（%） | 57.13 | −123.49 | 83.06 | 75.66 | −69.55 | 99.61 |
| $NO_3^-$-N 去除率（%） | 18.82 | 16.29 | 69.31 | 24.97 | 31.42 | 97.18 |
| TN 去除率（%） | 25.57 | 25.33 | 68.76 | 59.71 | 34.88 | 41.46 |
| TN 面积负荷去除量 [g/(m²·d)] | 1.74 | 1.82 | 2.89 | 1.46 | 1.80 | 3.22 |
| TN 反应动力学常数（m/d） | 0.09 | 0.09 | 0.27 | 0.17 | 0.14 | 0.16 |
| $COD_{Cr}$/TN | 1.14 | 0.87 | 3.59 | 2.16 | 1.33 | 3.35 |

以上的面积负荷去除率。

如上分析可见，不同处理工艺或不同运行模式间脱氮效率有显著差异，要获得较高的脱氮效率，最直接有效的方法是改善湿地进水中碳氮比，充分满足系统中微生物对碳源的需求，这样可明显提高系统反硝化速率。本研究证实，当湿地系统进水中 $COD_{Cr}$/TN ≥ 2.4 时，各处理工艺或运行模式的脱氮效率最高。

表 4-7 是城镇污水二级处理尾水生态处理系统各处理工艺的 TP 去除效果比较。方差分析（ANOVA）表明，各组间 TP 去除率差异显著（$P < 0.05$），其中通过填料强化吸附除

表 4-7　城镇污水二级处理尾水生态处理系统各处理工艺的磷去除效果比较

| 参　数 | A | B | C | D | E | F |
|---|---|---|---|---|---|---|
| HRT（d） | 1.0～1.2 | 1.0～1.2 | 1.0～1.2 | 1.0～1.2 | 1.0～1.2 | 1.0～1.2 |
| 进水 TP（mg/L） | 2.39 | 2.39 | 2.80 | 2.97 | 2.71 | 3.80 |
| 出水 TP（mg/L） | 1.71 | 0.11 | 0.21 | 2.21 | 1.78 | 2.60 |
| TP 去除率（%） | 28.71 | 95.28 | 92.68 | 25.73 | 34.32 | 31.63 |
| TP 面积负荷去除率 [g/(m²·d)] | 0.22 | 0.72 | 0.61 | 0.15 | 0.30 | 0.36 |
| TP 反应动力学常数（m/d） | 0.11 | 0.97 | 0.62 | 0.06 | 0.13 | 0.11 |

磷可达到较高的除磷效果，填料吸附除磷可获得 90% 以上的去除率。同理，各组 TP 面积负荷去除率也差异显著（$P < 0.05$），填料强化吸附除磷显著地提高了 TP 面积负荷去除率（最高达 $0.72\ \mathrm{g/(m^2 \cdot d)}$）。

如上分析表明，以城市污水二级处理出水为处理对象的人工湿地生态处理系统要控制磷的出水浓度，主要依靠理化方法对磷进行吸附 / 沉淀截留，而生物方法在磷去除方面不是主要作用者。

## 4.8　人工湿地植物筛选与优化组合研究

湿地植物在人工湿地处理系统处理污染物过程中扮演了重要的角色。湿地植物通过吸收、利用和吸附污染物，传输氧气，影响微生物和酶的分布，积累有机物等途径而起作用，从而降低污水中的氮、磷以及重金属等物质的含量，达到污水净化的目的。

本书通过模拟实验，以环太湖流域常见的本土湿地植物为材料，比较和分析环太湖流域不同湿地植物的生长状况以及对污水水质净化效果差异，以期为本次污水处理厂尾水人工湿地深度处理系统设计提供依据和参考。

### 4.8.1　实验材料与方法

（1）湿地植物调查与初选

根据该天然湿地植物资源情况以及植物特性不同，按照植物耐水生或湿生、耐污力、根系长度、多年生、来源广、易收获、有利用价值和美观等特点，结合大量的文献报道，选定了以下实验植物：芦苇、香蒲、慈姑、泽泻、菖蒲、水葱、黄花鸢尾、茭白。

（2）实验场地建设

实验池建于同济大学崇明水环境实验基地，根据植物特性不同，主要是根系长度不同，建了大小两种池子。小池子为 40 cm（长）×35 cm（宽）×35 cm（高），大的为 40 cm（长）×35 cm（宽）×48 cm（高）。小池子种植慈姑、泽泻、黄花鸢尾；大池子种植其他 5 种植物。池子用水泥砌成，然后做防水，底部铺上一张纱网，以防止陶粒进入下部出水管管口造成堵塞。然后分别填上 20 cm 和 25 cm 左右的陶粒，上面均铺设 10 cm 沙土。具体场地如图 4-32 所示。

植物移栽后，观察植物的成活情况，待植物生长稳定后，开始灌入污水，使植物适应，一周后开始进行污水处理效果实验。除了不同污染负荷实验外，其他实验均重复进行 3 次。每次实验之间留有时间间隔，实验结束时排出池内的水并测出水体积，以根据进出水体积及水质指标的变化计算去除率。

图 4-32　湿地植物实验场地（崇明水环境修复基地）

## 4.8.2　实验结果与分析

### 1. 湿地植物生长情况评价

根据观测结果，对每种植物的生长情况进行综合评定。由于每个指标在植物处理污水中的影响力大小不同，依次按照茎叶生长状况、萎蔫程度、倒伏、病虫害情况赋予影响力重要值 $q$ 分别为 10，10，5，5，每个指标又按状况出现的严重程度分为 1，2，3，即按 1/2，1/5，1/10 递减，无病虫害则为全分，有则减半，最后所得总重要值即为综合评定结果 $S$，即 $S = q \times R_x$。每种植物均有平行实验，结果取两个池子中的植物重要值的平均数。

按照上述方法，分析表格可以看出，从植物移植初期生活力方面比较，总重要值 $S$ 从大到小依次为：香蒲（101.25）＞黄花鸢尾（97.5）＞芦苇（97）＞菖蒲（95）＞慈姑（82.25）＞泽泻（76.5）＞水葱（67.5）＞茭白（60）。从植物适应性和生存力来看，香蒲、黄花鸢尾、芦苇、菖蒲明显优于水葱和茭白。

这部分实验主要在多种浓度实验污水条件下分析了植物种植之后的生存状况，它间接反映了植物的耐污力，这也是植物能否达到湿地备选植物标准的重要条件之一。作为污水处理湿地，耐污力是植物生存和为微生物提供依附场所的前提。

在整个实验过程中，分别测定了种植前和收割后的植物高度变化（分别称"原高"和"后高"）和质量变化（分别称"原重"和"后重"）。高度测量是从植物的基部到植物体每个主要分支的长度，取平均值，而质量则测定的是植物的鲜重，控出植物根部的水分，测定包括根部在内的植物体质量变化。测定植物池中的每株植物生物量，最后取平均值。高度和质量的实测数据如表 4-1，图 4-33 和图 4-34 所示。

表 4-1 植物高度与质量变化

| 植　　物 | 原高（cm） | 后高（cm） | 高度差（cm） | 原重（g） | 后重（g） | 质量差（g） |
|---|---|---|---|---|---|---|
| 慈姑 1 | 37 | 70 | 33 | 58 | 410 | 352 |
| 慈姑 2 | 36 | 56 | 20 | 50 | 350 | 300 |
| 泽泻 1 | 40 | 97 | 57 | 151 | 300 | 149 |
| 泽泻 2 | 39 | 78 | 39 | 123 | 350 | 227 |
| 黄花鸢尾 1 | 50 | 94 | 44 | 250 | 400 | 150 |
| 黄花鸢尾 2 | 50 | 97 | 47 | 373 | 800 | 427 |
| 菖蒲 1 | 71 | 86 | 15 | 153 | 500 | 347 |
| 菖蒲 2 | 69 | 98 | 29 | 149 | 450 | 301 |
| 茭白 1 | 60 | 70 | 10 | 93 | 100 | 7 |
| 茭白 2 | 60 | 96 | 36 | 90 | 100 | 10 |
| 水葱 1 | 86 | 140 | 54 | 52 | 350 | 298 |
| 水葱 2 | 86 | 156 | 70 | 51 | 250 | 199 |
| 香蒲 1 | 97 | 210 | 113 | 401 | 600 | 199 |
| 香蒲 2 | 96 | 199 | 103 | 291 | 650 | 359 |
| 芦苇 1 | 96 | 121 | 25 | 171 | 400 | 229 |
| 芦苇 2 | 99 | 112 | 13 | 107 | 450 | 343 |

从植物高度变化图看（图4-33），每种植物高度变化差异明显，其中，香蒲和水葱变化最大，分别从平均 96.5 cm 和 86 cm 长到 205 cm 和 148 cm，芦苇、菖蒲、茭白增长不大，但是从繁茂程度来看，芦苇和菖蒲分支较多，而茭白分支很少，长势不好。

植物生物量变化与高度变化并不吻合，这说明有的植物在高度上变化大，而有的植物分支多，覆盖度大。从图 4-34 可以看出，慈姑和菖蒲生物量变化最大，除了茭白偏低以外，其他则增重相当。

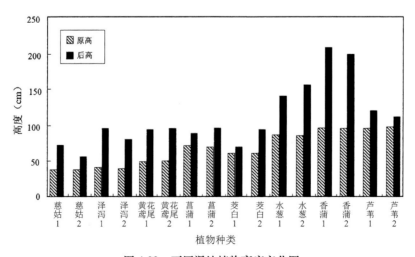

图 4-33 不同湿地植物高度变化图

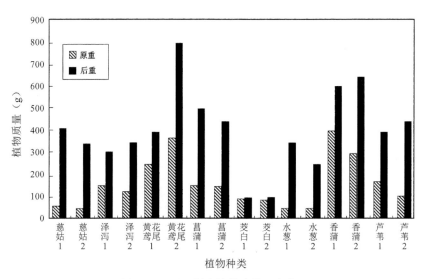

图 4-34　不同湿地植物生物量变化图

## 2. 湿地植物净化效果评价

由于人工湿地植物对一般浓度污水的净化效果已有许多报道，故本实验选取了相对较高浓度的污水进行实验。一方面想探讨一下植物对高浓度污水的净化力，另外，植物在高浓度下的成活情况也是净化污水的关键，因为它影响着根际微生物群落的形成。实验做了两种浓度的进水实验，测定指标为 TN，TP，$COD_{Cr}$。高浓度污水各个指标含量分别为：TN，112 mg/L；TP，2.659 mg/L；$COD_{Cr}$，140 mg/L。低浓度污水中的含量分别为：TN，74.6 mg/ L；TP，1.03 mg/ L；$COD_{Cr}$，84 mg/L。停留时间均为 3 d，间歇进水，日进水 2 次，日处理量 1.86 L/ ($m^2 \cdot d$)，去除率由进水污染物浓度和最终的出水污染物浓度求得，不同植物对高低浓度污水的净化效果不同，而整个实验过程中，两组对照池子几乎没什么差别，故在图中仅作出大池子对照的去除率变化，如图 4-35 和图 4-36 所示。

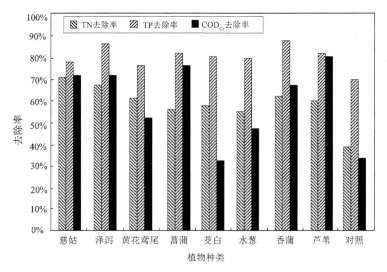

图 4-35　低浓度下不同湿地植物去除率

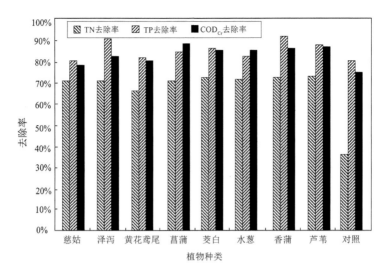

图 4-36　高浓度下不同湿地植物去除率

从图 4-35 可以看，在进水浓度较低的情况下，慈姑、泽泻对 TN 的去除率较高，达到 70% 左右，其他均在 60% 左右，差别不是很明显；TP 去除率较高，均达到 76% 以上，去除率最高的为香蒲，达到 87.65%；但各植物对 $COD_{Cr}$ 的去除差别明显，去除率在 33.3% ～ 80.95%，芦苇和菖蒲对 $COD_{Cr}$ 去除率最高。

图 4-36 显示的是高浓度进水条件下的去除率比较，从该图可知，除了黄花鸢尾以外，TN 的去除率均在 70%±2%，相对较高的是芦苇、香蒲。其中，处理间方差为 11.14，而处理内方差为 9.14，F 值为 1.22，差异不显著，而对照池与植物池在氮的去除率方面差异明显，植物对 TP 的去除率均在 80% 以上，最高达到 91.5%（香蒲）。这些植物对于 TP 的去除率差异也不明显，值为 0.617；$COD_{Cr}$ 除了慈姑为 78.35% 以外，其他均在 80% 以上。

从高、低浓度污水总的去除率情况来看，8 种植物中，除了慈姑对低浓度污水中 TN 去除率高于对高浓度污水外，其他植物均是对高浓度污水的 TN 去除效果较好，植物对 TP、$COD_{Cr}$ 的去除效果均是高浓度污水好于低浓度污水。也就是说，污水在营养物质丰富的条件下，会更有利于植物对营养物质的吸收利用。从每种植物对高、低浓度污水来看，低浓度条件下对 TN 去除率最高的为慈姑（70.35%）、泽泻（67.1%），这两种植物对高浓度污水去除率均在 70% 左右，与低浓度下的去除率差异不明显。水葱在低浓度下对 TN 的去除率仅为 55.30%，TP 去除率较高的为香蒲（87.65%）、泽泻（86.35%），其他植物均相当，稳定在 80%±2%，而芦苇和菖蒲对 $COD_{Cr}$ 去除率最高。高浓度条件下，TN 去除率最高的为香蒲、芦苇，而对 TP 和 $COD_{Cr}$ 去除效果最好的植物种类同低浓度时的植物种类。

在此基础上，本课题开展了组合植物净化效果的研究。从图 4-37 可以看出，植物组合对 TN 的去除率基本都已达到 75% 以上，最高已经达到 92%。虽然停留 3 d 的去除率均高于或者与停留 1 d 的去除率持平，但停留 1 d 去除率变化最大，这说明停留 1 d 的去除速率最大。这也间接证明，植物对营养元素的吸收与自身的营养状况有着密切的关系，随着时间的延长，吸收作用逐渐减弱。比较不同植物组合对 TN 去除率大小，芦苇－美人蕉在停留 1 d 时，去除率已经达到 91.3%，3 d 时又略有增加，为 91.7%，而水葱－菖蒲变幅较大，从停留 1 d 的 51.90% 增加到停留 3 d 的 90.90%。总体看来，香蒲－美人蕉，芦苇－美人蕉 TN 去除效果最好。

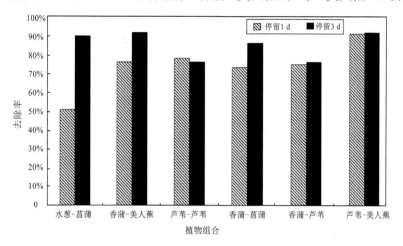

**图 4-37　不同湿地植物组合对 TN 去除效果比较**

植物对氮的去除，一方面取决于植物自身生长过程中对营养元素的吸收作用大小，另一方面取决于植物的输氧能力以及根系情况。因为这两个因素使得植物根际系统的微生物群落不同，而微生物的组成和数量在一定程度上决定了硝化和反硝化作用强度。佘丽华等（2009）研究复合垂直流人工湿地各基质层的硝化与反硝化细菌数量以及硝化与反硝化作用强度发现，硝化作用强度变化和硝化细菌数量呈显著正相关，反硝化作用强度和反硝化细菌数量也呈显著正相关，且它们的变化与人工湿地的溶解氧状况相一致。这是本实验中植物组合效果表现出差异的原因，也是研究植物筛选的意义所在。

不同湿地植物组合对 TP 的去除率差别不是很大（图 4-38），基本稳定在 75% ～ 80%。说明各种植物对 TP 的吸收作用相当。相比较而言，香蒲－菖蒲在停留 1 d 时去除率最

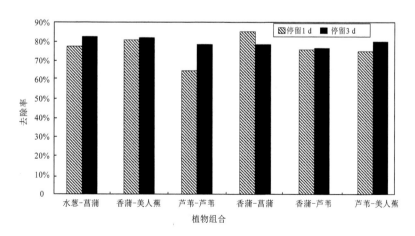

**图 4-38　不同湿地植物组合对 TP 去除效果比较**

大，为85.1%。其次是香蒲－美人蕉。而停留3 d时，水葱－菖蒲对TP的去除率也达到了83.4%。停留1 d时，芦苇－芦苇对TP去除率明显低于其他植物，仅为64.8%。

作为人工建造的湿地系统，有机物的投入量主要由污水中贡献的有机物量、植物的生物产量及其分配所决定，植物的生物产量由植物地上部分残留、根产量与根分泌物组成。水生植物床可以看成是一种以植物根系为填料的生物反应器，在根系表面丰富的微生物可以对有机物进行降解。人工湿地中的不溶性有机物主要通过植物根系微生物膜的吸附、吸收及生物代谢降解过程而被分解去除。

从对$COD_{Cr}$的去除来看（图4-39），每组植物组合停留3 d时的去除率均明显高于停留1 d时的去除率，并且最高达到91.5%。芦苇－美人蕉在停留1 d时去除率最大，停留3 d时仅次于香蒲－菖蒲。在众多的研究之中，所有对有机物的研究结果都显示出，对有机污染有较强的去除能力是人工湿地的显著特点之一。废水中大部分有机物的最终归宿是被异养微生物转化为微生物体及$CO_2$和$H_2O$，这些新生的微生物可以通过定期更换填料最终从系统中去除。

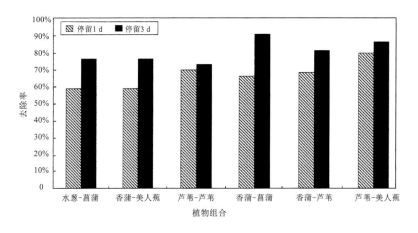

图4-39　不同湿地植物组合对$COD_{Cr}$去除效果比较

几种湿地植物组合对$NH_3$-N去除率差异明显（图4-40），去除率在46%～86%。停留1 d时，香蒲－菖蒲去除率最高，为76.3%，其次为水葱－菖蒲，达到71.7%，香蒲－美人蕉最低，仅为46.6%（香蒲为46.6%）；停留3 d时，植物组合的去除率均好于停留1 d时，并且最高已经达到85.4%（香蒲－菖蒲）。但是组合之间比较，去除率高低顺序没有变化。香蒲－菖蒲对$NH_3$-N去除率高于其他湿地植物组合。

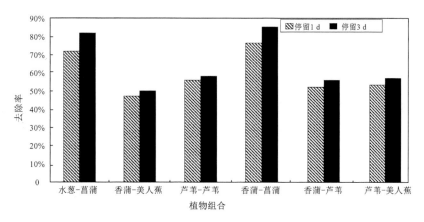

图 4-40　不同湿地植物组合对 $NH_3$-N 去除效果比较

## 4.9　小　结

人工湿地生态处理系统进水的年均 $COD_{Cr}$、TN、TP 和 $COD_{Cr}$/TN 分别为 24.9 mg/L，18.83 mg/L，2.58 mg/L 和 1.57。氮素以氧化态氮（亚硝态氮或硝态氮）为主，碳氮比是生态处理系统生物脱氮的主要限制因子。

组合填料水平潜流人工湿地稳态运行时（HRT = 0.834 d），$COD_{Cr}$、TN、TP 的面积负荷去除率分别为 2.98 g/($m^2 \cdot$ d)，2.19 g/($m^2 \cdot$ d)，0.29 g/($m^2 \cdot$ d)。污水强化脱氮处理可显著提高该系统的脱氮能力，$COD_{Cr}$、TN 的面积负荷去除率分别达到 9.65 g/($m^2 \cdot$ d)，3.58 g/($m^2 \cdot$ d)。页岩和钢渣强化除磷可显著改善湿地出水磷浓度，TP 去除率和 TP 面积负荷去除率分别为 90.47%，0.89 g/($m^2 \cdot$ d)。TN 面积负荷去除率与水力停留时间的幂函数关系式为 $y = 1.720\ 2\ x^{0.475\ 6}$（$R^2 = 0.824\ 3$）；TN 面积负荷去除率与 ($NO_2^-$-N + $NO_3^-$-N)/TN 的指数关系式为 $y = 1.143\ 8\ e^{1.752\ 2x}$（$R^2 = 0.920\ 3$）；TN 面积负荷去除率与水温的指数关系式为 $y = 0.832\ 3\ e^{0.026\ 1x}$（$R^2 = 0.583\ 7$）；TN 面积负荷去除率与 $COD_{Cr}$/TN 的幂函数关系式为 $y = 1.998\ 0\ x^{0.644\ 2}$（$R^2 = 0.832\ 9$）。

表面流人工湿地稳态运行时（HRT = 0.629 d），$COD_{Cr}$、TN、TP 的面积负荷去除率分别为 1.19 g/($m^2 \cdot$ d)，2.33 g/($m^2 \cdot$ d)，0.22 g/($m^2 \cdot$ d)。$COD_{Cr}$ 面积负荷去除率与水力停留时间的线性关系式为 $y = 3.467\ 0\ x - 0.595\ 6$（$R^2 = 0.826\ 4$）；TN 面积负荷去除率与水力停留时间的线性关系式为 $y = 0.418\ 2\ x + 1.364\ 8$（$R^2 = 0.657$）；TN 面积负荷去除率与水温的线性关系式为 $y = 0.092\ 5\ x - 0.444\ 7$（$R^2 = 0.623\ 9$）；TN 面积负荷去除率与 ($NO_2^-$-N + $NO_3^-$-N)/TN 的线性关系式为 $y = 2.265\ 9\ x - 0.276\ 3$（$R^2 = 0.739\ 4$）。

水平潜流 - 表面流组合人工湿地稳态运行时（HRT = 0.701 d），$COD_{Cr}$、TN、TP 的面积负荷去除率分别为 1.82 g/($m^2 \cdot$ d)，1.59 g/($m^2 \cdot$ d)，0.14 g/($m^2 \cdot$ d)。污水强化脱氮处理极

大地提高了湿地的脱氮效果，$COD_{Cr}$、TN、TP 的面积负荷去除率分别为 19.03 g/(m²·d)，5.42 g/(m²·d)，0.29 g/(m²·d)。TN 面积负荷去除率与水力停留时间的指数关系式为 $y = 20.411\,0\,e^{-1.951\,7x}$（$R^2 = 0.884\,2$）；TN 面积负荷去除率与水温的幂函数关系式为 $y = 0.290\,8\,x^{-0.936\,9}$（$R^2 = 0.946\,0$）；TN 面积负荷去除率与 $(NO_2^- \text{-}N + NO_3^- \text{-}N)/TN$ 的线性关系式为 $y = 0.110\,1\,x + 0.983\,2$（$R^2 = 0.853\,5$）；TN 面积负荷去除率与 $COD_{Cr}/TN$ 的幂函数关系式为 $y = 1.417\,2\,x^{0.636\,2}$（$R^2 = 0.801\,4$）。

人工湿地污水处理工艺性能比较表明，在相似水力负荷条件下，水平潜流‑表面流组合人工湿地污水强化处理运行模式的 $COD_{Cr}$ 去除效能最高，$COD_{Cr}$ 面积负荷去除率为 17.57 g/(m²·d)，$COD_{Cr}$ 反应动力学常数为 3.22 m/d。湿地系统进水 $COD_{Cr}/TN \geqslant 2.4$ 时，湿地系统的脱氮效率显著提高，页岩与钢渣床污水强化处理运行模式、水平潜流‑表面流组合人工湿地污水强化处理运行模式的 TN 去除效能最高，两者的 TN 面积负荷去除率分别达 2.89 g/(m²·d) 和 3.22 g/(m²·d)。湿地系统中填充磷吸附性强的页岩和钢渣材料大大地改善了湿地系统的除磷效率，页岩与钢渣床强化人工湿地的 TP 去除效能最高，TP 去除率达 90% 以上，TP 面积负荷去除率达 0.7 g/(m²·d) 以上。

从植物适应性和生存力来看，香蒲、黄花鸢尾、芦苇、菖蒲明显优于其他植物。植物的净化力研究结果表明，植物对高浓度污水的净化效果好于对低浓度污水的效果，低浓度条件下对 TN 去除率最高的为慈姑、泽泻；对 TP 去除率较高的为香蒲、泽泻，其他植物均相当；芦苇和菖蒲对 $COD_{Cr}$ 去除率最高。高浓度条件下，TN 去除率最高的为香蒲、芦苇，对 TP 和 $COD_{Cr}$ 去除效果同浓度实验时基本吻合，慈姑、泽泻、香蒲、芦苇相对好于其他植物，芦苇对 $COD_{Cr}$ 的去除率明显高于其他植物。

综合结果表明，香蒲‑美人蕉，芦苇‑美人蕉对 TN 去除效果最好。对 TP 的去除，香蒲‑菖蒲在停留 1 d 去除率最大，为 85.1%，其次是香蒲‑美人蕉；而停留 3 d，水葱‑菖蒲对 TP 的去除率也达到 83.4%。芦苇‑美人蕉、香蒲‑菖蒲对 $COD_{Cr}$ 的去除好于其他组合。菖蒲组合对 $NH_3\text{-}N$ 去除率较高，明显好于其他植物组合。

基于以上关于人工湿地处理效果研究，并结合环太湖地理环境特征和本土湿地植物资源特点，本书选择香蒲、美人蕉、芦苇、凤眼莲、菖蒲、千屈菜、雨久花、水葱、茭白、慈姑、睡莲、莕菜、水芹、眼子菜、水毛茛、再力花等挺水和浮叶植物作为本次环太湖污水处理厂尾水人工湿地处理系统湿地植物，并通过合理搭配和组合，以实现最大处理效果。

## 参考文献

Adsock J. 2002. The use of sub-surface constructed wetlands for wastewater treatment in the Czech Republic: 10 years experience[J]. Ecological Engineering, 18(5): 633-646.

Brix H. 1994. Functions of macrophytes in constructed wetlands[J]. Water Science and Technology，(29): 71-78.

Decamp O，Warren A. 2000. Investigation of Escherichia coli removal in various designs of subsurface flow wetlands used for wastewater treatment[J]. Ecological Engineering, 1: 293-299.

Everardo V, Bruce L, Suresh D P. 2003. Transport and survival of bacterial and viral tracers through submerged-flow constructed wetland and sand-filter system[J]. Bioresource Technology, 89: 49-56.

Hammer D A. 1989. Constructedwetlands for wastewater treatment[M]. Michigan: Lewis Publishers Inc.

Knight R L, Kadlec R H. 2000. Constructed Treatment Wetlands-A Global Technology[J]. In Water, 21: 57-58.

Mandi L, Bouhoum K, Ouazzani N. 1998. Application of constructed wetlands for domestic wastewater treatment in an arid climate[J]. Water Science and Technology, 38(1): 379-387.

Vymazal J. 2001. Types of constructed wetlands for wastewater treatment: their potential for nutrient removal[M]. Backhuys Publishers.

Williams J, Bahgat M, May E, et al. 1995. Mineralisation and removal in gravel bed hydroponic constructed wetland for wastewater treatment[J]. Water Science and Technology, 32(3): 49-58.

陈韫真, 叶纪良. 1996. 深圳白泥坑、雁田人工湿地处理场 [J]. 电力保护, 12(1): 47-51.

郭本华, 宋志文, 李捷, 等. 2006. 3 种不同基质潜流湿地对磷的去除效果 [J]. 环境污染治理技术与设备, 5: 123-128.

姜翠玲, 崔广柏. 2002. 湿地对农业非点源污染的去除效应 [J]. 农业环境科学学报, 21(5): 471-473.

梁继东, 周启星, 孙铁衍. 2003. 人工湿地污水处理系统研究及性能改进分析 [J]. 生态学杂志, 22(2): 49-55.

卢少勇, 张彭义, 余刚, 等. 2006. 滇池王家庄湖滨带人工湿地农业径流中磷去除的干湿季节性规律 [J]. 农业环境科学学报, 25(5): 1313-1317.

王世和, 王薇, 俞燕. 2003. 水力条件对人工湿地处理效果的影响 [J]. 东南大学学报：自然科学版, 5: 342-346.

吴振斌, 李谷, 付贵萍, 等. 2006. 基于人工湿地的循环水产养殖系统工艺设计及净化效能 [J]. 农业工程学报, 22(1): 129-133.

尹炜, 李培军, 叶闽, 等. 2006. 复合潜流人工湿地处理城市地表径流研究 [J]. 中国给水排水, 22(1): 5-8.

佘丽华, 贺锋, 徐栋, 等. 2009. 碳源调控下复合垂直流人工湿地脱氮研究 [J]. 环境科学, 30(11): 3 300-3 305.

袁云松, 张水春. 1998. 利用人工湿地治理太湖流域小城镇生活污水可行性探讨 [J]. 农业环境保护, 17(5): 232-234.

张虎成, 田卫, 俞穆清, 等. 2004. 人工湿地生态系统处理污水研究进展 [J]. 环境污染治理技术与设备, 5(2): 11-15.

张甲耀, 夏盛林, 邱克明, 等. 1999. 潜流型人工湿地污水处理系统氮去除及氮转化细菌的研究 [J]. 环境科学学报, 19(3): 323-327.

朱夕珍, 崔理华, 温晓露, 等. 2002. 不同基质垂直流人工湿地对城市污水的净化效果 [J]. 农业环境科学学报, 22(3): 282-285.

# 5　人工湿地用于城镇污水处理厂尾水的脱氮除磷

近年来我国污水处理厂的建设和运行取得了长足的进步，污水处理厂出水水质不断得到提高，大大降低了受纳水体的富营养化风险。虽然污水处理厂二级处理可削减污水中大部分污染物，但因为目前出水标准中氮磷浓度仍然较高，超出国际公认的水体发生富营养化的临界值（TN 0.2 mg/L 和 TP 0.02 mg/L），因此成为受纳水体富营养化的重要原因之一，是水环境质量改善的主要瓶颈。

人工湿地是利用自然湿地中化学、物理和生物的协同作用而设计建造的工程化的水处理技术。与传统污水处理工艺相比，具有建造运行费用低、操作简单、耐冲击负荷以及生态效应较好等优点，因此得以被逐渐应用于城镇污水处理厂尾水的处理。研究发现，人工湿地不仅能有效去除有机物、固体悬浮物质和营养物质，而且对于致病菌和新型污染物的去除也具有较高的潜力。作为一种深度处理二级出水的有效手段，人工湿地可大幅削减进入受纳水体的氮磷污染负荷，改善受纳水体的水质。

## 5.1　人工湿地对尾水中氮的去除及其机理

污水处理厂尾水中污染物在人工湿地中通过多种途径得到去除，一般这些途径包括物理、化学和微生物三方面的协同作用。其中，颗粒态的污染物进入湿地系统后可通过基质的过滤吸附、湿地植物根茎的拦截、湿地动物的摄食以及微生物的降解作用去除。基质的吸附作用包含固体颗粒向基质颗粒表面的迁移以及被基质表面黏附两个部分。湿地植物密集发达的根系能对固体颗粒起到吸附拦截的作用。系统中的动物能吞食湿地系统中沉积的有机颗粒，从而将颗粒物带出体系。此外，通过微生物部分有机态的颗粒进行降解也能去除一部分的悬浮固体。

污水中的有机物进入人工湿地系统内，不同形态的有机物通过不同的方式去除。可沉淀的有机物在系统内经过沉淀及过滤后得到去除，溶解性有机物通常被附着在基质上的生物膜和悬浮于流动水体内的微生物代谢去除。微生物在厌氧和好氧环境中都能对有机物实现降解，系统内的氧气是依靠自然复氧和植物根区泌氧提供。植物也参与有机物的去除过程，但其所吸收利用的有机物远低于微生物代谢所消耗的有机物。

好氧降解反应方程式如下：

$$CH_2O + O_2 \longrightarrow CO_2 + H_2O$$

从方程式中可以看出如果氧气不足将会影响降解的速率，而当氧气充足时可利用的有机物的量变成了限制反应速率的关键因素。

厌氧降解较为复杂，一般分为两步，反应过程如下：

第一步：

$$C_6H_{12}O_6 \longrightarrow CH_3COOH + H_2$$
$$C_6H_{12}O_6 \longrightarrow 2\ CH_3CHOHCOOH$$
$$C_6H_{12}O_6 \longrightarrow 2\ CH_3CH_2OH + 2\ CO_2$$

$CH_3COOH$，$CH_3CHOHCOOH$，$CH_3CH_2OH$ 是厌氧发酵的中间产物，这个过程称为产氢产乙酸（产酸）过程。

第二步：

$$CH_3COOH + H_2SO_4 \longrightarrow 2\ CO_2 + 2\ H_2O + H_2S$$
$$CH_3COOH + 4\ H_2 \longrightarrow 2CH_2 + 2\ H_2O$$
$$CO_2 + 4\ H_2 \longrightarrow CH_4 + 2\ H_2O$$

这个过程称为产甲烷过程。

产酸过程是由产酸菌完成，产甲烷过程由产甲烷菌完成，产甲烷菌相比于产酸菌对环境条件要求更高，适合的 pH 范围为 6.5～7.5。由此可见，过多的产酸会对产甲烷菌的生长代谢产生不利影响。

人工湿地系统内部有着复杂的理化和生物性质，含氮化合物在系统内通过复杂的反应实现其形态间的转化（图 5-1）。物理、化学和生物的作用形式都能参与到氮的转化去除过程中。人工湿地中氮的去除途径如表 5-1 所示。一般认为氨氮的挥发只有在 pH > 9.3 时才显著，

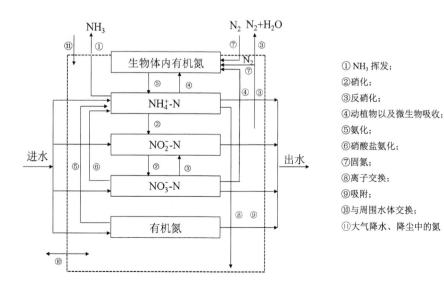

图 5-1　湿地系统氮形态转化图

pH < 7.5 时可忽略。能引起湿地中 pH 升高的因素包括湿地中藻类、浮叶植物和沉水植物的光合作用，因此一般水平潜流人工湿地中可忽略氨氮的挥发作用。

表 5-2　人工湿地中氮去除转化过程

| 名　称 | 简　述 | 反应过程 | 产能 / 耗能 |
|---|---|---|---|
| 挥发 | 氨基离子态与气态氨之间的化学平衡，受 pH 影响较大 | $NH_4^+ + OH^- \rightarrow NH_3 + H_2O$ | — |
| 氨化过程 | 有机态氮向氨氮转化的过程，受 pH、碳氮比、营养物质、基质性质等影响 | 氧化脱氨基：<br>氨基酸 ⇒ 亚氨基 ⇒ 酮酸 ⇒ $NH_3$<br>还原脱氨基：<br>氨基酸 ⇒ 饱和脂肪酸 ⇒ $NH_3$ | 耗能 |
| 硝化作用 | 氨氮转化为硝氮、亚硝氮的过程，受温度、pH、溶解氧、碳源、微生物量、氨氮量等的影响 | $NH_4^+ + 1.5\,O_2 \rightarrow NO_2^- + 2\,H^+ + H_2O$<br>$NO_2^- + 0.5\,O_2 \rightarrow NO_3^-$ | 产能 |
| 硝酸盐 - 氨化 | 将硝态氮转化为氨氮的过程，相对于反硝化作用，其需要更多能量 | $10\,H^+ + NO_3^- + 8\,e^- \rightarrow NH_4^+ + 3\,H_2O$ | 耗能 |
| 反硝化作用 | 反硝化细菌在缺氧条件下，还原硝酸盐，释出 $N_2$ 或 $N_2O$ 的过程，受温度、溶解氧、pH、碳源、硝酸盐量、基质类型等影响 | $6\,(CH_2O) + 4\,NO_3^- \rightarrow 6\,CO_2 + 2\,N_2 + 6\,H_2O$ | 耗能 |
| 生物固氮 | 将 $N_2$ 转化为氨氮的过程，可发生在植物的根茎叶中 | $N_2 + e^- + H^+ + ATP \rightarrow NH_3 + ADP + Pi$ | 耗能 |
| 植物同化 | 将无机氮转化为有机化合氮，满足植物对氮源的需求；受植物的生长状态影响 | $NH_4^+\text{-N}$、$NO_2^-\text{-N} \rightarrow NO_3^-\text{-N} \Rightarrow$ 有机氮 | 耗能 |
| 基质吸附 | 通过阳离子交换使游离态的 $NH_4^+$ 附着在基质表面，受基质组分、干湿比、有机物量、植物等影响 | — | — |
| 厌氧氨氧化（ANAMMOX） | 在厌氧条件下，$NO_2^-$、$NO_3^-$ 与 $NH_4^+$ 反应转化成 $N_2$ 的过程；受基质浓度、温度、pH、碳源、磷酸盐等影响 | $5\,NH_4^+ + 3\,NO_3^- \rightarrow 4\,N_2 + 9\,H_2O + 2\,H^+$ | 产能 |

### 5.1.1　基质的作用

在湿地系统中，基质对氮的去除起着不可替代的作用。基质填料对氮的去除主要是过滤、吸附、沉淀等作用，同时依靠其表面生长的微生物起到生物脱氮的作用。基质的理化性质与湿地的脱氮能力紧密相关，其比表面积、孔隙率、吸附性能和溶出特征等参数在人工湿地的设计中始终是重要的参考因素。

研究发现沸石芦苇床在水力负荷 0.6 m³/(m²·d) 的情况下，系统对各种形态的氮都有较好的去除能力，对氨氮的去除率最大可达到 80% 以上。陈丽丽（2012）比较分析了沸石、红泥、炉渣、陶瓷滤料、水洗砂、钢渣和页岩 7 种湿地基质的脱氮效果，发现沸石对氨氮的吸附量最大且解吸附率最小，其去除氨氮的途径以离子交换为主，适用于人工湿地氮的去除。

在硝化和反硝化作用中起主要作用的微生物附着在基质表面生长，比表面积越大的基质越有利于微生物的生长，因此也更利于氮的去除。基质的其他物理性状也可能影响其除氮效果，其中最重要的因子之一是氧化还原电位，它反映了基质发生氧化还原反应能力的大小，是影响硝化和反硝化作用的重要因子；另外，基质的含水率也会通过改变氧化还原电位间接影响脱氮效率。

### 5.1.2 植物的作用

植物是人工湿地的重要组成部分。湿地植物可以通过吸收氨氮、硝氮等无机氮以及一部分尿素和氨基酸等小分子含氮有机物，并将其转化为植物细胞组织生长所需的物质来去除氮。所以，通过植物的收割可以带走湿地中的一部分氮。另外，湿地植物还可以在以下 4 个方面影响氮的去除。

（1）根系释氧作用。湿地植物通过光合作用产生氧气，不仅可以供地下部分的组织进行呼吸作用，还可以在根区或根际形成一种好氧环境，进而促进有机物质的分解和硝化细菌的生长。

（2）优化水力条件。湿地植物会影响系统的水力条件，植物根系可在基质的内部形成孔道，扩散水流，加强水力传输能力，同时降低堵塞的可能性。

（3）为微生物提供附着的表面。发达的植物根系，可以扩大微生物生长繁殖需要的附着面积，并且为不同的微生物群落提供不同的微环境，促进微生物的生长繁殖。

（4）为异养细菌的生长提供可降解的有机碳源。植物根系分泌的有机物和腐败的根茎可以成为有机碳源，强化异养微生物降解有机污染物的活性。

一般认为，通过植物直接吸收作用而去除的氮仅占整个系统总脱氮量的 20%～30%，而微生物脱氮贡献最大，其除氮量占系统总除氮量的 54%～94%。虽然如此，湿地植物通过影响微生物的群落结构和丰度，很大程度上间接影响了湿地的脱氮效果。湿地植物通过根系释氧和根系分泌物对脱氮微生物造成影响。在污水处理厂尾水湿地中，植物能改变三个反硝化功能基因（*nir S*、*nir K* 和 *nos Z*）的密度和丰度，其中宽叶香蒲的存在促进了含 *nir K* 基因菌群的生长，而投加了植物残体的基质中含 *nir S* 和 *nos Z* 基因的菌群也得到很大增加。

### 5.1.3 微生物的作用

微生物转化是人工湿地脱氮的主要途径，占其总去除量的 60% 以上。传统的微生物脱氮主要由硝化作用和反硝化作用两部分组成。硝化反应是指在有氧条件下，亚硝化细菌和硝化细菌将氨氮转化为亚硝态氮和硝态氮。整个硝化反应过程分为两步，第一步在严格好氧条件下由亚硝酸细菌将铵根离子氧化为亚硝酸根离子，第二步在兼性化能无机营养细菌即亚硝酸氧化菌参与下将亚硝酸根离子氧化为硝酸根离子，需利用各种形式的无机碳作为碳源。在这个过程中，微生物数量、温度、pH、游离氨浓度、无机碳源、碳氮比、溶解氧浓度等因素均会影响硝化反应的发生。

反硝化反应是指在厌氧条件下，异养反硝化细菌以有机碳源为电子供体，将硝化过程中产生的硝酸盐和亚硝酸盐进一步转化为氮气，从而将氮彻底从湿地中去除。反硝化细菌为兼性菌，多为化学异养型菌。当有氧气存在时，反硝化细菌氧化分解有机物，供自身生长。当无氧气存在时，反硝化细菌利用 $NO_2^-$ 和 $NO_3^-$ 作为电子受体，有机物则作为碳源提供电子供体。

与硝化和反硝化作用相关的微生物功能基因主要有氨单氧酶（*amo A*）、膜结合硝酸还原酶（*nar G*）、含铜亚硝酸还原酶（*nir K*）、含 cd1 的亚硝酸还原酶（*nir S*）和一氧化氮还原酶（*nos Z*）。在处理污水处理厂尾水的人工湿地基质中，*nir S* 是主要的反硝化功能基因，其丰度在 $10^9 \sim 10^8$ copies/g。

除了传统的硝化和反硝化过程外，厌氧氨氧化反应也是人工湿地中脱氮的重要途径。厌氧氨氧化是指在厌氧条件下，以铵根离子为电子供体、亚硝酸根离子为电子受体、氮气为终产物的微生物化学反应。参与厌氧氨氧化反应的细菌直径在 $0.8 \sim 1.1$ μm，形态多样，属革兰氏阴性菌，是分支较深的一种细菌，属于浮霉状菌目（*Planctomycetales*）的厌氧氨氧化菌科。目前文献报道的厌氧氨氧化菌共有十几种，隶属于 5 个属。

## 5.2 人工湿地对尾水中磷的去除及其机理

人工湿地进水中的磷常以颗粒态磷、无机磷酸盐和溶解性有机磷的形式存在。其中，无机磷酸盐主要来自洗涤剂、暴雨径流等，有机磷化合物主要来自生物过程、生活污水、处理污水中的活性或非活性生物等。目前普遍认为，人工湿地中磷的去除是通过植物基质的吸附、络合和沉淀，植物的吸收积累，微生物的生物化学作用来共同完成（表 5-2，图 5-2）。

磷的去除与氮的去除存在着根本性的不同，在去除过程中其化合价态并未发生变化，主要以正五价的磷酸盐（包括 $H_2PO_4^-$、$HPO_4^{2-}$ 和 $PO_4^{3-}$）、聚磷酸盐和有机磷酸盐存在。人工湿地能够利用基质、植物和微生物这个复合生态系统的物理、化学和生物的三重协调作用，通过过滤、吸附、共同沉淀、离子交换、植物吸收和微生物作用来实现磷素的有效去除。

表 5-2  人工湿地中磷去除的转化方式

| 名　称 | 描　述 |
|---|---|
| 基质富集 | 一个缓慢的过程，自然湿地中富集速率不会超过 1 g/(m²·y)，一般处于 0.5 g/(m²·y) 左右；人工湿地中富集速率可得到很大的强化 |
| 化学吸附与沉淀 | 间隙水中的无机磷向基质矿物表面积聚的过程；Al，Fe，Ca，Mg 有利于吸附沉淀过程；厌氧情况下 Fe（III）Mn（IV）还原会使 P 释放 |
| 微生物作用 | 过程迅速；微生物参与土壤中 P 的溶解过程 |
| 植物吸收 | 贡献值相较于总去除量低；受植物的生长状态影响；当植物衰落时可能会发生 P 的释放，因此对植物的收割是很重要的 |

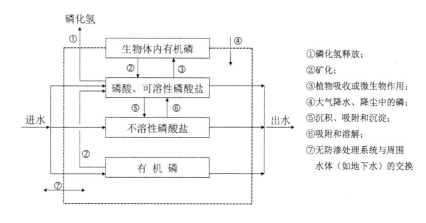

图 5-2  湿地系统磷形态转化图

## 5.2.1  基质的作用

在湿地系统中，起主要除磷作用的是基质的吸附、离子交换、螯合作用和化学沉淀作用，其中吸附和沉淀是湿地基质最主要的除磷途径。尽管吸附和沉淀作用是两种完全不同的除磷方式，但是在人工湿地中，这两种作用是同时存在的，而且二者在除磷过程中所处的地位也是同等重要的。因此，人们对基质除磷作用的这两种途径一般也不加以区分，统称为吸附除磷作用。

有研究表明，通过基质吸附与沉淀作用去除的磷含量可占到总去除量的 90% 以上。同时，由于基质表面电荷和表面电势的存在，基质表面具有静电作用，能吸附水中的一些离子。因此，水体中带负电的磷酸盐受基质表面所带正电荷的吸引而被吸附到基质表面。当污水流经人工湿地基质时，其中的磷通过扩散作用被吸附到基质表面，并可沿基质表面空隙进一步向内部迁移。这种吸附作用有一部分是可逆的，当污水中磷浓度较低时，基质上吸附的部分磷就被重新释放到水中。因此，基质在某种程度上是作为一个"磷缓冲器"来调节污水中磷浓度的。

基质对磷的吸附及基质与磷酸根离子的化学反应因基质的不同而存在差别。若基质中存在较多的铁、铝氧化物，有利于生成溶解度较低的磷酸铁或磷酸铝，使得基质除磷能力大大提高；若以砾石为基质，其中的钙元素会和磷酸盐生成难溶性的磷酸钙得以沉淀下来，因而砾石也是除磷效果较好的基质。

随着人工湿地研究的进步，不断有新型基质被研发和应用，取得了较好的除磷效果。王文东等（2014）采用化学混凝污泥制备具有高效除磷功能的新型人工湿地基质，并对该基质的比表面积、强度、溶出特性和吸附性能等进行了系统评价，发现该新型陶粒对总磷的去除率可达 95% 以上。郭露等（2015）采用水热共沉淀法在碱性条件下对人工湿地中常用的生物陶粒基质进行了层状双金属氧化物覆膜改进，发现改性后的生物陶粒均能有效提高人工湿地的磷去除率。

### 5.2.2 植物的作用

无机磷是植物生长必需的营养元素之一，废水中有机磷在微生物作用下分解为无机磷，再通过植物吸收和同化可将无机磷转化成植物的有机成分如 DNA，RNA，ATP，最后通过植物收割去除磷是人工湿地除磷的主要途径之一。大型湿地植物对磷的吸收量为 $1.8 \sim 18 \ \mathrm{g/(m^2 \cdot y)}$，大部分湿地植物的干物质生物量中磷的含量为 0.15% ~ 1.05%，通过植物收割去除磷的作用是有限的。对运行 4 年的芦苇人工湿地的物质平衡进行计算，发现湿地植物对 TP 的吸收量只占湿地 TP 去除量的 2%。因此，与湿地基质吸附的磷含量相比，湿地植物吸收同化的磷含量在短期内比例较低，但从长期来看，湿地植物在磷的净化方面仍然起着重要的作用，在一定程度上可以延长人工湿地的使用寿命。

在处理有机磷污染物的人工湿地中，植物通过直接吸收、根系释氧和分泌有机物促进微生物降解等途径提高人工湿地的处理效率。目前已有诸多研究深入探讨了湿地植物在降解有机磷方面的去除效果和主要作用机理。例如，凤眼莲可将浓度为 10 mg/L 的马拉硫磷降解速率提高 160%，将甲基对硫磷的降解速率提高 763.52%。Wang et al.（2013）研究了美人蕉、芦苇等 6 种水生植物对毒死蜱的降解效果，栽种植物系统对毒死蜱的去除率略高于未栽种植物的对照组，且不同植物的去除率也存在一定差异。水葱和香蒲去除效果最佳，毒死蜱在植物体内的累积浓度分布为：根＞茎＞叶。

### 5.2.3 微生物的作用

微生物对磷的去除，包括对磷的正常同化作用，即将磷元素吸收进入细胞成为其分子组成，以及对磷的过量积累。一般在二级污水处理系统中，当进水磷浓度为 10 mg/L 时，微生物对磷的正常同化去除量仅为进水总磷含量的 4.5% ~ 19.0%。所以，微生物除磷主要是通过强化其对磷的过量积累来完成的。微生物对磷的过量积累，与湿地植物光合作用根系释氧密切相关，同时也与湿地内部区域的厌氧和好氧条件的分布状况有关。

在有机磷化合物的微生物降解中，胞外酶起到了重要作用，基质中一些胞外酶的活性是微生物功能的一种体现，其活性高低直接影响着有机磷的净化效果，是人工湿地运行效果的指标之一。例如，磷酸酶的活性与总磷和溶解性活性磷的去除率密切相关。目前关于有机磷的微生物降解，研究较多的酶主要是碱性磷酸酶、磷酸三酯酶等与磷元素元素循环密切相关的酶。其中，磷酸三酯酶与有机磷的降解过程密切相关，可水解有机磷的核心基团（–P–O键），显著降低其毒性，而磷酸单酯酶和磷酸二酯酶可促进毒死蜱的矿化，使其易于被微生物吸收降解。Karpuzcu et al.（2013）通过研究微生物酶活性与毒死蜱去除率的关系发现，磷酸三酯酶活性与毒死蜱的去除率呈正相关，可以将磷酸三酯酶活性作为人工湿地生物降解潜力的指示指标。

将人工湿地用于有机磷农药净化的研究表明，在进水三唑磷（TAP）浓度为 0.1～5 mg/L，水力负荷为 0.100 $m^3/(m^2 \cdot d)$ 时，水平潜流人工湿地对三唑磷的去除率为 76%～97%（图5-3）。关于人工湿地去除三唑磷的微生物机制研究表明，随着进水三唑磷浓度的增加，湿地基质中与三唑磷降解相关的脲酶和碱性磷酸酶活性升高，且碱性磷酸酶活性与三唑磷进水浓度和去除率均呈显著正相关；脲酶活性也具有显著的季节性差异，春季和冬季的脲酶活性较高；酸性磷酸酶活性受植物生长影响较大，有显著季节性差异，夏季明显高于冬季。夏季，基质中的微生物群落具有较高的多样性，*Proteobacteria* 是优势菌门；冬季，*Firmicutes* 成为优势菌门，其中芽孢杆菌纲 *Bacilli* 是主要纲，芽孢杆菌属 *Bacillus* 是优势菌，是导致冬季基质脲酶活性较高的主要因素，与三唑磷降解密切相关；组间微生物群落相似性距离与三唑磷浓度密切相关（图5-4—图5-6）。

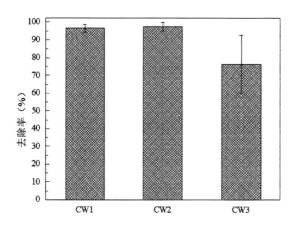

注：湿地系统1（CW1）的 TAP 进水浓度为 0.1 mg/L，湿地系统2（CW2）的 TAP 进水浓度为 1 mg/L，湿地系统3（CW3）的 TAP 进水浓度为 5 mg/L。

图5-3　进水三唑磷浓度对其降解率的影响

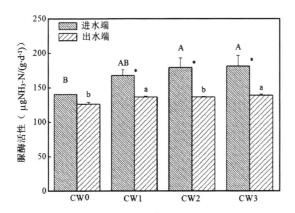

注：湿地系统 0（CW0）的 TAP 进水浓度为 0 mg/L，湿地系统 1（CW1）的 TAP 进水浓度为 0.1 mg/L，湿地系统 2（CW2）的 TAP 进水浓度为 1 mg/L，湿地系统 3（CW3）的 TAP 进水浓度为 5 mg/L。

图中不同字母代表 $P < 0.05$ 差异显著水平，大写字母代表进水端，小写字母代表出水端；* 代表进水端与出水端存在显著差异。

图 5-4　不同三唑磷进水浓度下进水端和出水端基质的脲酶活性

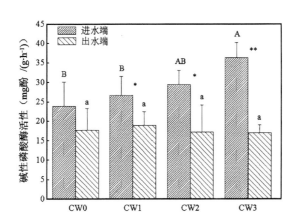

注：湿地系统 0（CW0）的 TAP 进水浓度为 0 mg/L，湿地系统 1（CW1）的 TAP 进水浓度为 0.1 mg/L，湿地系统 2（CW2）的 TAP 进水浓度为 1 mg/L，湿地系统 3（CW3）的 TAP 进水浓度为 5 mg/L。

图 5-5　不同三唑磷进水浓度下进水和出水端基质的碱性磷酸酶活性

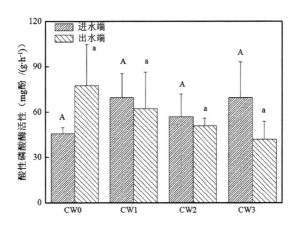

注：湿地系统 0（CW0）的 TAP 进水浓度为 0 mg/L，湿地系统 1（CW1）的 TAP 进水浓度为 0.1 mg/L，湿地系统 2（CW2）的 TAP 进水浓度为 1 mg/L，湿地系统 3（CW3）的 TAP 进水浓度为 5 mg/L。

图 5-6　不同三唑磷进水浓度下进水和出水端基质的酸性磷酸酶活性

## 5.3　影响人工湿地氮磷去除效果的主要因素

从人工湿地的整个构建系统及运行过程来看，影响人工湿地脱氮效果的主要因素可以分为自身系统组成的结构性因素、环境因素和运行因素三个方面（图 5-7）。其中，结构性因素包括湿地工艺类型、构建组成及设计参数等，这些随着湿地的建设完成基本确定，后期修改成本高，因此在实际工程应用中，应当充分考虑工程现场的实际情况，做出最佳工程设计；环境因素包括温度、季节、水温、水质、植物生长状况等，这些是湿地处理的客观因素，调整困难但可以通过设计和调控使得湿地对环境有更强的适应性；运行因素包括运行方式（如间歇式运行）、水力停留时间、进水负荷、淹水高度等，这些是湿地建设完成之后可以人为调控的因素，以使湿地取得最佳的处理效果。

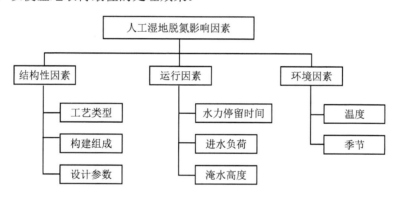

图 5-7　人工湿地系统脱氮的影响因素

### 5.3.1　工艺类型和结构组成

单一人工湿地工艺有其固有优缺点。表面流人工湿地能显著去除有机物，而对氮和磷的去除率有待提高；水平潜流人工湿地因氧气传输限制不能保证硝化作用的有效进行；虽然氧气传输效果良好，垂直流人工湿地在满足硝化作用时却不能持续稳定地进行反硝化作用。所以人们根据不同类型湿地各自的特点，结合处理对象的水质特点，将以上两种或者两种以上工艺进行组合，形成组合人工湿地工艺，发现组合人工湿地处理效果优于单一湿地。

谢佳等（2018）研究了三种组合人工湿地工艺（生物砾间接触氧化池－表面流－植物塘、水平潜流－表面流－植物塘和垂直流－表面流－植物塘）对富营养化河道水质的净化效果。为期 1 年的水质净化数据表明，三种组合人工湿地工艺出水中 $COD_{Cr}$、$NH_3$-N 和 TP 浓度达到《地表水环境质量标准》（GB 3838—2002）IV 类水标准；其中生物砾间组合人工湿地对 $NH_3$-N 的去除效果最好，去除率达 91.7%；垂直流系统对 TN 的去除效果优于其他组合人工湿地；三套系统对 TP 的去除效果未表现出明显差异（图 5-8—图 5-11）。

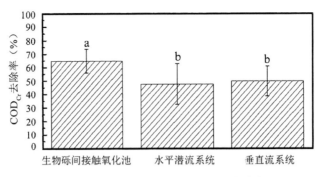

注：不同小写字母标志存在显著性差异。

图 5-8　三套组合人工湿地 COD$_{Cr}$ 去除率

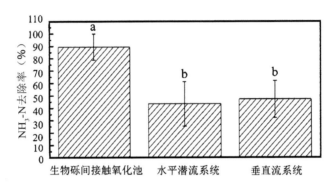

图 5-9　三套组合人工湿地 NH$_3$-N 去除率

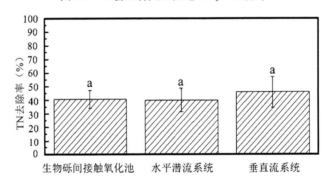

图 5-10　三套组合人工湿地 TN 去除率

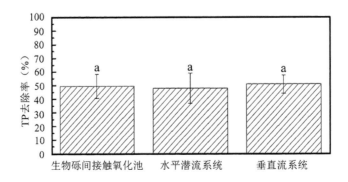

图 5-11　三套组合人工湿地 TP 去除率

为了提高脱氮除磷效率，唐孟瑄等（2016）构建了一种新型阶梯流人工湿地系统，用于处理生活污水。该系统由 3 个垂直流人工湿地单元组成（图 5-12）。组合垂直流人工湿地共分为三级，长宽高都为 0.5 m，填料的填充深度为 0.45 m；第一、二、三级填料分别为沸石（10 ～ 20 mm）、页岩（8 ～ 16 mm）、陶粒（4 ～ 8 mm），植物分别为美人蕉、千屈菜、鸢尾，种植密度为每平方米 20 株。两级之间填料表面高程差为 0.25 m（可按实地情况更改此高程差，适应不同的地形、地势），用以维持水体在系统内部为重力流形式。水流方向分别为下向流、上向流和上下向流交替。

图 5-12 阶梯垂直流人工湿地系统结构示意图

该系统运行的水力负荷为 $0.1 m^3/(m^2 \cdot d)$，采用间隙式进水运行。系统运行 8 个月的结果显示，进水 TN 浓度为 41.7±8.9 mg/L，出水 TN 浓度为 22.7±7.5 mg/L，对于 TN 的去除率为 45.9%±13.2%（图 5-13）；进水 $NH_3$-N 浓度为 33.9±5.0 mg/L，出水为 14.5±11.0 mg/L，系统对 $NH_3$-N 去除率达到 58.7%±30.5%（图 5-14）；系统进水 $NO_3^-$-N

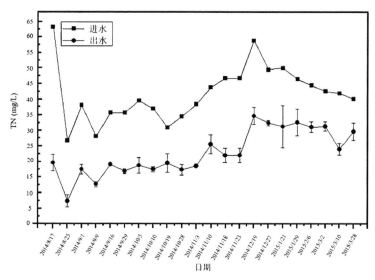

图 5-13 阶梯流人工湿地对 TN 的去除效果

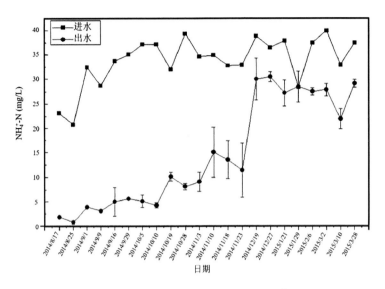

图 5-14  阶梯流人工湿地对 NH₃-N 的去除效果

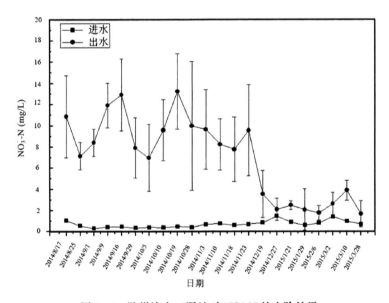

图 5-15  阶梯流人工湿地对 NO₃⁻-N 的去除效果

浓度很低，为 0.7±0.3 mg/L，经过系统处理后出水 $NO_3^--N$ 浓度有所提高，变为 7.0±4.4 mg/L（图 5-15），出水 $NO_3^--N$ 浓度相比于进水提升了近 10 倍，这说明系统内部存在硝化作用，符合垂直流人工湿地硝化作用强的特点。进水 $NO_2^--N$ 浓度很低，仅为 0.01±0.01 mg/L，其与 $NH_3-N$，$NO_3^--N$ 的浓度不在同一个数量级上，经过系统处理后，出水 $NO_2^--N$ 浓度也只有 0.03±0.05 mg/L（图 5-16）。系统进水、出水 TP 的浓度分别为 5.0±1.0 mg/L，3.0±1.0 mg/L，系统对 TP 的去除率为 41.2%±11.6%（图 5-17）。12 月份前，进水 TP 浓度低，出水 TP 浓度也低，进入 12 月份后，系统进出水 TP 浓度都有所升高。比较 TP 的进出水浓度曲线变化

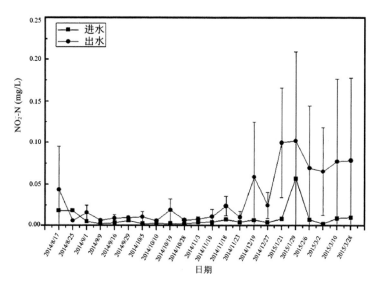

图 5-16　阶梯流人工湿地对 $NO_2^-$-N 的去除效果

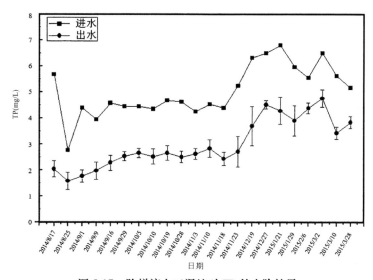

图 5-17　阶梯流人工湿地对 TP 的去除效果

趋势可以看出，系统对 TP 的去除可能是受到进水浓度的影响。TP 在系统内的去除主要是集中在第一级，第三级也有一定的效果，其中第一级去除颗粒态磷、第二级去除正磷酸盐，在系统内部磷也存在形态的改变。

　　除了工艺选择，湿地的构成如基质种类和湿地植物物种等也对其氮磷去除效果影响显著。常用于人工湿地的挺水植物主要有芦苇、菖蒲、香蒲、美人蕉、水葱、鸢尾、再力花、千屈菜等。有研究表明，栽种芦苇和香蒲等挺水植物的人工湿地脱氮效果相对浮叶植物和沉水植物的人工湿地要好。湿地植物的多样性与湿地脱氮效率也密切相关。在高氨氮进水条件下，湿地植物物种多样性的提高有利于湿地对氮的去除。

### 5.3.2 环境条件

#### 1. 溶解氧

人工湿地中的溶解氧主要来源于大气复氧、水体更新复氧和植物输氧作用。溶解氧浓度增加会加快硝化细菌的生长，提升硝化反应速率，但会阻抑硝酸盐还原酶的形成，或者仅仅充当电子受体从而竞争性地阻碍硝酸盐的还原，抑制反硝化过程。而溶解氧过低时，在降低硝化反应速率和总氮去除率的同时，会造成亚硝酸盐的累积。通常认为，硝化反应的最佳溶解氧应高于 2 mg/L，而 0.2 mg/L 被认为是硝化反应发生的最低溶解氧；反硝化反应的溶解氧应保持在 0.5 mg/L 以下，高于该值时，反硝化作用将受到严重抑制。

为了提高人工湿地脱氮除磷效果，有些研究给湿地系统提供人工曝气，以增加湿地中溶解氧含量。钟非等研究了进水端增加曝气对水平潜流人工湿地脱氮除磷效果的影响，发现曝气对可溶性无机氮、无机磷、氨氮和 $COD_{Cr}$ 去除率均有显著影响。比较采用曝气处理的湿地和未曝气的湿地间隙水氧化还原电位插值图（图 5-18）可以发现，曝气湿地间隙水氧化还原电位呈现多样化分布，既存在好氧氧化状态区域，又存在厌氧还原状态区域，而未曝气湿地整体以厌氧还原状态为主。从空间尺度分析，曝气处理湿地的间隙水中氧化还原电位在前半部区域较高，中部区域较低，后部区域又逐渐升高。曝气湿地沿程，从前往后，在大部分月份依次出现高、低、高的浓度分布。未曝气湿地前、中、后区域差别不大，主要

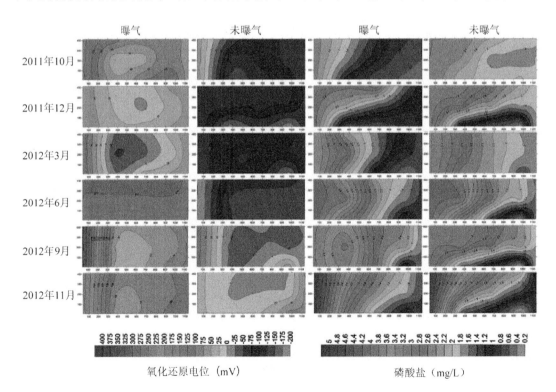

图 5-18　曝气和未曝气水平潜流人工湿地间隙水氧化还原电位和磷酸盐浓度的沿程变化情况

以厌氧还原状态为主。曝气和未曝气湿地的无机磷低浓度区域均位于湿地的后下部，不过，采用曝气处理的湿地中后半部无机磷低浓度区域要明显大于未曝气湿地。从空间尺度看，两湿地进水腔内无机磷浓度均最高，湿地主体间隙水中无机磷浓度从前往后呈现逐级降低的趋势。

比较采用曝气处理的湿地和未曝气的湿地间隙水氨氮插值图（图5-19）可以发现，曝气湿地前半部氨氮浓度大多低于未曝气湿地，这主要是由进水腔曝气后局部氧化还原电位较高，硝化作用较强造成的。3月至9月曝气湿地间隙水氨氮浓度均明显低于未曝气湿地。

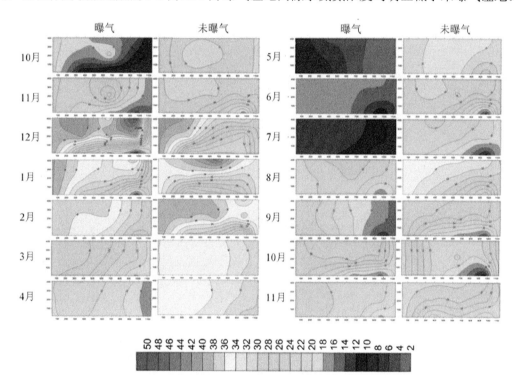

图5-19 曝气和未曝气水平潜流人工湿地间隙水氨氮浓度的沿程变化情况

从空间尺度分析（图5-20），湿地间隙水中氮氧化物的高浓度区主要集中在前半部区域，在该区域，曝气湿地间隙水中氮氧化物浓度高于未曝气湿地。湿地中部区域为氮氧化物低浓度区，7月份开始曝气湿地和未曝气湿地中部均出现氮氧化物空白区。在湿地后部区域又重新出现不同浓度的氮氧化物分布。在曝气湿地沿程，从前往后，在大部分月份依次出现高低高的浓度分布，这说明在进水腔中曝气措施能较好地促进硝化反应的发生，促使氨氮向亚硝态氮和硝态氮转化；在湿地主腔体中部，较强反硝化作用将前段硝化反应产生的氮氧化物逐渐去除；在湿地主腔体后部，再次发生硝化反应，使水体中未被硝化的氨氮继续向硝态氮转化。在未曝气湿地沿程，虽然7月份以后湿地主腔体中部区域也出现了氮氧化物空白区，但与曝气湿地相比，湿地沿程氮氧化物浓度较低，说明未曝气水平潜流人工湿地内部主导的厌氧环境阻碍了硝化反应的发生。

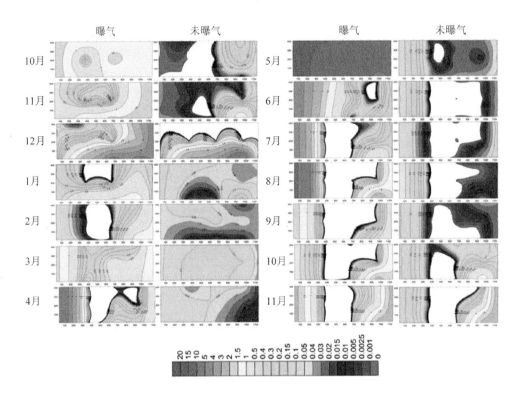

图 5-20　曝气和未曝气水平潜流人工湿地间隙水亚硝态氮和硝态氮总浓度的沿程变化情况

**2. pH**

微生物的生命活动只在一定的 pH 条件下才会发生，pH 通过影响微生物的活性进而影响系统脱氮效率。一般而言，氨化作用的最佳 pH 是 6.5～8.5，硝化作用的最佳 pH 是 7.0～8.2，而反硝化细菌生长的最佳 pH 是 6.5～7.5，该条件下反硝化速率最大，pH 过高或过低都会影响反硝化过程的最终产物。对人工湿地来说，系统的 pH 取决于湿地基质和进水的性质，一般在 7.5～8.0，比较利于硝化反应的进行。但是基质材料的不同也会使系统的 pH 较大地偏离这个范围。

**3. 温度**

温度对微生物活性有显著的影响，进而影响到脱氮效果。微生物硝化作用的最佳温度在 30～35℃；反硝化作用的最佳温度是 20～40℃，在此范围内，反硝化速率与温度呈正相关关系，温度低于 15℃时会对反硝化反应产生抑制作用。由于反硝化细菌比硝化细菌更容易受到温度的影响，所以当温度骤然下降时，反硝化细菌对温度更加敏感。当出现季节性降温时，反硝化过程将先于硝化过程受到抑制，此时投加碳源，有助于改善脱氮效果，提高脱氮效率。

唐孟瑄等（2016）构建的阶梯流人工湿地系统处理生活污水的研究发现，季节对人工湿地的脱氮效率影响较大。系统在夏季时出水 TN 浓度显著低于其他季节（图 5-21）。春、夏、秋、冬的去除率分别为 31.7%±9.4%，70.8%±5.7%，49.7%±6.9%，37.7%±10.3%；夏季系统对 TN 的去除率显著高于其他季节，春季和冬季时系统对 TN 的去除率显著低于其他季节，表明系统对 TN 的去除受季节的影响，这可能与当季的气温和植物的生长状态有关。夏季和秋季时系统对 TP 的去除率显著高于春季和冬季（$P < 0.05$），夏季、秋季 TP 的去除率分别为 53.4%±14.4%，45.0%±8.0%，这说明在植物长势旺盛的季节，系统对 TP 的去除效果达到最佳（图 5-22）。

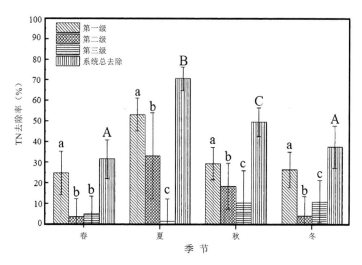

图 5-21 阶梯流人工湿地对 TN 去除率的季节差异

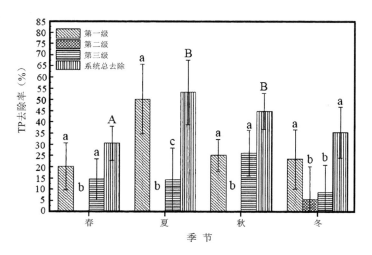

图 5-22 阶梯流人工湿地对 TP 去除率的季节差异

### 5.3.3 运行条件

从人工湿地脱氮机理来看，硝化反硝化过程是脱氮的关键环节，其过程受工艺进水负荷、溶解氧浓度、pH、温度以及可利用碳源的种类和数量等多种因素的共同影响。

### 1. 进水负荷

进水负荷包含三个要素：水力负荷、水力停留时间和污染负荷。其中，水力负荷和水力停留时间是相关的概念。人工湿地中水的流动主要依靠重力，对于既定结构和工艺的人工湿地来说，水力负荷增加必然缩短水力停留时间，从而影响处理效果。

人工湿地的污染负荷主要包括 SS，$COD_{Cr}$，$BOD_5$，TN 和 TP。过高的污染负荷可能造成两个不良后果。

第一，当人工湿地的水力停留时间一定时，基质的吸附效率、微生物的降解速率和植物的吸收效率不会因为污染负荷的增加而升高，造成出水中污染物浓度过高，无法达到出水水质要求。对于该问题可以通过延长水力停留时间或者采用回流的方法解决。一般随着水力停留时间的延长，污水中的氮能够与人工湿地内的微生物及基质更加充分地接触，从而提高脱氮效果。余志敏等（2011）研究发现，在上行垂直流复合人工湿地中，随着水力停留时间的延长，氨氮的去除率上升。

第二，过高的污染负荷还会造成湿地床的死区和堵塞情况，继而引发湿地的短流现象，影响脱氮效率。季兵（2010）在生态塘－湿地耦合系统中也发现在低负荷的进水条件下（0.01 $m^3/(m^2 \cdot d)$），系统 TN 的去除率为 58%～74%；而进水负荷升高至 0.035 $m^3/(m^2 \cdot d)$ 时，TN 的去除率仅有 30%～45%。同样，当水力停留时间增加到某一值后，去除率的升高相对平缓，甚至开始下降，这是由于污水的滞留导致厌氧，影响了硝化作用的进行。在实际工程中，水力负荷的下降会大大增加湿地的占地面积，使得投资费用加大，因此在进行人工湿地设计时，需要在脱氮效率和投资之间取得平衡。谢佳（2018）利用三种组合人工湿地工艺净化河道水质中试研究也发现，不同水力负荷条件下，人工湿地系统对 $COD_{Cr}$ 和 TN 的去除率差异不大，但对 $NH_3$-N 的去除率存在显著差异，进水量为 16 $m^3/d$ 时，平均去除率为 71.2%±25.4%，明显高于进水量为 32 $m^3/d$ 时的平均去除率 60.6%±25.6%（图 5-23—图 5-25）。

与 TN 去除率的变化趋势相似，湿地系统对 TP 的去除率未受到水力负荷的影响，在进水量为 16 $m^3/d$ 和 32 $m^3/d$ 时，对 TP 的平均去除率分别为 51.1%±15.4% 和 57.0%±12.7%（图 5-26）。但对于生物砾间组合人工湿地来说，对 TP 的去除率，较大水力负荷显著高于较小水力负荷，平均去除率分别为 59.2%±12.8% 和 48.6%±7.84%。水平潜流和垂直流组合人工湿地对 TP 的去除率在不同水力负荷下没有显著差异：在低水力负荷下，污水在湿地内停留时间长，有利于填料对磷的吸附以及填料内附着的微生物的吸收同化除磷，但水力负荷过低，停留时间延长，易造成系统内溶解氧较低呈厌氧状态，微生物过量吸收的磷又重新释放，导致 TP 的去除效果较弱；水力负荷过大，水流速度较大，产生较大的水流冲击力，原先填料表面和植物根部吸附的磷被冲出系统，也会导致 TP 去除率下降。

针对人工湿地，特别是水平潜流人工湿地中因氧气缺乏产生的硝化作用较弱的问题，有研究采取间歇式运行的方式来提高湿地脱氮效率。人工湿地在间歇式运行方式下，出水排出湿地系统时会导致基质处于不饱和状态，从而促进空气进入基质，恢复氧含量。研究表明，通过这种方式可以有效提高湿地的硝化速率，加强脱氮效果。

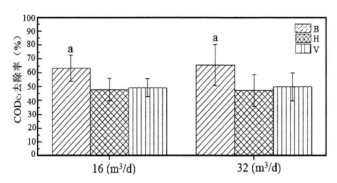

B—生物砾间组合人工湿地；
H—水平潜流组合人工湿地；
V—垂直流组合人工湿地。
不同字母表示存在显著性差异。

图 5-23　两种水力负荷条件下三套组合人工湿地 $COD_{Cr}$ 去除率

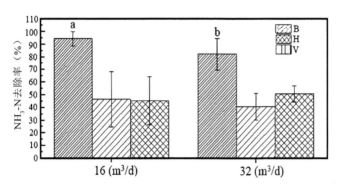

图 5-24　两种水力负荷条件下三套组合人工湿地 $NH_3$-N 去除率

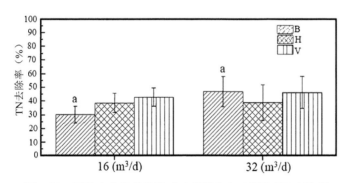

图 5-25　两种水力负荷条件下三套组合人工湿地 TN 去除率

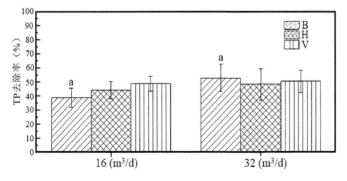

图 5-26　两种水力负荷条件下三套组合人工湿地 TP 去除率

**2. 碳源和碳氮比**

湿地内的硝态氮必须通过反硝化反应才能彻底地从系统中去除，其中可利用碳源的缺乏往往是影响人工湿地脱氮过程的主要限制性因素。研究表明，当水体 $BOD_5/TN > 3$ 或 $COD_{Cr}/TN > 6$ 时，可认为反硝化碳源充足，无需外加碳源；低于这个值时，就要另外投加碳源补充。反硝化细菌对不同碳源利用的程度和代谢产物均不相同，因此不同碳源对反硝化过程的影响也不尽相同；即使外加碳源投加量相同，不同装置的反硝化效果也不同。研究表明，不同的碳源种类是通过影响硝酸还原酶以外的其他酶来影响反硝化过程从而影响脱氮效果的，如碳源种类更易被生物降解利用，则系统的反硝化效率会更高，整体脱氮效果更好。

人工湿地中硝化反硝化是脱氮的主要途径，在硝化反应进行顺利的情况下，反硝化过程是限制湿地系统中氮去除的主要因素。污水处理厂尾水往往碳氮比较低，碳源不足成为湿地脱氮的限制性因素，为了解决这个问题，需要寻求经济高效的外加碳源。在现阶段的研究中，常见的外加碳源主要有以下三种：低分子碳水化合物、天然有机底物以及原污水，此外也有学者对人工湿地的运行方式进行改进，将部分出水进行回流以强化氮的去除。

人工湿地中的碳源主要包括进入湿地的污水中携带的碳源、湿地系统产生的内源碳和外加碳源。系统的内源碳主要包括微生物分解或植物根系分泌的有机物、植物枯叶分解产生的有机质等。外加碳源包括：①以糖类物质（葡萄糖、蔗糖等）和液态碳源（甲醇、乙醇等）为主的易生物降解的传统碳源；②以初沉污泥和二沉污泥水解产物、垃圾渗滤液和污泥为主的有机化工液体碳源；③以一些低廉的固体有机物为主，包含纤维素类物质的天然植物碳源。

（1）传统碳源

低分子有机物，如甲醇、乙醇、葡萄糖和蔗糖，因其碳源含量高，易于生物降解且易被反硝化细菌利用，常被作为外加碳源来提高湿地系统的脱氮效率。理论上认为，碳源分子越小，越容易被微生物分解和反硝化细菌利用，脱氮效果也就越好。小分子有机物常被认为是较为理想的补充碳源，如甲醇、乙醇和乙酸。牛萌等（2017）以甲醇作为人工湿地的外加碳源的实验研究表明，系统运行至第 37 d 时反硝化速率可以达到稳定，由开始运行时的 $0.378\ mg\ NO_x^- $-N 提高到 $2.406\ mg\ NO_x^- $-N，并且指出甲醇作为碳源时的适宜碳氮比范围是 $1.10 \sim 2.68$。但是甲醇作为碳源也存在一定弊端：首先，作为化学试剂，甲醇有一定毒性，长期作为碳源添加或许会对出水水质造成一定影响；其次，甲醇投加后需要一定的响应时间，当湿地系统需要应急投加碳源时，此碳源效果不佳；最后，甲醇成本较高且运输不便，并不适合于广泛应用。刘航（2015）的研究表明，乙醇或乙酸也可以作为反硝化反应的电子供体，但它们的使用会增加 $COD_{Cr}$ 负荷。

糖类物质价格低廉，作为外加碳源脱氮效果好，但是它化学结构较复杂，生物降解过程缓慢。谭佑铭和罗启芳（2003）的研究表明微生物可以利用糖类物质合成自身细胞，从而提高微生物产率，但也因此导致人工湿地运行系统中污泥浓度偏高，引起堵塞。且糖类物质作为外加碳源时，出水容易出现亚硝酸盐累积现象。另外，采用此类物质作为外加碳源时，容易受到进水水质和冲击负荷的影响，碳源添加量不容易确定。佘丽华等（2009）投加葡萄糖到复合垂直流人工湿地,发现葡萄糖可以提高反硝化作用,但葡萄糖在系统中存在时间短,运行时需经常补充,并且投入量控制得不合理便会引起二次污染。因此,以糖类作为湿地的外加碳源时,由于其易引起微生物的高生长量,导致湿地装置出现堵塞;并且以葡萄糖作为碳源的费用也较高,增加了工艺的运行成本;同时,以蔗糖为碳源时硝化反应会受到溶解氧的影响,出现严重的亚硝酸盐累积现象。

(2)污泥污水等有机碳源

随着城市化进程的迅速发展,许多生活污水处理厂产生了大量剩余污泥,其中含有大量难以生物降解的木质纤维素。采取一定的技术措施,可以将污泥作为水处理工艺中反硝化作用所需的固体碳源。目前,国内外已经有不少研究者进行了此方面的研究。Gali et al.(2006)将初沉池污泥的水解产物作为碳源用于处理城市污水处理厂内部产生的废液,结果表明此系统的反硝化速率可以提高6倍左右。通过提取二沉池剩余污泥碱解发酵的上清液回用到系统中,考察上清液作为碳源的反硝化速率,研究表明将二沉池污泥回流至水解酸化池,可以为系统提供碳源,又可以实现污泥的资源化利用。将初沉污泥水解酸化后分析其中有机物的组成,并对其添加进湿地系统中的脱氮效率进行研究。结果表明,投加初沉污泥水解产物的脱氮效率是对照组的3倍,但是将水解污泥投加到实际的运行中需要增加反应器约25%的体积,而且酸碱试剂费用较高,实际应用中应考虑经济状况。

除此之外,许多工业废水中含有大量的有机物(如啤酒厂废水和造纸厂废水),将其作为人工湿地处理系统的外加碳源,不仅为反硝化作用提供了碳源,也可处理工业废水,在实现经济的碳源投加目的的同时解决了部分工业废水的污染问题。啤酒厂废水的主要成分是糖类和蛋白质,具有很好的可生化性。高景峰等(2001)在用SBR法去除硝态氮时,引入啤酒废水作为外加碳源,发现啤酒废水能够提高反硝化速率,但啤酒废水以高分子糖类为主,需要一定时间才能够被微生物降解利用。而且工业废水的成分复杂、类别不同,可能含有重金属等有毒物质,对人工湿地微生物造成损害,存在一定的使用风险。因此,选择污水或工业废水作为外加碳源时,应尽可能选择含有高浓度小分子有机物的原污水,同时还要控制好污水回流的比例,以免造成出水水质的恶化。

(3)植物碳源

全世界范围内,每年都有大量的富含纤维素的稻草秸秆、麦秆、玉米芯等农业废弃物丢弃于自然界。如果能将这些廉价无毒的农业废弃物作为碳源投加到人工湿地中,将会使人工湿地的脱氮成本大幅降低。植物生物质中含大量的木质纤维素(纤维素、半纤维素和木质素),在木质纤维素分解菌的作用下可释放出单糖和其他营养元素,作为反硝化碳源。木质纤维素中纤维素的含量越多,植物生物质就越容易释放碳源。此外,纤维素为线性葡萄糖聚合物,羟基之间以氢键相连,具有较大比表面积,可以作为菌群的生物载体,加快反硝化过程。邵留等(2011)采用玉米芯、稻草、碎木屑等农业废弃物作为反硝化碳源的实验组,脱氮效率较对照组均提升80%以上。因此,近年来,天然有机生物质作为湿地碳源的研究成为新热点。

目前对此类外加碳源的研究集中在以下几个方面:不同的植物种类、添加位置、预处理方式、水力停留时间等对脱氮效果的影响。Hume et al.（2002）构建了人工湿地小试系统，分别以浮萍、香蒲、芦苇和石莲花4种水生植物生物质作为人工湿地的外加碳源，比较了不同生长阶段的植物生物质投加对人工湿地反硝化效果的影响。结果表明，投加石莲花和香蒲的系统硝酸盐去除率相近，且高于芦苇和浮萍；衰亡期及收割后的水生植物体内的可溶性有机物容易降解，相比生长初期的植物对反硝化的强化效果要高出将近10倍。魏星（2010）研究以树枝、芦苇杆及芦苇杆＋树枝三种不同的组合作为碳源，分别补充于人工湿地基质表层（0～5 cm）和中层（30～35 cm），比较不同植物组合和添加位置对于脱氮效果的影响。结果表明，补充植物碳源后可有效提高总氮去除率（由44%提高至66%），且补充在中层能更好地提高脱氮效果。但植物碳源的主要成分是纤维素、半纤维素和木质素，木质素将纤维素紧紧包围在里面，形成坚固的天然屏障，使一般的微生物很难进入，因此无法分解纤维素，需要一定的预处理才可提高其使用效率。刘刚（2010）研究了碱性预处理的香蒲枯叶相较于未处理的香蒲枯叶对于脱氮的影响，结果表明，投加碱性预处理后的香蒲枯叶后系统出水硝酸盐浓度和去除速率显著高于投加未经处理的香蒲枯叶的系统。与此类似，Wen et al.（2010）使用2% NaOH溶液浸泡香蒲碎叶，发现预处理后的香蒲作为湿地外加碳源时，初始阶段反硝化强度大幅提升，但后期有所下降。Ballantine et al.（2010）对比了稻草、表层土壤和450℃热解后的木屑作为基质的处理效果，系统碳源提高了12.67%～63.30%，其中使用表层土壤的改良组相较于对照组其反硝化强度提高了161.27%，并使土壤中氮循环成倍加速。Tee et al.（2012）选择米糠作为折流湿地基质，发现水力停留时间为2 d，3 d和5 d时，相较于传统基质，氨氮去除率显著提高，且氮氧化物残余率趋近零。

综上所述，目前常用的外加碳源均因其自身特点，在实际应用时有一定弊端：低分子碳水化合物虽易被反硝化细菌利用，但同时也会提高系统$COD_{Cr}$负荷，可能引发二次污染，且成本较高；剩余污泥及工业废水中的有机物可能含有重金属等有毒物质，存在一定的使用风险；高等植物纤维等廉价易得的材料，对提高湿地脱氮效率具有一定作用，但是植物体中纤维素被木质素和半纤维素包裹着，较难被微生物降解，需要酸性或碱性预处理之后才可以释放出来，处理费用较高，而且同样有碳源释放缓慢、波动幅度大等实际应用困境。因此，寻找其他的更为适宜的外加碳源，以提高人工湿地系统反硝化作用，强化人工湿地系统的脱氮效率具有重要的工程应用意义。

（4）微藻

微藻也称单细胞藻类，是一种在显微镜下才能辨别其形态的微小的藻类类群。藻类大多具有从水相中吸收有毒物质或降解污染物的能力。微藻具有资源丰富、种类繁多、光合效率高、生长速度快、易无性繁殖和适应性强的特点，因此可利用藻类进行污水处理和水环境修复。微藻不仅可以直接用于吸收降解污染物，其藻细胞本身也可以作为一种有机碳源补充到人工湿地中，从而提高系统脱氮效率。

黄杉将将经碱处理的蛋白核小球藻藻液（C）和未经预处理的藻粉（B）加入水平潜流人工湿地小试装置，以未投加碳源的装置为对照（A），分析了投加藻类碳源对湿地脱氮效果的影响。结果表明，添加藻粉和碱处理藻液为外加碳源的湿地系统的 TN 去除率比无外加碳源的系统分别提高了 11.7% 和 21.6%（表 5-3）。不同氮形态的分析结果表明，投加藻类后系统对硝氮的去除效果大幅提升，但对 $NH_3$-N 的去除效果变差。对三个系统的反硝化过程进行了一级动力学模型的模拟，发现未投加碳源、投加藻粉和投加碱处理藻液的系统反硝化动力学常数分别为 0.105 2，0.180 7 和 0.300 1（表 5-4），可知外加碳源特别是投加经碱处理后的藻液促进了系统的反硝化过程。因此，藻粉可作为外加碳源提升人工湿地的脱氮效果，而且经过碱性预处理的藻粉因其细胞壁破裂，更易释放出有机碳源，更有利于 TN 的去除。

表 5-3　投加三种藻类碳源后人工湿地小试系统 TN 去除效果

| 指　标 | 进　水 | 出　水 | | |
|---|---|---|---|---|
| | | CW-A | CW-B | CW-C |
| TN 浓度（mg/L） | 15.95±1.06 | 9.62±0.53 | 7.82±0.67 | 6.81±0.65 |
| 去除效果（%） | — | 39.5±4.1 | 50.8±5.4 | 57.2±4.3 |

表 5-4　投加三种藻类碳源后人工湿地小试系统反硝化一级动力学拟合

| 系　统 | 拟合方程 | 反硝化动力学常数 | $R^2$ |
|---|---|---|---|
| CW-A | $y = 0.105\,2x$ | 0.105 2 | 0.987 3 |
| CW-B | $y = 0.180\,7x$ | 0.180 7 | 0.985 5 |
| CW-C | $y = 0.300\,1x$ | 0.300 1 | 0.980 3 |

同时，上述研究分析了进水 C/N 对三种碳源投加条件下湿地脱氮效果的影响（表 5-5）。结果表明，湿地系统对 $NO_3^-$-N 和 TN 的去除率随进水 C/N 增加而升高，当 C/N 最高为 6 时，投加碱处理藻液的系统对 TN 的去除率达到 84.3%（表 5-5）；与之相反，系统对于 $NH_3$-N 的去除率随 C/N 的增加而降低，这是因为随着 C/N 的上升，造成在硝化阶段，有机物与氨氮竞争消耗溶解氧，导致 $NH_3$-N 因缺乏足够的溶解氧而无法得到有效的去除和转化。而且，TN 的去除效果与进水 C/N 同样满足对数关系。在进水有机物负荷较低的情况下，碳源不足是抑制反硝化过程的关键因素，随着 C/N 的增加，TN 的去除率提高得较快；而当进水 C/N 持续增大后，提高幅度开始下降，是因为此时碳源供给并不是反硝化细菌生长的限制因素，TN 的去除率并不会因为有机物浓度的增大而线性升高。

表 5-5　不同进水 C/N 时各湿地系统的 TN 去除效果

| C/N | 2 | | 4 | | 6 | |
|---|---|---|---|---|---|---|
| 去除效果 | 浓度（mg/L） | 去除率（%） | 浓度（mg/L） | 去除率（%） | 浓度（mg/L） | 去除率（%） |
| CW-A | 7.76 | 51.3 | 6.46 | 59.5 | 5.56 | 65.1 |
| CW-B | 6.76 | 57.7 | 4.67 | 70.7 | 3.64 | 77.2 |
| CW-C | 5.16 | 67.8 | 3.21 | 79.9 | 2.50 | 84.3 |

# 参考文献

Arias C A，Brix H，Johansen N H. 2003．Phosphorus removal from municipal wastewater in an experimental two-stage vertical flow constructed wetland system equipped with a calcite filter[J]．Water Science and Technology，48(5): 51-58．

Ballantine D J，Tanner C C. 2010．Substrate and filter materials to enhance phosphorus removal in constructed wetlands treating diffuse farm runoff: a review[J]．New Zealand Journal of Agricultural Research，53(1): 71-95.

Chen Y，Wen Y，Zhou Q，et al. 2014．Effects of plant biomass on nitrogen transformation in subsurface-batch constructed wetlands: A stable isotope and mass balance assessment[J]．Water Research，63: 158-167.

Chen Y，Wen Y，Zhou Q，et al. 2014．Effects of plant biomass on denitrification genes in subsurface-flow constructed wetlands[J]．Bioresource Technology，157: 341-345.

Cheng S，Grosse W，Karrenbrock F，et al. 2002．Efficiency of constructed wetlands in decontamination of water polluted by heavy metals[J]．Ecological Engineering，18(3): 317-325.

Colmer T D. 2003．Long-distance transport of gases in plants: a perspective on internal aeration and radial oxygen loss from roots[J]．Plant, Cell and Environment，26(1): 17-36.

Cristina S C C，Anouk F D，Alexandra M，et al. 2009．Substrate effect on bacterial communities from constructed wetlands planted with Typha latifolia treating industrial wastewater[J]．Ecological Engineering，35: 744-753.

Dennis K，Thammarrat K，Hans B. 2009．Treatment of domestic wastewater in tropical, subsurface flow constructed wetlands planted with Canna and Heliconia[J]．Ecological Engineering，35: 248-257.

Ding Y，Lyu T，Bai S，et al. 2017．Effect of multilayer substrate configuration in horizontal subsurface flow constructed wetlands: assessment of treatment performance, biofilm development, and solids accumulation[J]．Environmental Science and Pollution Research，25(2): 1-9.

Drizo A，Frost C A，Smith K A，et al. 1997．Phosphate and ammonium removal by constructed wetlands with horizontal subsurface flow, using shale as a substrate[J]．Water Science and Technology，35(5): 95-102.

Faulwetter J L，Gagnon V，Sundberg C，et al. 2009．Microbial processes influencing performance of treatment wetlands: A review[J]．Ecological Engineering，35(6): 987-1 004.

Gali A，Dosta J，Mata-Alvarez J. 2006．Use of hydrolyzed primary sludge as internal carbon source for denitrification in a SBR treating reject water via nitrite[J]．Industrial & Engineering Chemistry Research，45(22): 7 661-7 666.

Ge Y，Han W，Huang C，et al. 2015．Positive effects of plant diversity on nitrogen removal in microcosms of constructed wetlands with high ammonium loading[J]．Ecological Engineering，82: 614-623.

Haberl R，Perfler R. 1991．Nutrient removal in the reed bed systems[J]．Water Science and Technology，29(4): 15-27.

Hang Q，Wang H，Chu Z，et al. 2016．Application of plant carbon source for denitrification by constructed wetland and bioreactor: review of recent development[J]．Environmental Science and Pollution Research，23(9): 8 260-8 274.

Hernandez-Crespo C，Gargallo S，Benedito-Dura V，et al. 2017．Performance of surface and subsurface flow constructed wetlands treating eutrophic waters[J]．Science of the Total Environment，5(95): 584-593.

Hume N P，Fleming M S，Horne A J. 2002．Plant carbohydrate limitation on nitrate reduction in wetland microcosms[J]．Water Research，36(3): 577-584.

Kadlec R H. 2008．The effects of wetland vegetation and morphology on nitrogen processing[J]．Ecological Engineering，33(2): 126-141.

Kadlec R H. 1994．Detention and mixing in free water wetlands[J]．Ecological Engineering，3(4): 345-380.

Karpuzcu M E，Sedlak D L，Stringfellow W T. 2013．Biotransformation of chlorpyrifos in riparian wetlands in agricultural watersheds: implications for wetland management[J]．Journal of hazardous materials，244-245(2): 111-120.

Kong L，WangY B，Zhao L N. 2009．Enzyme and root activities in surface-flow constructed wetlands[J]．Chemosphere，76 (5): 601-608.

Lee C，Fletcher T D，Sun G. 2009．Nitrogen removal in constructed wetland systems[J]．Engineering in Life Science，9(1): 11-22.

Lin Y，Jing S，Lee D，et al. 2008. Nitrate removal from groundwater using constructed wetlands under various hydraulic loading rates[J]. Bioresource Technology，99(16): 7 504-7 513.

Liu G，Wen Y，Zhou Q. 2010. Advance of enhancement of denitrification in the constructed wetlands using external carbon sources[J]. Technology of Water Treatment，36: 1-5.

Lu S，Zhang C，Wang G. 2011. Study on the influence of enhanced carbon resource on denitrification in the constructed wetland[J]. Acta Scientiae Circumstantiae，31:1 949-1 954.

Luo W，Wang S，Huang J，et al. 2005. Denitrification by using subsurface constructed wetland in low temperature[J]. China Water and Wastewater，21: 37-40.

Margaret G. 2005. The role of constructed wetlands in secondary effluent treatment and water reuse in subtropical and arid Australia[J]. Ecological Engineering，25: 501-509.

McJannet C L，Keddy P A，Pick F R. 1995. Nitrogen and phosphorus tissue concentration in 41 wetlands plants: A comparison across habitats and functional groups[J]. Functional Ecology，9: 231-238.

Perfler R，Laber J，Langergraber G，et al. 1999. Constructed wetlands for rehabilitation and reuse of surface waters in tropical and subtropical areas — First results from small-scale plots using vertical flow beds[J]. Water Science and Technology，40(3): 155-162.

Singh B K，Walker A，Morgan J A W. 2004. Biodegradation of chlorpyrifos by Enterobacter strain B-14 and its use in bioremediation of contaminated soils[J]. Applied and Environmental Microbiology，70 (8): 4 855-4 863.

Sirivedhin T，Gray K A. 2006. Factors affecting denitrification rates in experimental wetlands: Field and laboratory studies[J]. Ecolgoical Engineering，26(2): 167-181.

Tanveer S，Rumana A，Abdullah A M，et al. 2013. Treatment of tannery wastewater in a pilot-scale hybrid constructed wetland system in Bangladesh[J]. Chemosphere，88: 1 065-1 073.

Tee H，Lim P，Seng C，et al. 2012. Newly developed baffled subsurface-flow constructed wetland for the enhancement of nitrogen removal[J]. Bioresource Technology，104: 235-242.

Tien C J，Lin M C，Chiu W H. 2013. Biodegradation of carbamate pesticides by natural river biofilms in different seasons and their effects on biofilm community structure[J]. Environmental Pollution，179: 95-104.

USEPA. 2000. Constructed wetland treatment of municipal wastewaters[M]. Ohio:Office of Research and Development, Cincinnati.

Van Niftrik L W J C，Geerts E G，Van Donselaar，et al. 2008. Linking ultrastructure and function in four genera of anaerobic ammonium-oxidizing bacteria: cell plan, glycogen storage, and localization of cytochrome c proteins[J]. Journal of Bacteriology，90(2):708-717.

Vymazal J，Kröpfelová L. 2015. Multistage hybrid constructed wetland for enhanced removal of nitrogen[J]. Ecological Engineering，84: 202-208.

Vymazal J. 2004. Removal of phosphorus via harvesting of emergent vegetation in constructed wetlands for wastewater treatment[C]. Proceedings of Ninth International Conference Wetland Systems for Water Pollution Control, IWA and AS-TEE，412-422.

Vymazal J. 2005. Horizontal sub-surface flow and hybrid constructed wetlands systems for wastewater treatment[J]. Ecological Engineering，25(5): 478-490.

Vymazal J. 2007. Removal of nutrients in various types of constructed wetlands[J]. Science of the Total Environment，380(1-3): 48-65.

Wang C，Zhou Q H，Zhang L Q. 2013. Variation Characteristics of Chlorpyrifos in nonsterile wetland plant hydroponic system[J]. International Journal of Phytoremediation，15(6): 550-560.

Wang H，Zhao D，Zhong H，et al. 2017. Adsorption performance of four substrates in constructed wetlands for nitrogen and phosphorus removal[J]. Nature Environment & Pollution Technology，16(2): 385-392.

Wang J，Song X，Wang Y，et al. 2017. Bioelectricity generation, contaminant removal and bacterial community distribution as affected by substrate material size and aquatic macrophyte in constructed wetland-microbial fuel cell[J]. Bioresource Technology，245(A): 372-378.

Wang P，Zhang H，Zuo J，et al. 2016. A hardy plant facilitates nitrogen removal via microbial communities in subsurface flow constructed wetlands in winter[J]. Scientific Reports，6: 33 600-33 610.

Wen Y，Chen Y，Zheng N，et al. 2010. Effects of plant biomass on nitrate removal and transformation of carbon sources in subsurface-flow constructed wetlands[J]. Bioresource Technology，101(19): 7 286-7 292.

Weston D P，Jackson C J. 2009. Use of Engineered Enzymes to Identify Organophosphate and Pyrethroid-Related Toxicity in Toxicity Identification Evaluations[J]. Environmental Science and Technology，43 (14): 5 514-5 520.

Wu J，Feng Y，Dai Y，et al. 2016. Biological mechanisms associated with triazophos (TAP) removal by horizontal subsurface flow constructed wetlands (HSFCW)[J]. Science of the Total Environment，553: 13-19.

Wu J，Li Z，Wu L，et al. 2017. Triazophos (TAP) removal in horizontal subsurface flow constructed wetlands (HSCWs) and its accumulation in plants and substrates[J]. Scientific Reports，7: 5 468-5 476.

Zhang C B，Liu W L，Pan X C，et al. 2014. Comparison of effects of plant and biofilm bacterial community parameters on removal performances of pollutants in floating island systems[J]. Ecological Engineering，73: 58-63.

Zhang C，Yin Q，Wen Y，et al. 2016. Enhanced nitrate removal in self-supplying carbon source constructed wetlands treating secondary effluent: The roles of plants and plant fermentation broth[J]. Ecolgocial Engineering，91: 310-316.

Zhong F，Wu J，Dai Y，et al. 2014. Effects of front aeration on the purification process in horizontal subsurface flow constructed wetlands shown with 2D contour plots[J]. Ecological Engineering，73: 699-704.

Zhu W L，Cui L H，Ying O，et al. 2011. Kinetic Adsorption of Ammonium Nitrogen by Substrate Materials for Constructed Wetlands[J]. Pedosphere，21(4): 454-463.

陈丽丽. 2012. 人工湿地基质脱氮除磷效果研究 [D]. 石家庄：河北农业大学.

陈毓华，汪俊三，梁明易，等. 1995. 华南地区11种高等水生维管植物净化城镇污水效益评价 [J]. 生态与农村环境学报，1: 26-29.

成水平，况琪军，夏宜玲. 1997. 香蒲、灯心草人工湿地的研究Ⅰ. 净化污水的效果 [J]. 湖泊科学，9(4): 351-358.

成水平，吴振斌，况琪军. 2002. 人工湿地植物研究 [J]. 湖泊科学，14(2): 179-184.

成水平，夏宜玲. 1998. 香蒲、灯心草人工湿地的研究Ⅱ. 净化污水的空间 [J]. 湖泊科学，10(1): 62-66.

丁怡，严登华，宋新山. 2011. 影响潜流人工湿地脱氮主要因素及其解决途径 [J]. 环境科学与技术，S2: 103-106.

段昌群. 1995. 植物对环境污染的适应与植物的微进化 [J]. 生态学杂志，5: 43-50.

方伟成，黄祈栋. 2017. 三种湿地填料对氨氮去除效果研究 [J]. 山东化工，46(16): 188-190.

冯延申，黄天寅，刘锋，等. 2013. 反硝化脱氮新型外加碳源研究进展 [J]. 现代化工，33(10): 52-57.

冯玉琴. 2015. 水平潜流人工湿地去除三唑磷的生物学机制研究 [D]. 上海：同济大学.

付融冰，杨海真，顾国维，等. 2005. 人工湿地基质微生物状况与净化效果相关分析 [J]. 环境科学研究，18(6): 44-49.

高景峰，彭永臻，王淑莹，等. 2001. 以 DO、ORP、pH 控制 SBR 法的脱氮过程 [J]. 中国给水排水，17(2): 6-11.

顾宗濂. 2002. 中国富营养化湖泊的生物修复 [J]. 农村生态环境，18(1): 42-45.

官策，郁达伟，郑祥，等. 2012. 我国人工湿地在城市污水处理厂尾水脱氮除磷中的研究与应用进展 [J]. 农业环境科学学报，31(12): 2309-2320.

郭露，张翔凌，陈巧珍，等. 2015. 人工湿地常用生物陶粒基质 LDHs 覆膜改性及其除磷效果研究 [J]. 环境科学学报，35(9): 2 840-2 849.

侯丽娟，汤华. 2008. 细胞周期中 MicroRNA 的调控作用 [J]. 中国生物化学与分子生物学报，24(5): 403-407.

纪庆亮. 2010. 三种水生植物氨氮耐受性和冬季净水效果研究 [D]. 南京：南京林业大学.

季兵. 2010. 生态塘-湿地耦合系统处理上海崇明地表水研究 [D]. 上海：东华大学.

李玲丽. 2015. 复合人工湿地脱氮途径及微生物多样性研究 [D]. 重庆：重庆大学.

李旭东，张旭，薛玉，等. 2003. 沸石芦苇除氮中试研究 [J]. 环境科学，24(3): 158-160.

李艳红，解庆林，白少元，等. 2006. 利用人工湿地系统深度处理城市污水尾水 [J]. 环境工程，24(3): 86-89+6.

李振灵，丁彦礼，白少元，等. 2017. 潜流人工湿地基质结构与微生物群落特征的相关性 [J]. 环境科学，38(9): 3 713-3 720.

刘波，陈玉成，王莉玮，等. 2010. 中人工湿地填料对磷的吸附特性分析 [J]. 环境工程学报，4(1): 48-49.

刘刚，闻岳，周琪. 2010. 人工湿地反硝化碳源补充研究进展 [J]. 水处理技术，36(4): 1-5.

刘航．2015．火山岩人工湿地处理三种类型污水的实验研究 [D]．西安：长安大学．

刘洁．2013．复合型人工湿地污水生物脱氮途径研究 [D]．重庆：重庆大学．

刘凯，王海燕，马名杰，等．2016．温度对城市污水厂尾水反硝化 MBBR 深度脱氮的影响 [J]．环境科学研究，29(6)：877-886．

卢少勇，金相灿，余刚．2006．人工湿地的氮去除机理 [J]．生态学报，26(8)：2 670-2 677．

牛萌，王淑莹，杜睿，等．2017．甲醇为碳源短程反硝化亚硝酸盐积累特性 [J]．中国环境科学，37(9)：3 301-3 308．

庞金华，沈瑞芝．1997．三种植物对 COD 的耐受极限与净化效果 [J]．农业环境科学学报，1997(5)：209-213．

权新军，金为群，李艳，等．2002．改性天然沸石处理富营养化公园湖水样的实验研究 [J]．非金属矿，21(1)：48-49．

尚克春，刘宪斌，陈晓英．2014．高盐废水人工湿地处理中耐盐植物的筛选 [J]．农业资源与环境学报，2014(1)：74-78．

邵留，徐祖信，金伟，等．2011．农业废物反硝化固体碳源的优选 [J]．中国环境科学，31(5)：748-754．

余丽华，贺锋，徐栋，等．2009．碳源调控下复合垂直流人工湿地脱氮研究 [J]．环境科学，30(11)：3 300-3 305．

沈炫旭，张建，程呈，等．2018．中典型湿地基质脱氮潜在能力与微生物学基质研究 [J]．安徽农业科学，46(23)：35-38．

谭佑铭，罗启芳．2003．不同碳源对固定化反硝化细菌脱氮的影响 [J]．卫生研究，32(2)：95-97．

汤鸿宵．1993．环境水质学的进展：颗粒物语表面络合（上）[J]．环境科学进展，1(1)：25-41．

唐孟瑄．2016．组合式垂直流人工湿地工艺及其污水处理效果研究 [D]．上海：同济大学．

陶桂林．2014．基于复合型人工湿地厌氧氨氧化脱氮的研究 [D]．重庆：重庆大学．

万志刚，顾福根，孙丙耀，等．2006．6 种水生维管束植物对氮和磷的耐受性分析 [J]．淡水渔业，36(4)：37-40．

王亮，程萍萍，袁守军，等．2016．人工湿地去除污水厂尾水中的营养元素和雌激素 [J]．环境工程学报，10(11)：6 505-6 512．

王圣瑞，年跃刚，侯文华，等．2004．人工湿地植物的选择 [J]．湖泊科学，16(1)：91-96．

王文东，张银婷，王洪平，等．2014．高效脱氮除磷新型人工湿地基质开发与性能评价 [J]．水处理技术，40(5)：79-82．

王忠全，温琰茂，黄兆霆，等．2005．几种植物处理含重金属废水的适应性研究 [J]．生态环境学报，14(4)：540-544．

魏星，朱伟，赵联芳，等．2010．植物秸秆作补充碳源对人工湿地脱氮效果的影响 [J]．湖泊科学，22(6)：916-922．

吴晓磊．1995．人工湿地废水处理机理 [J]．环境科学，16(3)：83-86．

伍亮．2014．水平潜流人工湿地对水体中三唑磷的去除效果研究 [D]．上海：同济大学．

夏会龙，吴良欢，陶勤南．2001．凤眼莲加速水溶液中马拉硫磷降解 [J]．中国环境科学，21(6)：553-555．

夏会龙，吴良欢，陶勤南．2002．凤眼莲植物修复水溶液中甲基对硫磷的效果与机理研究 [J]．环境科学学报，22(3)：329-332．

谢佳．2018．不同组合工艺人工湿地水质净化效果及应用研究 [D]．上海：同济大学．

谢龙，汪德爟，戴昱．2009．水平潜流人工湿地有机物去除模型研究 [J]．中国环境科学，29(5)：502-505．

杨立君．2009．垂直流人工湿地用于城市污水处理厂尾水深度处理 [J]．中国给水排水，25(18)：41-43．

杨长明，马锐，汪盟盟，等．2012．潜流人工湿地对污水厂尾水中有机物去除效果 [J]．同济大学学报（自然科学版），40(8)：1 210-1 216．

易乃康，彭开铭，陆丽君，等．2016．人工湿地植物对脱氮微生物活性的影响机制研究进展 [J]．水处理技术，42(4)：12-16．

余志敏，袁晓燕，刘胜利，等．2011．水力条件对复合人工湿地处理城市受污染河水效果的影响 [J]．环境工程学报，05(4)：757-762．

袁东海，景丽洁，张孟群，等．2004．几种人工湿地基质净化磷素的机理 [J]．中国环境科学，24(5)：614-617．

张洪刚，洪剑明．2006．人工湿地中植物的作用 [J]．湿地科学，4(2)：146-154．

张建东．2002．地下渗滤污水处理系统的氮磷去除机理 [J]．中国环境科学，22(5)：438-441．

张清．2011．人工湿地的构建与应用 [J]．湿地科学，9(4)：373-379．

张政,付融冰,顾国维,等. 2006. 人工湿地脱氮途径及其影响因素分析 [J]. 生态环境,15(6):1 385-1 390.

周凤霞. 1998. 水生维管束植物对污水的净化效应及其应用前景 [J]. 污染防治技术,3: 160-162.

# 6 人工湿地对尾水中有机物的去除效果及其机理研究

此前国内外对人工湿地降解有机物的研究，大部分都集中在 $COD_{Cr}$、TOC 量上的削减这一部分。现在，人们对水中一些的含量很低但是对人体健康以及生态系统具有很大潜在影响的难降解的有毒有机污染物（如农药、内分泌干扰物、藻毒素）的关注越来越大，由于人工湿地系统中具有种类繁多、数量巨大的微生物群落和多种沼生植物群落，通过它们的共同作用，能够降解吸收复杂的难降解有机化合物，所以将人工湿地应用于去除这类物质成为可能。至此，科研工作者对人工湿地降解有机物的研究不再局限于有机物量上的削减，更加深入的研究得以展开。

目前对于水中具体有害有机物的研究主要集中在农药、药品及个人护理品（PPCPs）以及多环芳烃（PAHs）上。

国外学者 Cheng et al.（2002）采用复合垂直流人工湿地处理杀虫剂对硫磷和乐果，除草剂 4- 氯 -2- 甲基 - 苯甲酸和麦草畏，经过四个月的连续运行后，测得出水中几乎不含有杀虫剂，而除草剂 4- 氯 -2- 甲基 - 苯甲酸去除率只有 36%，麦草畏则几乎没有去除作用，表明不同的污染物经过人工湿地处理的降解效率不同，需根据不同污染物的性质调整湿地运行参数。Schulz et al.（2001）构建 0.44 ha 湿地，用于净化受到果园农药径流污染的南非 Lourens 河的一条支流，杀虫剂谷硫磷进出湿地浓度分别为 $0.65 \pm 0.08$ μg/L 和 $0.060 \pm 0.01$ μg/L，去除率达到 $90.8\% \pm 0.7\%$，结合其他水质指标，认为构建人工湿地用于净化农业面源农药污染的地表水是行之有效的。George et al.（2003）采用水平潜流人工湿地处理苗圃出水，并考察了两种农药西玛津（Simazine）和异丙甲草胺（Metolachlor）的降解情况，研究植物、水力负荷、填料深度、反应器长宽比对西玛津和异丙甲草胺的去除影响，随着西玛津面积负荷从 1 659 mg/(m²·d) 降为 415 mg/(m²·d)，其去除率由 60% 提高到 96%，而随着异丙甲草胺面积负荷从 1 037 mg/(m²·d) 降为 260 mg/(m²·d)，其去除率由 62% 提高到 96%，降低污染物负荷能够有效提高人工湿地农药去除率。

国内学者易志刚等（2006）对组合人工湿地去除有机污染物的效果进行了研究，研究表明，人工湿地对部分 PAHs（Ace，Flu，Py，BaA，Chr，BbF，BaP，InP 和 BPR）有较好的去除效果，经下行床后其去除率为 82% ～ 100%，继续经上行床后质量浓度无显著变化。该人工湿地对萘、菲和蒽 3 种 PAHs 没有降解作用，经植物床后萘质量浓度显著升高，菲和蒽质量浓度略有增加，总 PAHs 经下行床后去除率为 65%，继续经上行床后去除率略有增加，为 71%，驯化床和未驯化床对总 PAHs 的去除没有明显的差异。王淑娟等（2006）对水中持久性有机物的去除效果进行分析，结果表明，多环芳烃检出 19 种，以二环为主，萘及其同系物约占总量的 71%；有机氯农药只检出 HCH 的 4 种异构体和七氯；多氯联苯检出 5 种，以二氯代为主。这 3 类物质的浓度水平明显低于以往的研究结果，且低于《地表水环境质量标准》（GB 3838—2002）。对于持久性有机物浓度较低的水源水，湿地对以上 3 类物质的去除效果不明显。

虽然我国现阶段普遍采用的二级生物处理工艺可以削减大部分污染物，但是对于自净能力有限或已受到污染的水体来说，二级处理出水中的污染物浓度仍较高，同时其水质也不能满足生态补水水质要求。另一方面，由于受二级处理工艺自身的限制，其出水中的污染物浓度在现有水平上已很难再大幅下降，故寻求经济、高效的污水三级处理工艺开始被提上日程。

人工湿地技术作为典型的生态处理技术，具有效率高、投资少、能耗低、维护简单等特点，可以适应低浓度污染物去除的要求，能够最大限度地削减受纳水体的污染物负荷，降低生物毒性，同时具有良好的环境生态效应。将人工湿地等生态处理系统作为常规生物处理工艺的补充，其出水可以满足不同的回用水水质要求，可作为受污染水体修复的补充水源，能够产生良好的环境、经济效益。

城镇污水主要是由生活污水和工业废水组成，一般经城镇排水管道收集后集中处理。生活污水中含有与人们日常生活紧密相关的物质，如吲哚、内分泌干扰物、农药、多环芳烃以及持久性有机污染物等；工业废水虽经过工厂的预处理后排入城镇管道，其中仍然含有很多有毒有机物。城镇污水中不可避免地含有毒性物质，但传统污水处理工艺不可能去除污水中所有的有毒有机物。目前城镇污水处理厂出水的控制指标主要停留在 $BOD_5$，$COD_{Cr}$，SS，TN，TP 等常规指标上，从生态环境保护以及人类健康安全的角度来看是不够的。

目前，人们越来越多地将人工湿地用于深度处理污水处理厂尾水，不仅有效地削减了有机物负荷，而且可以去除一些传统污水处理工艺不可能去除的有毒有机物，降低出水毒性，从而有效维持水域生态系统健康水平。本书系统考察了湿地基质、水力停留时间、温度对水平潜流人工湿地处理污水处理厂尾水效果的影响，利用凝胶色谱以及光谱学方法研究有机物在人工湿地中的空间分布特性、迁移转化降解规律，对人工湿地降解有机物的机理进行较为深入的探讨，同时对人工湿地对尾水生态毒性的削减效果进行了初步评价。通过以上研究，旨在为今后人工湿地用于城镇污水处理厂尾水的深度处理提供理论依据和技术支撑。

综合各类人工湿地系统的优缺点及湿地类型的应用情况，本研究选择了水平潜流人工湿地系统作为实验平台。水平潜流人工湿地的水力负荷高，对 $BOD_5$，$COD_{Cr}$，SS，重金属等污染物的去除效果较好，虽然其脱氮除磷效果不及垂直流人工湿地，但是其造价相对较低，应用更为广泛。水平潜流人工湿地实验装置示意图如图 6-1 所示。装置材料采用厚度为 10 mm 的 PVC 硬质塑料板，尺寸均为 1.55 m（长）×0.4 m（宽）×0.8 m（高）。填料填充高度为 0.7 m，有效水深 0.6 m，植物栽种密度为每平方米 16 株。进水采用穿孔管布水，经过粒径 30～50 mm 砾石布水区进入湿地填料床。出水经粒径 30～50 mm 砾石收水区进入底部穿孔管,流出湿地系统。实验装置共 2 套,分别编号为 CW-1 和 CW-2。小试装置构建于 2009 年 11 月,启动初期采用崇明区城桥镇污水处理厂生活污水接种,启动期间间歇运行,日均换水 45 L。2010 年 3 月初开始按不同工况连续运行。

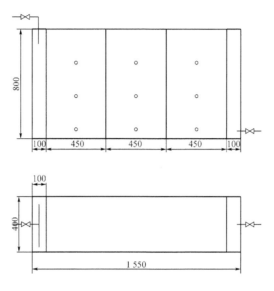

图 6-1　水平潜流人工湿地装置设计图

人工湿地实验装置的具体装填如下:

CW-1 湿地:陶粒 + 黄菖蒲水平潜流人工湿地;

CW-2 湿地:沸石 + 黄菖蒲水平潜流人工湿地。

本实验选择的填料有陶粒、沸石,这两种填料较为常见并且应用广泛。填料的性质如表 6-1 所示。

表 6-1　填料的物理性质与来源

| 湿地编号 | 填料材质 | 粒径(mm) | 来　源 |
|---|---|---|---|
| CW-1 | 陶粒 | 6 ～ 12 | 上海天斗鑫建材有限公司 |
| CW-2 | 沸石 | 15 ～ 25 | 浙江省缙云县矿山原料总厂 |

陶粒填料是以黏土为主要生产原料,经配料、破碎、成球、高温烧制、筛分等一系列工艺加工而成的粒状材料,在物理微观结构方面表现为表面粗糙多微孔,主要成分为偏铝硅酸盐,特别适合于微生物在其表面生长、繁殖。其主要特点包括:

(1)表面粗糙多微孔,比表面积大,适合各类微生物生长,表面能形成稳定、活性高的生物膜,处理出水水质高。

(2)滤料层孔隙分布均匀,水头损失小,不易板结、堵塞。

(3)密度均匀适中,反冲洗容易进行,能耗低,反冲洗中不跑料。

(4)采用很好的粒径级配,耐污能力强,滤料利用率高,水头损失增加缓慢,运行周期长，产水量大。

（5）强度大，耐摩擦，物理、化学稳定性高，寿命长，为无机惰性材料高温烧成，长期浸泡不会向水体释放任何物质，无二次污染。

（6）规模化生产，价格便宜。目前已广泛应用于市政污水、工业废水及污水深度处理方面。

现代水处理工艺充分利用了这些特性，使其成为水处理特别是污水、微污染水源水生物预处理以及给水过滤技术的理想滤料。

沸石是一族多孔的铝硅酸盐晶体的总称。其化学式可表达为 $M_{n/2} \cdot Al_2O_3 \cdot xSiO_2 \cdot yH_2O$。式中 M 为碱金属或碱土金属阳离子，易被金属盐溶液中的阳离子代换而影响晶格的极性进而改变其吸附性质。沸石的去污机理主要有吸附作用、离子交换作用、化学反应。

人工湿地实验装置采用的湿地植物为黄菖蒲（图 6-2），黄菖蒲拉丁学名 *Iris pseuda-corus*，属于鸢尾科鸢尾属，多年生草本植物，原产于欧洲，现我国大部分地区均有引种栽培。

生长习性：适应性强，喜光耐半阴，耐旱也耐湿，砂壤土及黏土都能生长，在水边栽植生长更好。生长适温 15～30℃，温度降至 10℃以下停止生长。在冬季，地上部分枯死，根茎地下越冬，极其耐寒。

图 6-2　尾水人工湿地植物 —— 黄菖蒲

实验用水取自上海市崇明区城桥镇污水处理厂的二沉池出水，实验期间（2010 年 3 月—2010 年 12 月）进水水质如表 6-2 所示。由表中可以看出，污水处理厂尾水的各项指标除了 $COD_{Cr}$ 以外，其他各项指标均达到《城镇污水处理厂污染物排放标准》（GB 18918—2002）一级 A 标准，C/N 为 8.36。

表 6-2　人工湿地进水水质

| pH | DO（mg/L） | $COD_{Cr}$（mg/L） | $NH_3$-N（mg/L） | $NO_3^-$-N（mg/L） | TN（mg/L） | TP（mg/L） |
| --- | --- | --- | --- | --- | --- | --- |
| 7.20～8.64 | 6.0～15.5 | 46.4～82.7 | 0.716～3.000 | 0.287～6.720 | 4.5～11.3 | 0.500～0.711 |

## 6.1 水平潜流人工湿地对污水处理厂尾水的表观有机物的去除

### 6.1.1 水平潜流人工湿地去除污染物的效果研究

**1. 水平潜流人工湿地对氮的去除效果研究**

实验期间，两种人工湿地系统进出水 $NH_3\text{-}N$ 浓度和去除率随运行时间的变化如图 6-3 所示。人工湿地开始运行的第一个月中，对进水中 $NH_3\text{-}N$ 的去除效果不理想。随着运行时间的增加，人工湿地逐渐进入稳定运行状态，并且随着温度上升，湿地植物也开始迅速生长，湿地中的微生物数量和活性逐渐增强，对 $NH_3\text{-}N$ 的去除率稳步提高，4，5 月的去除率分别为 65.0%，60.6% 和 75.4%，80.3%。在夏季（6，7，8 月），尽管进水中 $NH_3\text{-}N$ 浓度较高，但是水平潜流人工湿地对 $NH_3\text{-}N$ 的去除率却仍然保持较高的水平，平均为 85.8% 和 89.1%，8 月达到峰值，为 96.1%，90.0%，出水达到《地表水环境质量标准》（GB 3838—2002）I 类水标准。在秋季，湿地中的植物开始停止生长、开始枯萎，微生物数量也大量减少，系统去除 $NH_3\text{-}N$ 能力有限，出水 $NH_3\text{-}N$ 浓度平均 $0.223\pm0.095$ mg/L，$0.208\pm0.107$ mg/L。在冬季，$NH_3\text{-}N$ 的去除效果最低，去除率为 60.7%，52.7%，虽然冬季人工湿地对 $NH_3\text{-}N$ 的去除率不高，但仍能保持出水达到 V 类水标准。这说明人工湿地处理这类低浓度污水时，对 $NH_3\text{-}N$ 的去除效果也比较好，出水能够满足最大限度降低污水中污染物的要求。在一年的运行过程中，CW-2 对 $NH_3\text{-}N$ 的去除效果要好于 CW-1，这可能是由于沸石能够良好地吸附 $NH_3\text{-}N$，所以造成了两种人工湿地对 $NH_3\text{-}N$ 去除效果的差异。

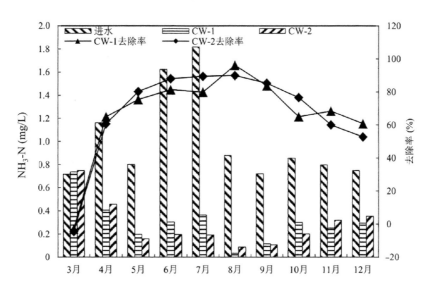

图 6-3 水平潜流人工湿地对 $NH_3\text{-}N$ 的去除效果比较

实验期间两种人工湿地进出水 TN 浓度和去除率随运行时间的变化如图 6-4 所示。由图可以看出两种水平潜流人工湿地对 TN 的去除效果较好，趋势基本一致，除去不稳定阶段的 3 月，去除率在 46.06%～94.51%，去除率随着温度的升高而提高，季节性变化较强。总体来说，去除率季节比较：夏季＞秋季＞春季＞冬季。4 月至 5 月，水平潜流人工湿地对 TN 的去除率维持在 69.9%～82.0%。进入夏季后，随着湿地运行的成熟和植物良好的生长状况以及微生物的大量繁殖，平均去除率达到 90% 以上。随后进入秋季去除率略有下降，在夏秋两季人工湿地出水能够稳定达到《地表水环境质量标准》（GB 3838—2002）III 类水标准。由于春季湿地处于运行初期，植物刚栽入湿地，填料挂膜也未完成，所以春季的去除效果要低于秋季。进入冬季，系统对 TN 的去除率降到最低，但是其出水仍然能够达到《城镇污水处理厂污染物排放标准》（GB 18918—2002）一级 A 标准。

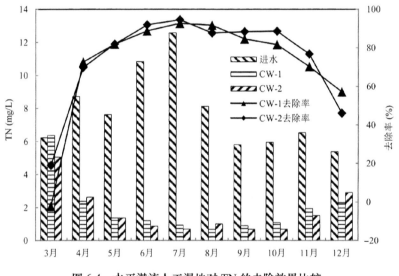

图 6-4　水平潜流人工湿地对 TN 的去除效果比较

**2. 水平潜流人工湿地对磷的去除效果研究**

磷是导致水体富有营养化的主要限制性营养元素之一。人工湿地中的磷主要依靠基质的物理化学作用、植物的吸收作用、微生物正常的同化以及聚磷菌的过量摄磷等作用来去除，其中基质对磷的固定被认为是主要的除磷机制。磷的吸附固定机制包括物理吸附、化学沉淀和物理化学吸附，选择合适的基质对构建水平潜流人工湿地、提高磷的去除效果非常重要。一般在实际工程运用中，会优先选择那些对磷具有较高吸附效率和水力传动性能，且来源易得、使用经济的基质。本实验采用了陶粒与沸石填料作为人工湿地的基质。

两种人工湿地系统进出水 TP 浓度及其去除率变化如图 6-5 所示。在春季（3，4，5 月），CW-1、CW-2 人工湿地系统对 TP 的去除率在 0%～75.7%，20.3%～73.7%；夏季（6，7，8 月）为 83.0%～96.2%，74.7%～90.8%；秋季（9，10，11 月）为 71.1%～86.9%，81.9%～90.6%；冬季（12 月）为 75.1%，70.8%，总体来说，夏季＞秋季＞春季＞冬季。

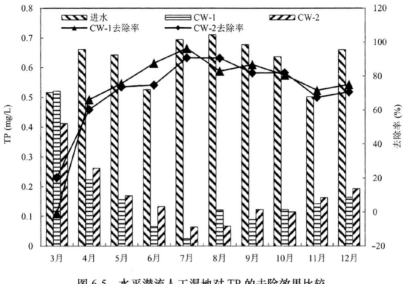

图 6-5　水平潜流人工湿地对 TP 的去除效果比较

从进水浓度看全年的进水水质均只达到污水排放一级 B 标准，经过人工湿地处理后，除了 3，4 月，其出水均可达到《地表水环境质量标准》（GB 3838—2002）Ⅲ类水标准。3 月由于湿地还处于试运行稳定阶段，填料出现了一定的释磷现象，导致其去除率的降低。总的来说，水平潜流人工湿地对污水处理厂尾水中 TP 的去除效果良好，出水能够满足改善水体质量的要求。由图 6-5 还可看出，人工湿地对 TP 的去除能力受温度影响相对较小，去除率变化不大，两种水平潜流人工湿地的去除效果趋势比较一致，CW-1 略好于 CW-2 湿地，基质的沉淀吸附发挥了一定的作用。

### 6.1.2　水平潜流人工湿地对有机物的去除效果研究

$COD_{Cr}$ 是反映污水中还原性物质的综合指标，常用来表征水体中有机物的含量。实验期间两种水平潜流人工湿地进出水 $COD_{Cr}$ 浓度及其去除率随运行时间的变化如图 6-6 所示。

由图 6-6 可见，尽管实验期间进水中的 $COD_{Cr}$ 浓度有一定波动，但 CW-1，CW-2 人工湿地系统出水 $COD_{Cr}$ 浓度较为稳定，分别为 24.28±9.32 mg/L，26.12±10.12 mg/L，平均去除率为 63.0%，60.2%，除了小试装置调试运行的 3 月以及冬季的 12 月，其出水均可稳定达到《地表水环境质量标准》（GB 3838—2002）Ⅳ类水标准。这说明：①水平潜流人工湿地具有一定的抗冲击负荷能力；② CW-1 和 CW-2 湿地对 $COD_{Cr}$ 的去除效果差异不明显，CW1- 略好于 CW-2，说明填料种类的差异对有机物的去除无显著影响，虽然其能够吸附有机污染物，但很容易达到饱和，所以其主要作用还是作为微生物附着的载体。在春季（3，4，5 月），CW-1，CW-2 人工湿地系统对 $COD_{Cr}$ 的去除率在 39.5%～68.7%，39.5%～59.9%；夏季（6，7，8 月）为 71.5%～82.6%，64.4%～82.7%；秋季（9，10，

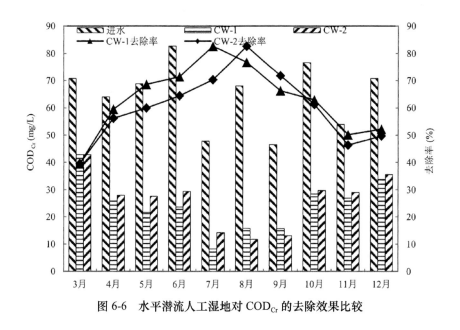

图 6-6　水平潜流人工湿地对 $COD_{Cr}$ 的去除效果比较

11 月）为 50.2% ～ 66.2%，46.3% ～ 71.8%；冬季（12 月）为 52.3%，49.7%。总体来说，夏季＞秋季＞春季＞冬季。这与气温变化及植物、微生物的生长变化相对应。在春季，气候由寒转暖，植物开始陆续发芽，生长逐渐旺盛，光合作用日益增强，产氧量变大，同时，随着气温的上升，微生物活性提高，增殖速率加快，对营养物质需求变大，在植物和微生物的协同作用下，各类污染物的去除效果较冬季有明显提高。进入夏季，温度进一步上升，植物生长进入最旺盛时期，光合作用以及产氧量达到最高，进而湿地中氧浓度达到最高水平。此时，湿地系统中各类微生物活性最高，代谢速率很快，对有机物的降解速度达到最大。秋季，植物进入成熟期，其后开始衰败枯萎，输氧能力下降，从而湿地氧浓度下降，随着温度的下降，微生物活性也大大降低，系统对 $COD_{Cr}$ 的去除效果降低。进入冬季后，温度很低，植物和微生物活性都处于被抑制状态，氧浓度很低，系统对有机物的降解速率最低。

### 6.1.3　水力停留时间对污染物去除率的影响分析

#### 1. 水力停留时间对氮去除率的影响分析

人工湿地的 $NH_3$-N 处理效果与水力停留时间关系密切，停留时间过短，生化反应不充分；停留时间过长，易引起污水滞留和厌氧区扩大，影响处理效果。不同季节下系统的进出水 $NH_3$-N 浓度及其去除率与水力停留时间的关系如图 6-7 所示。四个季节进水的 $NH_3$-N 浓度有一定的波动，除了冬季，两种系统对 $NH_3$-N 的去除率都随水力停留时间的增加呈现出不同幅度的递增趋势。

CW-1 和 CW-2 湿地系统中 $NH_3$-N 的去除主要是依靠植物吸收和微生物作用。如图 6-7 所示，当水力停留时间短时，进水水力负荷大，对系统的冲击作用强，使得 $NH_3$-N 难于被

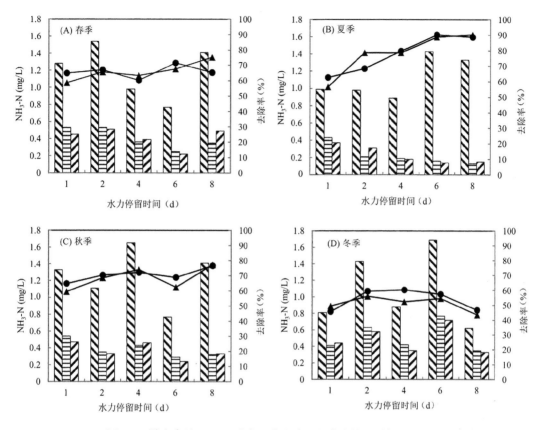

图6-7  进出水的 $NH_3$-N 浓度及其去除率与水力停留时间的关系

基质和植物根系截留、吸附，微生物和植物对 $NH_3$-N 的吸收作用也不完全。因此 $NH_3$-N 的去除率都是随水力停留时间的增加而升高。CW-1 和 CW-2 系统 $NH_3$-N 去除率的季节变化基本遵循"夏季＞秋季＞春季＞冬季"的规律。在 HRT 为 1 d ～ 8 d 时，CW-1 湿地系统的 $NH_3$-N 去除率为春季 58.6% ～ 75.8%，夏季 56.6% ～ 90.3%，秋季 59.4% ～ 77.3%，冬季 43.5% ～ 55.9%；CW-2 湿地系统的 $NH_3$-N 去除率为春季 64.8% ～ 71.4%，夏季 62.6% ～ 90.2%，秋季 64.7% ～ 76.5%，冬季 45.7% ～ 60.2%。CW-1 和 CW-2 湿地系统均为夏季最高，出水 $NH_3$-N 浓度最低，这可能是由于夏季温度较高，植物生长茂盛与硝化细菌活性强综合作用的结果。CW-1 湿地 $NH_3$-N 的全年去除率与 CW-2 湿地相比略微偏低，这可能是由于沸石对 $NH_3$-N 的吸附作用，使得 CW-2 湿地对 $NH_3$-N 的去除效果略好。从图6-7 可以看出，在春夏秋三季，当 HRT ≥ 2 d 时，两种湿地系统出水中的 $NH_3$-N 均小于 0.5 mg/L，达到《地表水环境质量标准》（GB 3838—2002）Ⅱ类水标准，而在冬季，湿地系统的 $NH_3$-N 去除率较低，平均为 51.1%，53.9%，并且随着水力停留时间的增加，反而出现下降的趋势，这可能是因为在冬季硝化细菌数量大量减少，并且沸石的 $NH_3$-N 吸附量已经达到饱和，所以去除率偏低，但是其出水中 $NH_3$-N 的浓度仍小于 1 mg/L，稳定达到Ⅲ类水标准。

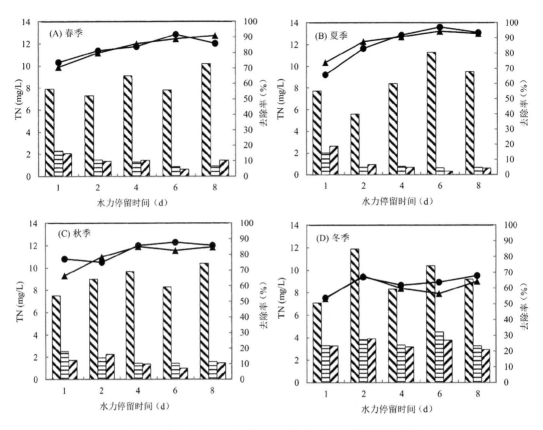

图 6-8　进出水的 TN 浓度及其去除率与水力停留时间的关系

不同季节下 2 种系统的进出水 TN 及其去除率与水力停留时间的关系如图 6-8 所示。由图可见，CW-1、CW-2 湿地系统 TN 的去除率基本上是随水力停留时间的增加而升高的，去除率的季节变化基本遵循"夏季＞秋季＞春季＞冬季"的规律。在 HRT 为 1d ～ 8d 时，CW-1 湿地系统的 TN 去除率为春季 70.8% ～ 91.0%，夏季 73.9% ～ 94.4%，秋季 66.5% ～ 84.8%，冬季 53.4% ～ 67.8%；CW-2 湿地系统的 TN 去除率为春季 73.8% ～ 91.8%，夏季 65.9% ～ 93.6%，秋季 75.0% ～ 87.8%，冬季 53.8% ～ 68.0%。CW-2 在 TN 的去除表现上略好于 CW-1，这和 $NH_3$-N 的去除规律基本一致。春夏秋三季，在 HRT ≥ 2 d 时，两种湿地系统出水中的 TN 基本小于 2 mg/L，达到《地表水环境质量标准》（GB 3838—2002）V 类水标准，而在冬季，湿地系统的 TN 去除率较低，平均为 60.4%，62.9%，并且随着水力停留时间的增加，去除率呈现波动变化，但是两种系统的出水也都能稳定达到《城镇污水处理厂污染物排放标准》（GB 18918—2002）一级 A 标准。

根据以上分析可知，如采用水平潜流人工湿地去除尾水中的以 $NH_3$-N 和有机氮为主的氮素，推荐使用沸石作为填料，春夏秋冬四季水力停留时间都应不短于 2 d。

**2. 水力停留时间对磷去除率的影响分析**

不同季节下 2 种系统的进出水 TP 浓度及其去除率与水力停留时间的关系如图 6-9 所示。4 个季节进水的 TP 浓度都有一定的波动，为 0.53 ～ 0.81 mg/L。夏秋冬三季，系统对 TP 的去除率都随着水力停留时间的延长而呈现出不同幅度的递增趋势。从全年数据看，两种系统对 TP 的去除规律在不同季节内有一些差异，除春季外，CW-1 和 CW-2 系统对 TP 的去除率都非常接近。在春季，当 HRT ≥ 6 d 时，两种系统对 TP 的去除率趋于相同，为 64.91%。在夏秋两季，当 HRT ≥ 4 d 时，两种系统对 TP 的去除率不再随着水力停留时间的增加而增加，去除率趋于平稳，其出水都能够稳定达到《地表水环境质量标准》（GB 3838—2002）Ⅱ类水标准，在其他各工况 CW-1、CW-2 系统出水也均能达到Ⅳ类水标准。在春冬两季，人工湿地系统对 TP 的去除效果稍差。春季 TP 的去除率随着水力停留时间的变化并不明显，但是去除率仍能够保持在 50% ~ 70%，出水 TP 基本能够保持在Ⅳ类水标准以上。在冬季，HRT ≤ 4 d 时人工湿地系统对 TP 的去除率维持在较低的水平，为 37.7% ~ 59.1%，CW-1 的去除效果略好于 CW-2，在 HRT ≥ 6 d 时，两种湿地系统的去除率基本达到最大值并趋于平稳，出水水质稳定在Ⅳ类水标准。

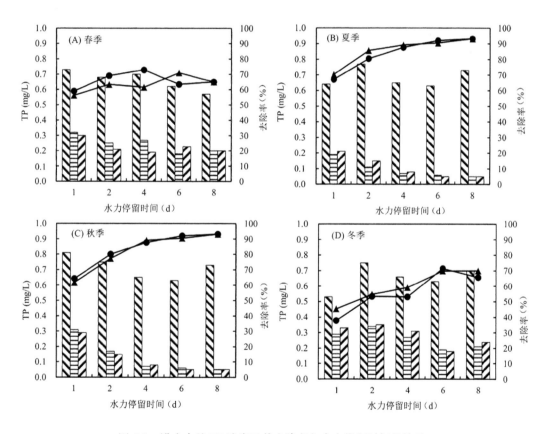

图 6-9 进出水的 TP 浓度及其去除率与水力停留时间的关系

### 3. 水力停留时间对有机物去除率的影响分析

不同季节下两种系统的进出水 COD$_{Cr}$ 浓度及其去除率与水力停留时间的关系如图 6-10 所示。四个季节进水的 COD$_{Cr}$ 浓度都有一定的波动，但系统对 COD$_{Cr}$ 的去除率随水力停留时间的增加呈现不同幅度的递增趋势。

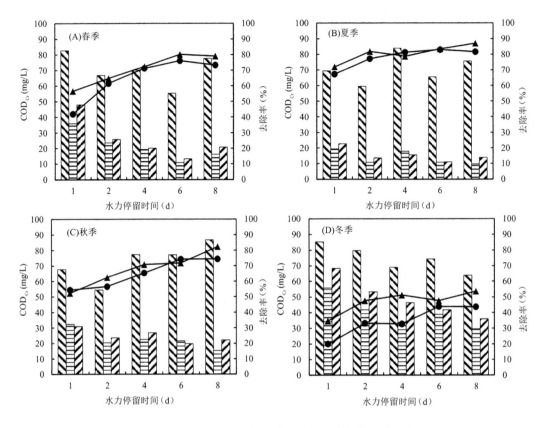

图 6-10　进出水的 $COD_{Cr}$ 浓度及其去除率与水力停留时间的关系

在春季，当 HRT ＜ 2 d 时，两种人工湿地系统的 $COD_{Cr}$ 去除率有一定的差异，CW-1 的去除率相对较高，优于 CW-2。但当 HRT ≥ 2 d 时，两种系统的去除率趋于相同，并且当 HRT ≥ 6 d 时，随着 HRT 的增加，两种系统的 $COD_{Cr}$ 去除率并没有增加，反而呈现出下降趋势。在夏季，两种系统对尾水均有很好的净化作用。当 HRT ＝ 1 d 时，两种系统 $COD_{Cr}$ 的去除率就已经达到 65% 以上，分别为 72.0% 和 67.2%；当 HRT ≥ 2 d 时，两种系统 $COD_{Cr}$ 的去除率趋于平稳，都在 80% 左右浮动，出水 $COD_{Cr}$ 均可达到《地表水环境质量标准》（GB 3838—2002）Ⅲ类水标准。在秋季，两种人工湿地系统的 $COD_{Cr}$ 去除率都随着 HRT 的增加而增加，CW-1 系统的平均去除率为 68.0%，略好于 CW-2 系统的 65.0%。当 HRT ≥ 2 d 时，两种系统的出水可以稳定达到《地表水环境质量标准》（GB 3838—2002）Ⅳ类水标准。在冬季，两种系统虽然对 $COD_{Cr}$ 的去除率也随着 HRT 的增加而增加，但是其去除率只维持在一个较低的水平。CW-1 系统在 HRT 为 8 d 时，$COD_{Cr}$ 的去除率最高只为 53.7%，CW-2 系统在 HRT 为 6 d 时去除率最高，但也仅为 44.0%。在水平潜流人工湿地中，有机物的降解主体是微生物，湿地中微生物的数量决定着系统对 $COD_{Cr}$ 的去除状况。生物陶粒相对于沸石来说，粒径较小，比表面积较大，能够附着更多的微生物，所以 CW-1 系统的 $COD_{Cr}$ 去除率略高于装有沸石填料的 CW-2 系统。温度直接影响了微生物的生长状况，并导致了人工湿地对

COD$_{Cr}$ 的去除状况的季节性变化。在春夏秋三季，当 HRT $\geqslant$ 2d 时，两种水平潜流人工湿地系统的出水都能够稳定达到《地表水环境质量标准》（GB 3838—2002）Ⅳ类水标准；在冬季，两种水平潜流人工湿地系统对于 COD$_{Cr}$ 的处理效果都不是很理想，可以通过延长系统的水力停留时间来提高 COD$_{Cr}$ 的去除率。

### 6.1.4 水平潜流人工湿地中污染物的空间变化特性

#### 1. 氮在人工湿地基质床体中的空间变化规律

本实验监测了两种水平潜流人工湿地在暖季（温度 $\geqslant$ 20℃）和寒季（温度 $\leqslant$ 10℃）HRT = 2 d 时的污染物沿程变化。分别从水平潜流人工湿地的进口、床体的 1/4，1/2，3/4 处以及出口取样，通过研究湿地中的污染物沿程变化规律，以期为人工湿地的污染物机理研究和人工湿地的设计提供参考依据。

NH$_3$-N 在水平潜流人工湿地中的浓度沿程变化如图 6-11 所示。由图可知，不论是在暖季还是在寒季，湿地中 NH$_3$-N 的浓度都是从前向后逐步降低。暖寒两季 CW-1，CW-2 湿地对 NH$_3$-N 的去除主要都是发生在系统的前段（湿地前 1/2 部分），去除率分别为 66.6% 和 72.4%（暖季）、31.3% 和 42.9%（寒季）。在湿地的前 1/4 段，CW-1，CW-2 系统对 NH$_3$-N 的去除效果不是非常好，去除率分别为 46.9% 和 49.7%（暖季），14.2% 和 20.3%（寒季），这可能是由于在前 1/4 段有机氮的分解释放作用降低了人工湿地的除 NH$_3$-N 效果。从图可明显看出，寒季人工湿地的去除效果较低，在冬季植物微生物生理活性的降低会大大降低系统对 NH$_3$-N 的去除效果，并且植物的枯萎和微生物的死亡也会导致湿地中 NH$_3$-N 浓度的增加。由于沸石对于 NH$_3$-N 有吸附作用，所以 CW-2 湿地对 NH$_3$-N 的去除效果要略好于 CW-1。

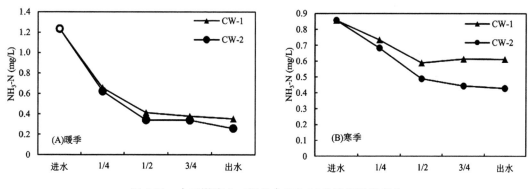

图 6-11 水平潜流人工湿地中 NH$_3$-N 的浓度沿程变化

TN 在水平潜流人工湿地中的浓度沿程变化如图 6-12 所示。由图可知，不论是在暖季还是在寒季，湿地中 TN 的浓度都是从前向后逐步降低。在暖季 CW-1，CW-2 湿地对 TN 的去除主要发生在系统的前 1/4 段，去除率分别为 54.2% 和 61.1%；在寒季 CW-1 湿地中 TN 的浓度沿程依次降低，去除率分别为 15.9%，7.1%，10.6%，7.5%，CW-2 湿地对 TN 的去除主要集中在湿地的前段（湿地前 1/2 部分），去除率为 39.3%。TN 的去除规律与 NH$_3$-N 类似，在暖季大部分 TN 都在湿地前 1/4 段被去除，在寒季 TN 的去除率较低，但 TN 的浓度还是随着污水在湿地床内流动距离的增加而降低。

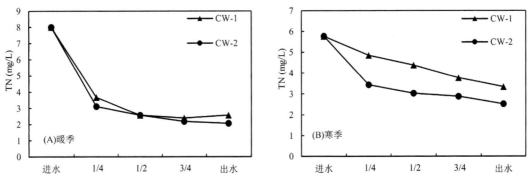

图 6-12　水平潜流人工湿地中 TN 的浓度沿程变化

### 2. 磷在人工湿地基质床体中的空间变化规律

TP 在水平潜流人工湿地中的浓度沿程变化如图 6-13 所示。由图可知，不论是在暖季还是在寒季，湿地中 TP 的浓度都是从前向后逐步降低。在暖季 CW-1，CW-2 湿地对 TP 的去除主要发生在系统的前 1/4 段，去除率分别为 69.4% 和 65.1%，而在寒季 CW-1，CW-2 湿地对 TP 的去除主要集中在湿地的前段（湿地前 1/2 部分），去除率分别为 52.5% 和 39.3%，可见人工湿地床前段是去除 TP 的主要区域。人工湿地中 TP 的去除主要是通过基质的固定、植物的吸收以及微生物作用这三条平行的途径。有研究表明，这三条途径对 TP 去除的贡献大小为：基质＞植物≥微生物（短期效果），或者植物＞基质≥微生物（长期效果），最终 TP 从系统中的去除靠的是湿地植物的收割和饱和基质的更换。通过观测到两种湿地系统中的植物生长状况，前段植物的平均株高分别高出后段 30 cm 和 25 cm 左右，可知污水中的 TP 大部分在湿地前段被去除，前段植物对 TP 的去除贡献很大。

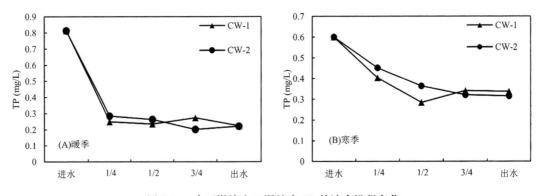

图 6-13　水平潜流人工湿地中 TP 的浓度沿程变化

### 3. 有机物在人工湿地基质床体中的空间变化规律

$COD_{Cr}$ 在水平潜流人工湿地中的浓度沿程变化如图 6-14 所示。从图可知，无论是在暖季还是在寒季，$COD_{Cr}$ 的降解速率沿程都表现了逐步降低的趋势。在暖季，CW-1，CW-2 湿地对 $COD_{Cr}$ 的去除主要发生在系统的前 1/4 段，去除率分别为 59.9% 和 42.6%，而在寒季，CW-1，CW-2 湿地对 $COD_{Cr}$ 的去除主要集中在湿地的前段（湿地前 1/2 部分），去除率分别为 46.1% 和 36.4%。这主要是因为污水刚进入湿地时，水体供养充足，微生物降解有机物的速率较快，并且填料和植物根部吸附截留了很大一部分不溶性有机物，使有机物去除率大幅度提高。污水在进入湿地后部后，有机物降解率达到一定的水平，反应速率大大降低。通过上面的分析也可知道，本实验条件下水平潜流人工湿地中水流已经接近推流，有机物的去除服从一级降解动力学。同时也可观测到，在两种湿地系统中前段植物的平均株高比后段分别高出 30 cm 和 25 cm 左右，生物量较大，也可知道污水中的有机物大部分在湿地前段被去除，湿地后段的植物由于可利用的有机物含量较低，所以其生长状况远不如前段。考察两种人工湿地系统前段的 $COD_{Cr}$ 去除率可知：暖季 CW-1 的去除速率比 CW-2 的高出 14.6%，寒季为 26.5%。这说明 HRT＝2d 时，CW-1 的前段在去除率上具有较大优势。

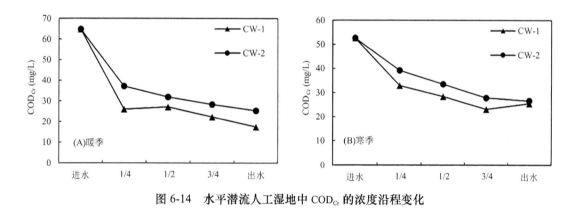

图 6-14　水平潜流人工湿地中 $COD_{Cr}$ 的浓度沿程变化

### 6.1.5　小　结

通过本节实验研究，可以得到以下结论：

（1）在不同季节的实验中，两种基质人工湿地系统对污水处理厂尾水均具有较好的净化能力。除去湿地系统稳定期（3 月），出水 $COD_{Cr}$ 基本都能达到《地表水环境质量标准》（GB 3838—2002）Ⅳ类水标准；TP 除了 3 月、4 月为Ⅳ类水标准外，其余都能够达到Ⅲ类水标准；出水 $NH_3\text{-}N$ 在四季均能稳定达到Ⅱ类水标准；TN 除了 4 月和 12 月为《城镇污水处理厂污染物排放标准》（GB 18918—2002）一级 A 标准外，其余时间均能够稳定达到《地表水环境质量标准》（GB 3838—2002）Ⅳ类水标准。水平潜流人工湿地对污水处理厂尾水具有较好的深度净化效果，能够有效预防地表水的富营养化，有利于改善城市水环境质量和水资源的循环利用。

（2）两种湿地系统对污染物的去除基本上都是随着水力停留时间的增加而升高（除了冬季的 $NH_3\text{-}N$）。湿地系统对污染物去除率的季节变化都遵循"夏季＞秋季＞春季＞冬季"。

春夏秋三季，当 HRT ≥ 2 d 时，两种湿地系统出水中的 $NH_3$-N 均小于 0.5 mg/L，达到《地表水环境质量标准》（GB 3838—2002）II 类水标准，而在冬季湿地系统的 $NH_3$-N 去除率较低，平均为 51.1%，53.9%，并且随着水力停留时间的增加，反而出现下降的趋势，但是其出水中 $NH_3$-N 的浓度仍小于 1 mg/L，稳定达到III类水标准。春夏秋三季，当 HRT ≥ 2 d 时，两种湿地系统出水中的 TN 基本小于 2 mg/L，达到 V 类水标准，而在冬季，湿地系统的 TN 去除率较低，平均为 60.4%，62.9%，并且随着水力停留时间的增加，去除率呈现波动变化，但是两种系统的出水也都能稳定达到《城镇污水处理厂污染物排放标准》（GB 18918—2002）一级 A 标准。春夏秋三季，HRT ≥ 2 d 时，两种湿地系统出水中的 TP 基本小于 0.2 mg/L，达到《地表水环境质量标准》（GB 3838—2002）III类水标准，而在冬季，湿地系统的 TP 去除率较低，当 HRT ≥ 6 d 时，系统具有较好的去除效果，平均为 69.92%，68.57%，出水能稳定达到IV类水标准。春夏秋三季，当 HRT ≥ 2 d 时，两种湿地系统出水中的 $COD_{Cr}$ 基本小于 30 mg/L，达到IV类水标准；而在冬季，湿地系统的 $COD_{Cr}$ 去除率较低，当 HRT ≥ 4 d 时，其平均去除率为 50.87%，40.15%，但两种系统的出水也能稳定达到《城镇污水处理厂污染物排放标准》（GB 18918—2002）一级 A 标准。

（3）不论是在暖季还是在寒季，水平潜流人工湿地中污染物的浓度都是从前向后逐步降低。CW-1，CW-2 湿地对 $NH_3$-N 的去除主要都是发生在系统的前段（湿地前 1/2 段），前段对 $NH_3$-N 的去除量占系统 $NH_3$-N 去除总量的 93.31% ~ 100%，85.78% ~ 91.51%。在暖季，系统的前 1/4 段对 TN 的去除占主要贡献，占去除总量的 79.85% 和 91.58%；在寒季 CW-1 湿地中 TN 的浓度沿程依次降低，CW-2 湿地对 TN 的去除主要集中在湿地的前段，去除贡献率为 84.45%。不管在暖季还是在寒季，CW-1，CW-2 湿地对 TP 的去除主要发生在系统的前 1/4 段，去除贡献率分别为 74.53% ~ 95.92% 和 51.93% ~ 89.36%。两种湿地系统对 $COD_{Cr}$ 的去除在暖季主要集中在前 1/4 段，去除贡献率为 81.86% 和 69.87%；寒季集中在前 1/2 段，去除贡献率分别为 89.01% 和 73.56%。

（4）温度对人工湿地系统去除污染物的影响很大，适当的冬季保温措施和延长水力停留时间对人工湿地的稳定运行及各类污染物的高效去除是必要的。采取表面覆盖、加深主体处理单元的深度、对裸露在地面的输水管网进行保温等措施能够使人工湿地冬季的运行更加稳定。

## 6.2 人工湿地对尾水中有机物降解机理的研究

### 6.2.1 水平潜流人工湿地中有机物分子量分布的变化

用分子量分布研究污染物降解机理是近年来污水处理领域的新型研究手段。本书采用凝胶过滤色谱（GFC）对水平潜流人工湿地床体内空间各采样点中的有机物分子量进行了分析，水样采样点布置示意图如图 6-15 所示。污水处理厂尾水在水平潜流人工湿地处理系统中，基于 GFC 的各采样点可溶性有机物重均分子量（Mw）如表 6-3 所示，各采样点 Mw 的空间变化如图 6-16 所示。

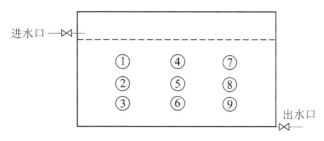

图 6-15　水平潜流人工湿地采样点分布图

表 6-3　水平潜流人工湿地采样点中有机物的 Mw 值（kDa）

| 填料 | 进水 | 1 | 2 | 3 | 4 | 5 | 6 | 7 | 8 | 9 | 出水 |
|---|---|---|---|---|---|---|---|---|---|---|---|
| 陶粒 | 343.2 | 337.7 | 319.8 | 314.5 | 279.7 | 272.5 | 272.0 | 255.3 | 273.4 | 275.6 | 275.9 |
| 沸石 | 343.2 | 285.0 | 283.9 | 282.4 | 262.0 | 274.5 | 273.6 | 263.6 | 276.5 | 265.0 | 264.9 |

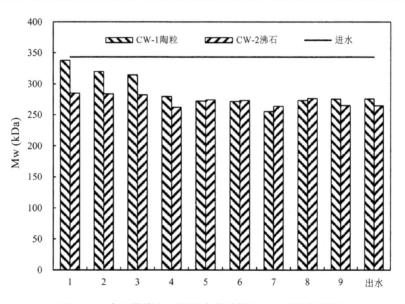

图 6-16　水平潜流人工湿地中各采样点 Mw 的空间变化

由表 6-3 可知，进水的 Mw 为 343.2 kDa，CW-1 出水的 Mw 为 275.9 kDa，CW-2 湿地出水的 Mw 为 264.9 kDa，在经过人工湿地系统处理前后，污水中有机物的 Mw 发生了较大的变化，分别降低了 19.6%，22.8%，说明两种湿地处理系统对有机污染物都有较好的降解作用，污染物都在向低碳小分子转化。从图 6-16 可以直观看出，两种人工湿地系统对于有机物的去除还是有些不同的，对于 CW-2 湿地，有机物基本上是在前 1/4 段就完成了大分子向低碳小分子的转化，Mw 从进水的 343.2 kDa 下降为 283.8 kDa，在 1/2 段后变化不大；而 CW-1 湿地是在前 1/2 段才基本完成。在 CW-1 湿地的前 1/4 段，有机物的重均分子量随着深度的增加而减小，对于水平潜流人工湿地，湿地床的深度越深其溶解氧越低，在厌氧状态下大分子有机物能较快地被水解酸化，然后分解转化为小分子有机物。

水平潜流人工湿地进出水样品中的分子量分布如图 6-17 和 6-18 所示。可以看出进水中有机污染物的分子量主要集中在 50 kDa ~ 1 000 kDa 范围内，占有机物总量的 85.39%；10 kDa ~ 50 kDa 的有机物几乎没有，只占到有机物总量的 0.052 6%，经过人工湿地处

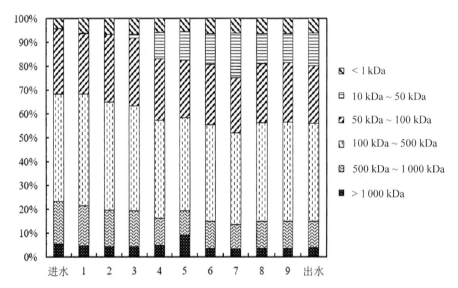

图 6-17　陶粒－水平潜流人工湿地各采样点中有机物分子量区间百分比

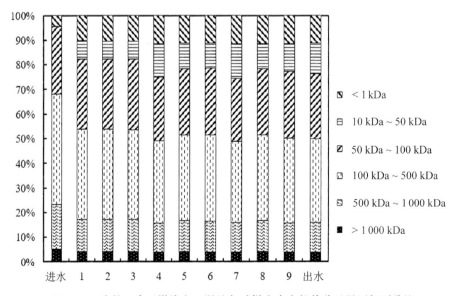

图 6-18　陶粒－水平潜流人工湿地各采样点中有机物分子量区间百分比

理后其变化最大，出水中分别占到 13.61%，12.53%。由图 6-17 和图 6-18 可知，人工湿地处理前后水样中有机物各分子量区间都发生了不同程度的变化，> 1 000 kDa 的有机物百分比从 5.28% 分别变为 3.64%，3.84%；500 kDa ～ 1 000 kDa 的有机物百分比从 17.96% 分别变为 11.20%，11.98%；100 kDa ～ 500 kDa 的有机物百分比从 44.91% 分别变为 40.93%，33.97%；50 kDa ～ 100 kDa 的有机物百分比从 27.49% 分别变为 24.23%，26.59%；10 kDa ～ 50 kDa 的有机物百分比从 0.053% 分别变为 13.61%，12.53%；< 1 kDa 的有机物百分比从 4.30% 分别变为 6.33%，1.10%。> 1 000 kDa，500 kDa ～ 1 000 kDa，100 kDa ～ 500 kDa，50 kDa ～ 100 kDa 的大分子有机污染物百分比在人工湿地处理前后都有不同程度的降低，低于 50 kDa 的有机污染物百分比相对增加了很多，人工湿地污水中有机物分子量的变化基本上在湿地的前 1/2 段就已经达到稳定。在人工湿地处理尾水的过程中，大分子的有机污染物在不断地向低分子有机物转化，湿地下层厌氧环境有利于大分子有机物分解转化的进行。我们可以认为通过人工湿地的处理，水中难降解有机物得到了大量的削减。

## 6.2.2　水平潜流人工湿地对溶解性有机物去除特性的光谱研究

### 1. 测试方法和数据处理

对人工湿地系统中溶解性有机物的采样时间为 2010 年 8 月。采样前，使用铬酸洗液清洗作为样品瓶的 250 mL 棕色磨口试剂瓶，用去离子水冲洗后于 105℃ 烘干，待用；同样用铬酸洗液清洗保存样品的 125 mL 棕色磨口试剂瓶，再用去离子水清洗后于 450℃ 马弗炉中烘烧 3 h，待用；将抽滤水样时需要使用的 GF/F 膜（0.7 nm，25 mm，Whatman，UK）于 450℃ 马弗炉中烘烧 3 h，待用。

采取水样，使用预先灼烧过的 GF/F 膜抽滤后，装入 125 mL 棕色磨口试剂瓶，待用，当天完成测试。

样品在同济大学长江水环境教育部重点实验室崇明水环境研究基地，采用紫外 - 可见吸收光谱（750 ～ 250 nm；SHIMADZU，UV2450 UV-Visible Spectrophotometer）以及三维荧光光谱（three-dimensional excitation emission matrix，3D EEM；HITACHI，F4500 Fluorescence Spectrophotometer）进行测定分析。

样品的吸光度用紫外 - 可见分光光度计测定，波长扫描范围为 700 ～ 200 nm，以 1 nm 为步长，中速扫描。使用超纯水做基线，空白为去离子水。三维荧光光谱用荧光分光光度计测定，参数设置为 PMT 电压 700V，带通 $E_x = 5$ nm、$E_m = 10$ nm，响应时间 0.5 s，扫描速度 12 000 nm/min，扫描光谱波长范围为 $E_x = 220 ～ 400$ nm、$E_m = 250 ～ 550$ nm，空白为超纯水。本书中出现的相对荧光强度（记为 $I$）是指荧光光度计仪器检测出的荧光峰的峰值。荧光强度用硫酸奎宁单位（QSU）来进行标准化，以消除不同仪器之间的差别，便于对不同文献中的数据进行比较。1 QSU 等于溶解于 0.1 M 硫酸溶液中 1 μg/L 的硫酸奎宁溶液在 350/450 nm（激发 / 发射）波长下的荧光强度。

（1）紫外－可见吸收光谱

为了消除仪器之间的差别，国际上普遍使用吸收系数来表征有色溶解有机物的浓度，从而使数据之间可以进行比较，具体操作如下：

吸收系数的计算：

$$a'_\lambda = 2.303 D_\lambda / r$$

式中　$a'_\lambda$——波长 $\lambda$ 未校正的吸收系数，$m^{-1}$；

　　　$D_\lambda$——吸光度；

　　　$r$——光程路径，$m$。

由于过滤清液中可能残留细小颗粒从而引起散射，为此作如下散射效应订正：

$$a_\lambda = a'_\lambda - a_{700} \lambda / 700$$

式中　$a_\lambda$——经校正后波长 $\lambda$ 处的吸收系数，$m^{-1}$；

　　　$a'_\lambda$——波长 $\lambda$ 未校正的吸收系数，$m^{-1}$；

　　　$\lambda$——波长，$nm$。

不同文献选择不同波长处的吸收系数来表征有色溶解有机物的浓度，但较多使用 355 nm 处的吸收系数 $a_{355}$ 来表征。为了与相关的文献结果之间具有可比性，本书中也使用 355 nm 处的吸收系数 $a_{355}$ 来表征。另外，用 $a_{250}$ 与 $a_{365}$ 的比值 $a_{250}/a_{365}$ 来表征有色溶解有机物的分子量大小。

（2）三维荧光光谱数据处理方法

本文使用 ORIGIN 7.0 和 SUFER 8.0 处理三维荧光光谱数据得到三维荧光光谱谱图，具体步骤不在此赘述。

（3）平行因子计算模型拟合方法

三维荧光光谱结合平行因子分析法（Parallel factor analysis，PARAFAC）有助于从定性和定量两个角度来分析溶解性有机物的特征和来源。PARAFAC 模型也称三线性模型，是对 PCA 推广的一种分解方法。把一个 $I \times J \times K$ 的三维数据集 $X$ 分解为三个载荷矩阵 $\boldsymbol{A}$、$\boldsymbol{B}$ 和 $\boldsymbol{C}$，其数学表达式为

$$X_{ijk} = \sum_{f=1}^{F} a_{if} b_{jf} c_{kf} + e_{ijk}$$

式中　$X_{ijk}$——第 $i$ 个样品的第 $j$ 个发射波长和第 $k$ 个激发波长处的荧光强度；

　　　$a_{if}$——第 $i$ 个样品的第 $f$ 组分浓度得分；

　　　$b_{jf}$，$c_{kf}$——第 $f$ 组分在第 $j$ 个发射波长和第 $k$ 个激发波长上的估算数值；

　　　$F$——组分数目；

　　　$e_{ijk}$——模型残差。

标准的 PARAFAC 模型算法是基于交互最小二乘算法时的残差平方和最小。

水散射峰的存在会影响三维荧光光谱定量分析和谱图荧光基团的分析，特别是对于低浓度的溶解性有机物样品，水的散射峰会严重干扰样品检测和荧光光谱峰的判断。水的散射峰

对荧光光谱的影响主要是拉曼散射（Raman scattering）和瑞利散射（Rayleigh scattering）。通常，扣除空白可以去除部分拉曼散射的影响，而拉曼标准化处理则可以去除拉曼散射和部分瑞利散射。

**2. 紫外－可见光谱扫描对有色溶解有机物在湿地空间变化的表征**

紫外－可见光谱扫描主要是分析溶解性有机物中的有色溶解有机物（CDOM），虽然其并不能完全反映污水中有机物的变化，但是其对湿地中溶解性有机物的降解还是具有一定的参考价值。不同文献选择不同波长处的吸收系数来表征有色溶解有机物的浓度，但较多使用 355 nm 处的吸收系数 $a_{355}$ 来表征。$UV_{254}$ 是衡量水中有机物指标的一项重要控制参数，天然水体和污水处理厂二级处理出水中的主要有机污染物（占 DOC 的 40%～60%），如木质素、丹宁、腐殖质和各种芳香族有机化合物，在 254 nm 处有强烈的吸收，并且国内外许多文献资料表明水中水中色度、TOC、DOC、$COD_{Cr}$ 等和 $UV_{254}$ 值的大小具有一定的相关性，所以通过 $UV_{254}$ 可间接反映水中有机污染物的程度，故可以采用其作为水中有机物含量的替代参数。分析表明，有机污染物的分子量越大，水体中的 $UV_{254}$ 值越高，分子量大于 3 000 Da 以上的有机物是水中紫外吸收的主体。紫外－可见吸收光谱中的 $a_{300}/a_{400}$ 是衡量腐殖质的腐殖化程度、芳香性及分子量的相关参数，一般而言，随着 $a_{300}/a_{400}$ 的减小，腐殖质的腐殖化程度、芳香性相对增大。Artinger 的研究表明，腐殖化程度较高时，$a_{300}/a_{400}$ 小于 3.5。De Haan 的研究表明，$a_{250}/a_{365}$ 随着分子量的增加而减少，呈负相关性。因此本书选择 250 nm，254 nm，300 nm，355 nm，365 nm，400 nm 这 5 个波长处的吸收系数进行分析。取 2010 年 8 月 23 日两种人工湿地进出水及其沿程空间样点进行分析。

陶粒填料和沸石填料水平潜流人工湿地各点特征吸收系数和比值如表 6-4 和表 6-5 所示。从 $a_{355}$ 来看，基本上人工湿地中各点的吸收系数都呈现出沿程降低的趋势，但是在人

表 6-4　陶粒－水平潜流人工湿地各点 DOC 值、特征吸收系数及比值

| CW-1 | DOC（mg/L） | $a_{250}$ | $a_{254}$ | $a_{300}$ | $a_{355}$ | $a_{365}$ | $a_{400}$ | $a_{300}/a_{400}$ | $a_{250}/a_{365}$ | $UV_{254}$/DOC |
|---|---|---|---|---|---|---|---|---|---|---|
| 进水 | 11.79 | 0.123 | 0.118 | 0.065 | 0.027 | 0.023 | 0.013 | 5.00 | 5.35 | 0.010 0 |
| 1 | 7.57 | 0.103 | 0.098 | 0.052 | 0.020 | 0.017 | 0.009 | 5.78 | 6.06 | 0.012 9 |
| 2 | 7.14 | 0.101 | 0.096 | 0.051 | 0.018 | 0.015 | 0.008 | 6.38 | 6.73 | 0.013 4 |
| 3 | 7.85 | 0.107 | 0.101 | 0.056 | 0.022 | 0.018 | 0.009 | 6.22 | 5.94 | 0.012 8 |
| 4 | 5.96 | 0.091 | 0.086 | 0.044 | 0.015 | 0.012 | 0.005 | 8.80 | 7.58 | 0.014 4 |
| 5 | 5.36 | 0.092 | 0.087 | 0.045 | 0.016 | 0.013 | 0.005 | 9.00 | 7.08 | 0.016 2 |
| 6 | 5.27 | 0.091 | 0.086 | 0.044 | 0.015 | 0.013 | 0.006 | 7.33 | 7.00 | 0.016 3 |
| 7 | 5.72 | 0.092 | 0.088 | 0.046 | 0.015 | 0.013 | 0.006 | 7.67 | 7.08 | 0.015 3 |
| 8 | 4.56 | 0.088 | 0.084 | 0.043 | 0.014 | 0.012 | 0.005 | 8.60 | 7.33 | 0.018 4 |
| 9 | 5.44 | 0.093 | 0.088 | 0.046 | 0.016 | 0.013 | 0.006 | 7.67 | 7.15 | 0.0161 |
| 出水 | 5.07 | 0.090 | 0.085 | 0.045 | 0.015 | 0.013 | 0.006 | 7.50 | 6.92 | 0.0167 |

表 6-5　沸石 - 水平潜流人工湿地各点 DOC 值、特征吸收系数及比值

| CW-2 | DOC（mg/L） | $a_{250}$ | $a_{254}$ | $a_{300}$ | $a_{355}$ | $a_{365}$ | $a_{400}$ | $a_{300}/a_{400}$ | $a_{250}/a_{365}$ | $UV_{254}/DOC$ |
|------|-----------|-----------|-----------|-----------|-----------|-----------|-----------|-------------------|-------------------|----------------|
| 进水 | 11.79 | 0.123 | 0.118 | 0.065 | 0.027 | 0.023 | 0.013 | 5.00 | 5.35 | 0.010 0 |
| 1 | 13.26 | 0.134 | 0.128 | 0.069 | 0.029 | 0.025 | 0.016 | 4.31 | 5.36 | 0.009 6 |
| 2 | 13.06 | 0.133 | 0.126 | 0.069 | 0.029 | 0.025 | 0.015 | 4.60 | 5.32 | 0.009 5 |
| 3 | 8.83 | 0.123 | 0.114 | 0.062 | 0.024 | 0.021 | 0.012 | 5.17 | 5.86 | 0.012 9 |
| 4 | 8.32 | 0.118 | 0.113 | 0.060 | 0.024 | 0.020 | 0.011 | 5.45 | 5.90 | 0.013 6 |
| 5 | 8.22 | 0.119 | 0.113 | 0.060 | 0.024 | 0.020 | 0.011 | 5.45 | 5.95 | 0.013 7 |
| 6 | 11.1 | 0.123 | 0.117 | 0.063 | 0.025 | 0.021 | 0.012 | 5.25 | 5.86 | 0.010 5 |
| 7 | 10.4 | 0.122 | 0.116 | 0.062 | 0.025 | 0.021 | 0.012 | 5.17 | 5.81 | 0.011 2 |
| 8 | 9.43 | 0.121 | 0.115 | 0.061 | 0.024 | 0.021 | 0.012 | 5.08 | 5.76 | 0.012 2 |
| 9 | 8.45 | 0.120 | 0.114 | 0.061 | 0.024 | 0.021 | 0.012 | 5.08 | 5.71 | 0.013 5 |
| 出水 | 9.20 | 0.121 | 0.115 | 0.061 | 0.025 | 0.021 | 0.012 | 5.08 | 5.76 | 0.012 5 |

工湿地的前 1/2 段，两种人工湿地 $a_{355}$ 值的变化趋势却略有不同，陶粒填料湿地 CW-1 随着湿地的长度逐渐下降，吸收系数降低了 43.3%，而沸石填料湿地 CW-2 的 $a_{355}$ 值却呈现出先上升后下降的趋势，从湿地进水口到湿地 1/2 处吸收系数下降了 10%。在湿地的后 1/2 段，CW-1、CW-2 的 $a_{355}$ 值基本没有发生变化。污水经过人工湿地处理后，CW-1 出水的 $a_{355}$ 值远低于 CW-2，分别为 0.015，0.025。这与 $a_{254}$ 和 DOC 的变化趋势惊人地相似，如图 6-19 所示。将紫外 - 可见吸收光谱和 DOC 做相关性分析，结果表明在两种人工湿地中所取的样

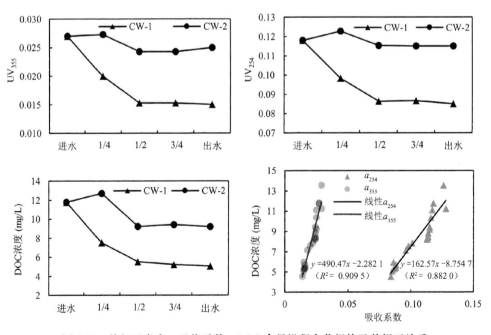

图 6-19　特征吸光度、吸收系数、DOC 含量沿程变化规律及其相互关系

品在 254 nm 和 355 nm 处的吸收系数与 DOC 有一定的线性关系，相关系数 $R^2$ 分别为 0.882，0.909。从关系图中可以得出水中的 DOC 和 DOM 的变化趋势是一致的，证明人工湿地污水中的 DOM 在污水总有机质中占有很大比例。

$a_{300}/a_{400}$ 越大，腐殖质的腐殖化程度、芳香性越低，总的来看，各采样点 $a_{300}/a_{400}$ 均远大于 3.5，这表示各点水样的腐殖化程度均不高，芳构化程度较低。CW-1、CW-2 湿地进水中的 $a_{300}/a_{400}$ 均小于湿地出水，这说明经过人工湿地的处理，污水中的腐殖化程度和芳香性均有了不同程度的下降。在湿地中，$a_{300}/a_{400}$ 呈现出先升高后下降的趋势，腐殖化程度的变化趋势与之相反，先降低后略微升高。在湿地中，腐殖化程度高的物质往往很难被植物和微生物利用分解，这个趋势可能反映了水平潜流人工湿地中有机物的利用状况。在人工湿地的前段，由于植物微生物对湿地中有机物的吸收利用，使人工湿地中有机物的浓度降低，被植物、微生物利用吸收的不仅含有易于分解的溶解性有机质，而且还包含了一部分难于被生物利用的腐殖化程度相对较高的物质，所以在人工湿地前半段，污水的腐殖化程度沿着其在湿地床中流动距离的增加而降低；在湿地后半段，随着植物、微生物生长活动所产生的复杂稳定的有机物 —— 腐殖质的增多，出水的腐殖化程度也随之略微升高。

$a_{250}/a_{365}$ 可表征水中溶解性有机物的分子量，研究表明，$a_{250}/a_{365}$ 与溶解性有机物的重均分子量呈反比。从表 6-4 和 6-5 中可以看出，$a_{250}/a_{365}$ 基本上是沿程逐渐升高，反映分子量逐渐降低的趋势，与凝胶过滤色谱所得的结论相一致，这可能是由于人工湿地系统对有机物良好的降解作用，使得水中的大分子有机污染物不断地向低碳小分子转化，虽然植物、微生物的生长活动会产生一些复杂、稳定的大分子有机物，但是其产生量并不会影响水中的有机物向低碳小分子转化的趋势。与 CW-2 系统相比，CW-1 系统对有机污染物向低碳小分子转化更为彻底，对有机污染物的去除效果更好。

**3. 三维荧光光谱扫描对溶解有机物在湿地空间变化的特征**

三维荧光光谱在天然水体或受污染水体中的溶解性有机物研究中被广泛应用，其具有灵敏度高、受干扰小、检测速度快、对样品无破损、用样量少以及对物质具有良好鉴定性等优点。与吸收光谱相比，三维荧光光谱可以揭示不同性质的荧光峰的位置及其相对的荧光强度等信息，进而能够揭示溶解性有机物组成和来源。目前已见报道的常见荧光基团（图 6-20）有：类色氨酸荧光基团 S（$E_x$ = 220 ～ 230 nm，$E_m$ = 320 ～ 350 nm）和 T（$E_x$ = 270 ～ 280 nm，$E_m$ = 320 ～ 350 nm）；类酪氨酸荧光基团 D（$E_x$ = 220 ～ 230 nm，$E_m$ = 300 ～ 310 nm）和 B（$E_x$ = 270 ～ 280 nm，$E_m$ = 300 ～ 310 nm）；紫外类富里酸荧光基团 A（$E_x$ = 230 ～ 260 nm，$E_m$ = 380 ～ 480 nm）；可见类富里酸荧光基团 C（$E_x$ = 320 ～ 350 nm，$E_m$ = 420 ～ 480 nm）和 M（$E_x$ = 290 ～ 320 nm，$E_m$ = 370 ～ 420 nm）；类腐殖酸荧光基团 E（$E_x$ = 350 ～ 440 nm，$E_m$ = 430 ～ 510 nm）。

水平潜流人工湿地采样点水样中溶解性有机物的 EEMs 图谱如图 6-21 所示。在进水中可以分辨出有四个荧光峰出现，分别是可见类富里酸 M、紫外类富里酸 A、类色氨酸 S 和

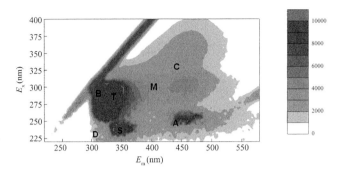

图 6-20　有色溶解有机物常见荧光基团的 3DEEM 示意图

表 6-6　水平潜流人工湿地各采样点 EEMs 特征荧光峰比较

| 样品位点 | 类腐殖质物质 | | | | 类蛋白质物质 | | | |
|---|---|---|---|---|---|---|---|---|
| | 可见类富里酸 M | | 紫外类富里酸 A | | 类色氨酸 S | | 类色氨酸 T | |
| | $E_x/E_m$ | $I$ | $E_x/E_m$ | $I$ | $E_x/E_m$ | $I$ | $E_x/E_m$ | $I$ |
| CW-1 进水 | 301/400 | 594.8 | 259/434 | 528.2 | 238/350 | 672.2 | 280/344 | 590.3 |
| CW-1 1/4 | 298/398 | 535.6 | 250/432 | 519.5 | 238/352 | 713.4 | 286/348 | 558 |
| CW-1 1/2 | 307/394 | 477.1 | 259/430 | 522.7 | 232/342 | 668.2 | 286/352 | 515.6 |
| CW-1 3/4 | 298/390 | 476.3 | 256/436 | 518.3 | 235/352 | 644.9 | 289/346 | 512.9 |
| CW-1 出水 | 295/394 | 480.9 | 256/444 | 520.9 | 235/354 | 648.6 | 283/344 | 527.3 |
| CW-2 进水 | 301/400 | 594.8 | 259/434 | 528.2 | 238/350 | 672.2 | 280/344 | 590.3 |
| CW-2 1/4 | 298/396 | 569.9 | 262/442 | 604.4 | 235/352 | 694.2 | 289/356 | 558.3 |
| CW-2 1/2 | 298/394 | 522.5 | 253/444 | 547.1 | 238/348 | 643.3 | 283/346 | 504.9 |
| CW-2 3/4 | 307/408 | 530.9 | 253/436 | 565.8 | 238/354 | 658.3 | 286/348 | 529.2 |
| CW-2 出水 | 301/396 | 514.0 | 253/440 | 533.2 | 235/352 | 657.6 | 286/350 | 515.7 |

类色氨酸 T。分析荧光光谱数据中四个特征荧光峰的出峰位置及变化（表 6-6），出水中 M 峰的相对荧光强度分别降低了 19.15%，13.58%，S 峰降低了 3.51%，2.17%，T 峰降低了 10.67%，12.64%，而 A 峰几乎没有发生变化。M 峰和 T 峰的相对荧光强度在沿程上逐渐减小，M 峰和 T 峰基本上全都是在人工湿地的前 1/2 段被削减，S 峰呈现出先增大后减小的趋势。S 峰和 T 峰属于类蛋白质物质，M 峰和 A 峰属于类腐殖质物质。国内外文献均表明，类蛋白峰能很好地表征水环境的污染状况，一般生活污水或微生物活动强烈的水体都可以表现出极强的类蛋白荧光，因此可以把 S、T 峰的削减视为有机污染物在湿地系统中的分解去除作用。同时我们可以发现，虽然 T 峰是溶解性微生物代谢产物，但是其还是能够被湿地中的植物、微生物所分解利用，S 峰的荧光强度并没有明显地减小，这可能是因为色氨酸类芳香族蛋白质不能够为湿地中的植物与微生物所降解利用。M 峰为可见类富里酸物质，A 峰为紫外类富里酸物质，都属于类腐殖质物质，M 峰相对荧光强度的降低说明了本人工湿地小试系统

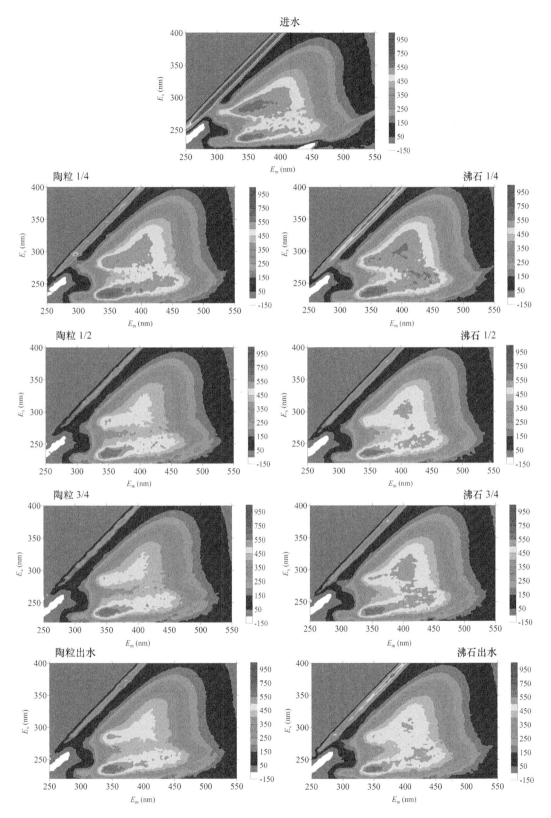

图 6-21　水平潜流人工湿地中各采样点溶解性有机物的 EEMs 图谱

只对类腐殖质中的可见类富里酸具有削减作用。一般来说，类腐殖质物质化学性质较为稳定、难于分解，较难被生物利用，而人工湿地系统对其却有去除作用，从这个意义上来说，人工湿地系统对有机物的去除应该得到加分。

荧光指数（fluorescence index，$f_{450/500}$）可表征溶解性有机物中腐殖质的来源。$f_{450/500}$ 是指激发光波长 $E_x$ 为 370 nm 时，荧光发射光谱在 450 nm 与 500 nm 处的强度比值。McKnight et al.（2001）提出，陆源溶解性有机物和生物来源溶解性有机物这两个端源 $f_{450/500}$ 值分别为 1.4 和 1.9。本书中人工湿地进出水的 $f_{450/500}$ 值分别为 1.84，1.91，1.81，说明湿地水样中的腐殖质主要为生物来源。同时，富里酸芳香性与荧光指数 $f_{450/500}$ 呈负相关，较高的 $f_{450/500}$ 值揭示了湿地出水中腐殖类物质芳香性较弱，含有的苯环结构较少。

一些研究认为，类蛋白荧光强度与可见类富里酸荧光强度比值 $r(S, M)$ 一般可以反映水体的污染情况。$r(S, M)$ 计算公式为

$$r(S, M) = I_S / I_M$$

其中，$I_S$ 和 $I_M$ 分别为类蛋白荧光强度和可见类富里酸荧光强度。各点的 $r(S, M)$ 如表 6-7 所示。$r(S, M)$ 值为 1.13 ～ 1.40。而研究受污染河流溶解性有机物的 $r(S, M)$ 一般大于 1.5，说明湿地进出水的污染程度不高。

紫外类富里酸荧光强度与可见区类富里酸荧光强度比值 $r(A, M)$ 是一个与有机质结构和成熟度有关的指标，$r(A, M)$ 值受有机质分子的大小、溶液 pH 等因素影响。$r(A, M)$ 计算公式为

$$r(A, M) = I_A / I_M$$

其中，$I_A$ 和 $I_M$ 分别为紫外类富里酸荧光强度和可见类富里酸荧光强度。

$r(A, M)$ 值如果发生变化，说明在溶解性有机物中将至少含有两种类型的富里酸荧光基团。如果只含有一种基团，则 $r(A, M)$ 应该为一个定值。系统各点 $r(A, M)$ 如表 6-7 所示，$r(A, M)$ 值发生了变化，说明系统进出水溶解性有机物中不止含有一种富里酸荧光基团。

表 6-7　水平潜流人工湿地各采样点水样中溶解性有机物的荧光参数

| | | 进水 | 1/4 | 1/2 | 3/4 | 出水 |
|---|---|---|---|---|---|---|
| $f_{450/f500}$ | CW-1 | 1.84 | 1.89 | 1.91 | 1.91 | 1.91 |
| | CW-2 | 1.84 | 1.81 | 1.74 | 1.79 | 1.81 |
| $r(S, M)$ | CW-1 | 1.13 | 1.33 | 1.40 | 1.35 | 1.35 |
| | CW-2 | 1.13 | 1.21 | 1.23 | 1.24 | 1.28 |
| $r(A, M)$ | CW-1 | 0.89 | 0.97 | 1.10 | 1.09 | 1.08 |
| | CW-2 | 0.89 | 1.06 | 1.05 | 1.07 | 1.04 |
| HIX | CW-1 | 1.67 | 2.18 | 2.14 | 2.07 | 2.19 |
| | CW-2 | 1.67 | 2.36 | 2.50 | 2.47 | 2.38 |

腐殖化指数（HIX）可以用于估算有机质的腐殖化程度或成熟度，HIX 是 $H/L$ 的值，定义为波长 254 nm 处激发下，发射波长在 $435 \sim 480$ nm（$H$）与 $300 \sim 345$ nm（$L$）波段内的荧光强度平均值的比率。研究认为腐殖化程度较高的有机物具有较高的 HIX（$10 \sim 16$），主要来自陆源，而较低的数值（$< 4$）有可能为生物来源。湿地中各点的 HIX 如表 6-7 所示，可见 HIX 值均小于 4，说明人工湿地进出水腐殖化程度都较低，湿地中的有机物有可能来自微生物的生命活动和死亡分解。

从 PARAFAC 分析得到 2 个荧光组分 Component1（$C_1$）和 Component2（$C_2$），2 组分激发发射光谱和轮廓图如图 6-22 所示。$C_1$ 的最佳激发／发射波长为 $E_x = 232 \sim 235$ nm（$283 \sim 286$ nm）／$E_m = 342 \sim 350$ nm，属于类色氨酸荧光基团 S、T；$C_2$ 的最佳激发／发射波长为 $E_x = 253 \sim 259$ nm（$337 \sim 343$ nm）／$E_m = 434 \sim 446$ nm，属于类富里酸荧光基团 C、A。与 Coble（1996）划分的荧光峰比较发现，$C_1$ 的最佳激发／发射波长与紫外类富里酸荧光峰 A 的激发／发射波长较为吻合，$C_2$ 的最佳激发／发射波长分别与类色氨酸荧光峰 S、T 的激发／发射波长较为吻合，这说明 $C_1$、$C_2$ 可能分别与荧光峰 A、S 和 T 有关。

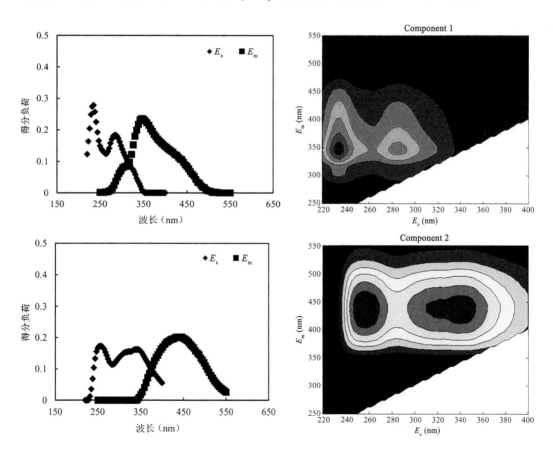

图 6-22　$C_1$、$C_2$ 组分的激发和发射光谱以及轮廓线

### 6.2.3　小　结

（1）污水处理厂尾水重均分子量为 343.2 kDa，经过湿地系统处理后，尾水中有机物的重均分子量分别降低了 19.6%，22.8%，为 275.9 kDa，264.9 kDa。两种人工湿地系统对于有机物的去除基本上都是在前 1/2 段完成了大分子向低碳小分子的转化，在湿地的前 1/4 段，有机物的重均分子量随着深度的增加而减小。

进水中有机污染物的分子量主要集中在 50 kDa ～ 1 000 kDa 范围内，占有机物总量的 85.39%，10 kDa ～ 50 kDa 的有机物几乎没有，只占到有机物总量的 0.052 6%。>1 000 kDa，500 kDa ～ 1 000 kDa，100 kDa ～ 500 kDa，50 kDa ～ 100 kDa 的大分子有机污染物百分比在人工湿地处理前后都有不同程度的削减，低于 50 kDa 的有机污染物百分比相对增加了很多，人工湿地污水中有机物分子量的变化基本上在湿地的前 1/2 段就已经达到稳定。

（2）人工湿地中各点的 $a_{355}$ 值都呈现出沿程降低的趋势。$a_{355}$ 与 $a_{254}$ 和 TOC 的变化趋势一致。两种人工湿地中所取的样品在 254 nm 和 355 nm 处的吸收系数与 DOC 具有一定的线性关系，相关系数 $R^2$ 分别为 0.882 和 0.909，说明人工湿地污水中的溶解性有机物在污水总有机质中占有很大比例。

各采样点 $a_{300}/a_{400}$ 均远大于 3.5，说明各点水样的腐殖化程度均不高，芳构化程度较低。CW-1，CW-2 湿地进水中的 $a_{300}/a_{400}$ 均小于湿地出水，经过人工湿地的处理，尾水中的腐殖化程度和芳香性均有了不同程度的下降，湿地中沿程各点腐殖化程度先降低后略微上升。$a_{250}/a_{365}$ 可表征水中溶解性有机物的分子量，研究表明溶解性有机物的平均分子量与 $a_{250}/a_{365}$ 呈反比。湿地各点 $a_{250}/a_{365}$ 基本上是沿程逐渐升高，分子量有逐渐降低的趋势。

（3）使用三维荧光扫描技术研究尾水中的溶解性有机物在湿地中的转化，结果表明，进水中表征出 4 类溶解性有机物：类色氨酸荧光物质 S 和 T、可见类富里酸荧光物质 M、紫外类富里酸荧光物质 A。经过人工湿地净化处理后，出水中 M 峰、S 峰、T 峰的相对荧光强度都有不同程度的降低，A 峰几乎没有发生变化。虽然 T 峰是溶解性微生物代谢产物，但是其还是能够被湿地中的植物微生物所分解利用。S 峰的相对荧光强度并没有明显的减小，这可能是因为类色氨酸芳香族蛋白质不能够为湿地中的植物与微生物所降解利用。M 峰相对荧光强度的降低说明了本人工湿地小试系统只对类腐殖质中的可见类富里酸具有削减作用。

各点的 $r(S, M)$ 值在 1.13 ～ 1.40。而研究受污染河流溶解性有机物的 $r(S, M)$ 一般大于 1.5，说明湿地进出水的污染程度不高。进出水的 $r(S, M)$ 值发生了变化，说明系统进出水溶解性有机物中不止含有一种富里酸荧光基团。湿地中各点的 HIX 值均小于 4，说明人工湿地进出水腐殖化程度都较低，湿地中的有机物有可能来自微生物的生命活动和死亡分解。

利用 PARAFAC 模型分析水样得到两个荧光组分 Component1（$C_1$）和 Component2（$C_2$）分别属于类色氨酸荧光基团 S 和 T，类富里酸荧光基团 C 和 A。$C_1$ 的最佳激发 / 发射波长与紫外类富里酸荧光峰 A 的激发 / 发射波长较为吻合，$C_2$ 的最佳激发 / 发射波长分别与类色氨酸荧光峰 S 和 T 的激发 / 发射波长较为吻合，这说明 $C_1$，$C_2$ 可能分别与荧光峰 A，S 和 T 有关。

## 6.3　人工湿地对尾水综合生物急性毒性的削减

城市污水一般是由生活污水和工业废水混合而成的，通常经城市排水管道收集后集中处理。生活污水中含有与人们日常生活相关的化学物质，如吲哚、内分泌干扰物等；工业废水虽然已经过工厂的预处理然后排入城市管道，但是其中仍然会含有大量的有毒有机物。因此，城市污水中不可避免地存在着有毒物质。目前，我国对水和废水污染排放的水质评价与监督以理化分析为主，主要是 $BOD_5$，$COD_{Cr}$，SS，TN，TP 等常规指标，现实中常有理化指标合格的废水，生物毒性却很大，理化指标不合格的，生物毒性却较小，所以从生态环境保护以及人类健康安全的角度上来看，仅仅监测理化等常规指标是远远不够的。传统污水处理工艺不可能去除污水中所有的有毒有机物，虽然其出水的理化指标已经达到排放标准，但是将其排放到天然水体中仍然可能产生一定的污染。目前，人们越来越重视将人工湿地用于深度处理污水处理厂尾水，不仅可以有效地削减有机物负荷，还能去除一些传统污水处理工艺不可能去除的有毒有机物，削减出水毒性，并且具有良好的环境生态效应。

发光菌毒性测试法是世界范围内广泛使用的一种毒性测试方法，其测试样品包括城市污水、工业废水、地表水以及各种化学品等。研究表明，发光菌毒性测试法与其他毒性测试法有很好的相关性，并且具有简单、快速、有效等特点，应用比较广泛。通常所用的发光明亮杆菌由于其生存环境中需要大量的 $Cl^-$，在进行环境样品生物毒性测试时需要人为加入一定量的 NaCl（2% ~ 3%），这对测试淡水体系样品中污染物毒性显然存在一定的局限性和矛盾，国内有很多学者都开始应用青海弧菌（*Vibrio qinghaiensis sp.nov*）进行研究，该菌在淡水体系中发光的特点使其具有很大的应用潜力，目前已取得较好的效果。本节应用青海弧菌发光检测法，从毒性削减的角度，研究了人工湿地小试系统对模拟污水处理厂尾水的毒性削减情况，并对其毒性削减能力进行了评估。

### 6.3.1　实验设计

#### 1. 实验水质

实验进水采用人工配水。根据黄满红等对上海曲阳污水处理厂和石洞口污水处理厂的进出水以及同济新村生活污水的 GC-MS 分析测试结果，本实验选取若干有毒有机物作为进水产生毒性的物质进行添加（表 6-8）。同时也结合一些国外的研究成果，设计有毒有机物含量占总 $COD_{Cr}$ 的 33%。

此外，其他碳源还包括蛋白胨和葡萄糖，以 1:1 配比，氮源为尿素（$(NH_2)_2CO$），磷源为磷酸二氢钾（$KH_2PO_4$），氮磷投加量按照 $C:N:P=100:5:1$ 的比例加入（蛋白胨中所含氮未计入），其他添加的营养元素还包括 $CaCl_2$，$MgSO_4$，$FeSO_4$，$CuSO_4$ 等，按照细菌干细胞中的元素比例投加。

表 6-8　配水中的 7 种有毒有机物及其理化性质

| 名　称 | 分子式 | 形　状 | 所占 $COD_{Cr}$ 百分比 | 毒性（大鼠经口）$LD_{50}$（mg/kg） |
|---|---|---|---|---|
| 甲苯 Toluene | $C_7H_8$ | 无色液体，易挥发，具有刺激性香味，熔点 $-95℃$，相对密度 0.866 | 7% | 636 |
| 对二甲苯 P-xylene | $C_8H_{10}$ | 无色液体，易挥发，蒸气有芳香气味，熔点 13℃ | 1.5% | 2 560 |
| 邻二甲苯 O-xylene | $C_8H_{10}$ | 无色液体，易挥发，蒸气有芳香气味，熔点 $-25℃$ | 1.5% | 2 200 |
| 吡啶 Pyridine | $C_5H_5N$ | 无色液体，有难闻的气味，熔点 $-41.6℃$，相对密度 0.978 | 3% | 891 |
| 环己酮 Cyclohexanone | $C_6H_{10}O$ | 白色至微黄色液体，带有泥土气息，熔点 $-47℃$，相对密度 0.947 8 | 2% | 1 535 |
| 苯丙酸 Benzenepropanoic acid | $C_9H_{10}O_2$ | 白色棱状结晶，微溶于水，熔点 48.5℃，相对密度 1.071 | 3% | 28.9 |
| 吲哚 Indole | $C_8H_7N$ | 无色片状结晶，几乎不溶于水，浓时具有强烈的粪臭味，熔点 $51\sim53℃$，相对密度 1.22 | 15% | 1 000 |

调节人工湿地的水力停留时间为 6 d，运行两个星期后进行采样分析。

**2. 毒性测试方法**

本实验选用青海弧菌发光检测法来测定污水处理厂尾水在人工湿地处理前后的综合毒性。青海弧菌发光检测法是利用青海弧菌相对发光率与水样的毒性呈负的相关性（$P \leqslant 0.05$），通过微板光度计测定水样的相对发光率。本节以青海弧菌的一个变种 Q67 为检测生物，以 Veritas$_{TM}$ 微板光度计为发光强度测试设备来进行实验。

（1）主要仪器

Veritas$_{TM}$ 微板光度计，美国 Turner Biosystems 公司；LS-B50L 型立式压力蒸汽灭菌器，上海医用核子仪器厂；LRH-150Z 型恒温振荡培养箱，广东医疗器械厂；WZR-D961 型微量振荡器，苏州市东吴医用电子仪器厂。

（2）Q67 淡水发光菌微板试验

按如下方法配制培养基：$KH_2PO_4$ 13.6 mg，$Na_2HPO_4 \cdot 12H_2O$ 35.8 mg，$MgSO_4 \cdot 7H_2O$

0.25 g，MgCl$_2$·6H$_2$O 0.61 g，CaCl$_2$ 33.0 mg，NaHCO$_3$ 1.34 g，NaCl 1.5 g，酵母浸出液 5.0 g，胰蛋白胨 5.0 g，甘油 3.0 g，溶入 1 000 mL 蒸馏水中。培养基中各离子浓度对青海弧菌的生长影响较大，实验的离子浓度来自文献资料。

将 4℃保存的 Q67（购自华东师范大学）斜面菌种转接到新鲜斜面上，22℃培养 24 h，将新鲜斜面的菌种接种到 50 mL 液体培养基中，22℃振荡培养 16 ～ 18 h，在 Veritas$_{TM}$ 微板光度计上测定发光强度，控制其起始发光（0.1 mL）在 200 万光子单位以上。在样品 96 微孔板的每个样品孔中加入 100 μL 样品溶液（每组 3 个平行，以蒸馏水为空白对照），加 150 μL 菌悬液到样品孔中，用 WZR-D961 型微量振荡器振匀，恒温 20 min 左右转入 Veritas$_{TM}$ 微板光度计进行发光强度测定。因 Veritas$_{TM}$ 微板光度计是一个简单易用、高灵敏度、测量范围广（可测出 9 个数量级）的光度计，不用扣除背景值，不用对菌密度进行太多调节。

（3）应用 Q67 发光菌测定污水的发光抑制毒性

所用微板为 96 孔标准微板，它有 A，B，C，…，H 行共 8 个横排，有 1，2，3，…，12 列共 12 个竖列，总计 8×12＝96 个微孔，每个微孔容积为 375 μL。最大测试体积不能超过 300 μL。96 微孔板第一排 1 ～ 9 孔加入 100 μL 蒸馏水作空白对照。第二排 1 ～ 3 孔加入进水，4 ～ 6 孔加入 CW-1 出水，7 ～ 9 孔加入 CW-2 出水，第三排和第四排加液方式同第二排，每种水样共做 9 个平行。最后用移液器从第一排到第四排向每孔加入 100 μL 菌液。将 96 微孔板放入 SpectraMax M5 型光度计中，设置测定前延迟 2 min，每孔测定时间 250 ms，点击开始按钮进行测定。

把第一排 9 个孔的 RLU 求均值作为对照发光度，把第二、三、四排每列孔的 RLU 求均值作为样品发光度，那么发光菌的相对抑制率 E 可通过以下计算得到：

$$I_0 = \frac{1}{9} \sum_{i=1}^{9} \text{RLU}_{i,\text{ Blank}}$$

$$I = \frac{1}{9} \sum_{j=1}^{9} \text{RLU}_{j,\text{ sample}}$$

$$E = \frac{I_0 - I}{I_0} \times 100\%$$

**3. 毒性评价标准**

目前国内外对生物毒性还没有形成统一的分级标准，本节采用中科院南京土壤所推荐的百分数等级分级标准判别废水毒性（表 6-9）。

### 6.3.2 急性毒性实验结果与分析

从表 6-10 可以直观地看出，人工湿地进水发光菌的相对抑制率较高，为 13.87%，毒性级别为低毒。污水经过 CW-1 和 CW-2 人工湿地处理后，其相对抑制率发生了明显的改变，出水基本上处于微毒或者无毒的级别。研究结果显示，人工湿地处理前后进出水中有机物组

表 6-9　生物毒性和污染等级分级标准

| 毒性等级 | 发光菌相对抑制率 | 毒性级别 |
|---|---|---|
| 1 | ＜ 0 | 微毒或无毒 |
| 2 | 0 ～ 30% | 低毒 |
| 3 | 30% ～ 50% | 中毒 |
| 4 | 50% ～ 80% | 高毒 |
| 5 | ＞ 80% | 剧毒 |

表 6-10　污水水质监测结果

| | TOC（mg/L） | TOC 去除率 | 相对抑制率 | 毒性级别 |
|---|---|---|---|---|
| 进水 | 28.33 | — | 13.870% | 低毒 |
| CW-1 出水 | 15.20 | 46.3% | − 0.136% | 微毒或无毒 |
| CW-2 出水 | 18.37 | 35.1% | − 2.801% | 微毒或无毒 |

成发生了变化，人工湿地进水中有机物检测出有 24 种，在出水中有机物得到了不同程度的去除，CW-1 湿地出水检测出 15 种有机物，CW-2 湿地中检测出 13 种。进水中添加的 7 种有毒有机物在 CW-1 湿地出水中均未检出，在 CW-2 湿地中还是能够检出吲哚，人工湿地系统对模拟二沉池出水中各种有毒有机物的降解去除能力 CW-1 ＞ CW-2。这表明人工湿地系统能够明显去除污水中的有毒有机物，降低污水中的急性毒性，这主要是依靠人工湿地物理、化学、生物的协同去除作用完成污水的净化过程。同时也可以看到 CW-1 的出水略好于CW-2，这可能是因为生物陶粒具有比表面积大、吸附能力强等优点，使其能够更多地吸附这些难溶于水的有毒有机物，并且其较大的比表面积也能够附着更多的微生物，使有毒有机物更多地被微生物吸收转化。

## 6.4　小　结

（1）水平潜流人工湿地对污水处理厂尾水具有较好的净化能力，当水力停留时间为 1 ～ 8 d 时，进水 $NH_3$-N、TN、TP 和 $COD_{Cr}$ 分别为 0.716 ～ 3.000 mg/L，4.510 ～ 11.300 mg/L，0.502 ～ 0.711 mg/L，46.4 ～ 82.7 mg/L 的条件下，陶粒填料系统的全年去除率分别为 − 3.02% ～ 96.15%，− 2.21% ～ 92.63%，− 0.77% ～ 96.4%，39.55% ～ 82.64%，沸石填料系统的全年去除率分别为 − 4.53% ～ 89.97%，19.04% ～ 94.52%，20.31% ～ 90.79%，39.55% ～ 71.83%。当 HRT ≥ 2 d 时，两种人工湿地系统出水 $NH_3$-N、TP 和 $COD_{Cr}$ 在春季、秋季、夏季均可稳定达到《地表水环境质量标准》（GB 3838—2002）Ⅳ类水标准，TN 达到《地

表水环境质量标准》（GB 3838—2002）V类水标准。陶粒填料系统对污染物的去除率略高于沸石系统，若以$COD_{Cr}$等为去除目标，推荐采用陶粒填料系统；若以去除氮素为目标，推荐采用沸石填料系统。在暖寒两季，两种不同填料类型的水平潜流人工湿地中污染物变化规律相似，都是沿程降低。污染物沿程降低是微生物降解和基质吸附共同作用的结果。

（2）人工湿地进水的重均分子量为343.2 kDa，CW-1 出水重均分子量为275.9 kDa，CW-2 湿地出水重均分子量为264.9 kDa，经过人工湿地系统处理后，重均分子量分别降低了19.6%，22.8%。有机物的重均分子量随着深度的增加而减小，在湿地的下层，缺氧厌氧环境有利于大分子有机物的降解。进水中有机污染物的分子量主要集中在 50 kDa ～ 1 000 kDa 范围内，占有机物总量的 85.39%，10 kDa ～ 50 kDa 的有机物几乎没有，只占到有机物总量的 0.05%。尾水经过人工湿地处理后，＞ 1 000 kDa，500 kDa ～ 1 000 kDa，100 kDa ～ 500 kDa，50 kDa ～ 100 kDa 的大分子有机污染物百分比在人工湿地处理前后都有不同程度的减小，低于 50 kDa 的有机污染物百分比相对增加了很多。人工湿地污水中有机物分子量的变化基本上在湿地的前 1/2 段就已经达到稳定。

（3）基本上人工湿地中各点的$a_{355}$，$a_{254}$，DOC 都呈现出沿程降低的趋势，其变化趋势一致。两种人工湿地中所取的样品在 254 nm 和 355 nm 处的吸收系数与 DOC 有一定的线性关系，相关系数 $R^2$ 分别为 0.882 和 0.909，说明人工湿地污水中的有色溶解有机物在污水总有机质中占有很大比例。各采样点 $a_{300}/a_{400}$ 均远大于 3.5，这表示各点水样的腐殖化程度均不高，芳构化程度较低。在湿地中各采样点的腐殖化程度先降低后略微上升，表征水中溶解性有机物分子量的 $a_{250}/a_{365}$ 基本上是沿程逐渐升高，反映出分子量逐渐降低的趋势。

使用三维荧光扫描技术研究尾水中的溶解性有机物在湿地中的转化，进水中表征出 4 类溶解性有机物。在经过人工湿地净化处理过程中，4 类有机物表现出不同的趋势，出水中 M 峰的相对荧光强度分别降低了 19.15% 和 13.58%，S 峰降低了 3.51% 和 2.17%，T 峰降低了 10.67% 和 12.64%，A 峰几乎没有发生变化。在人工湿地中，溶解性有机物中的类蛋白物质和可见富里酸类物质会被微生物利用和转化。在人工湿地的前 1/4 段，色氨酸类芳香族蛋白质荧光强度会先增大，这就说明在湿地前段微生物会将其他有机物转化为色氨酸类芳香族蛋白质。

（4）模拟城市污水进行实验，人工湿地进水对发光菌的相对抑制率较高，为 13.87%，毒性级别为低毒。污水经过 CW-1 和 CW-2 人工湿地处理后，其相对抑制率发生了明显的改变，出水基本上处于微毒或者无毒的级别。

人工湿地处理前后进出水中有机物组成发生了变化，人工湿地进水中有机物检测出有24 种，在出水中有机物得到了不同程度的去除，CW-1 湿地出水检测出 15 种有机物，CW-2湿地中检测出 13 种。进水中添加的 7 种有毒有机物在 CW-1 湿地出水中均未检出，在 CW-2湿地中还是能够检出吲哚，人工湿地系统对模拟二沉池出水中各种有毒有机物的降解去除能力为：CW-1 ＞ CW-2。

（5）本研究发现人工湿地对尾水有较好的净化效果，所监测的所有指标均达到《城镇污水处理厂污染物排放标准》一级 A 标准和太湖地区城镇污水处理厂主要水污染物排放限值。部分指标甚至达到《地表水环境质量标准》（GB 3838—2002）Ⅱ、Ⅲ类或Ⅳ类水标准。表面流人工湿地对尾水的去除不够稳定，受藻类影响较大。建议打捞出表面所滋生的藻类，湿地将恢复对进水中营养盐的去除效果。在工程应用中，藻类控制也是是保障表面流人工湿地去除效果的必要措施。而水平潜流人工湿地对污染物负荷冲击的承受能力要强于表面流人工湿地，并且出水相对稳定。

相关分析表明，水样中 $COD_{Cr}$ 和 $BOD_5$ 与不同有机碳组分含量之间呈显著正相关，特别是 $COD_{Cr}$ 和 $BOD_5$ 与 DOC 含量正相关达到极显著水平，因此水样中 DOC 基本可以反映水体中化学需氧量和生化需氧量，为今后简化水体有机物特征指标的监测提供依据。

另外，各个处理单元取样点的水体三维荧光光谱均出现四个明显的荧光峰。经过人工湿地处理后，T，S，A，E 四个峰的荧光强度都有不同程度的削减，但人工湿地各单元出水 DOM 中，类蛋白物质和紫外类富里酸物质含量相对较高，类腐殖质含量较低。

## 参考文献

Armstrong W. 1978. Root aeration in wetland condition. Plant life in anaerobic environments[J]. Ann Arbor Science, 269-297.

Badkoubi A, Ganjidoust H, Ghaderi A, et al. 1998. Performance of a subsurface constructed wetland in Iran[J]. Water Science and Technology, 38(1): 345-350.

Bailey J A. 1984. Principles of Wild life Management[M]. New York: John Wiley and Sons Inc.

Brix H. 1994. Functions of macrophytes in constructed wetlands[J]. Water Science and Technology, 29: 71-78.

Cheng S, Grosse W, Karrenbrock F, et al. 2002. Efficiency of constructed wetlands in decontamination of water polluted by heavy metals[J]. Ecological Engineering, 18(3): 317-325.

Coble P G. 1996. Characterization of marine and terrestrial DOM in seawater using excitation-emission matrix spectroscopy [J]. Marine Chemistry, 51(4): 325-346.

Cooper P F. 1999. A review of the design and performance of vertical flow and hybrid reed bed treatment systems[J]. Water Science and Technology, 40(3): 1-9.

Cooper P. 1989. Constructed wetlands for wastewater treatment[M]. USA: Michigan Lewis Publishers, 153-172.

Dewhurst R E, Wheeler J R, Chummun K S, et al. 2002. The comparison of rapid bioassays for the assessment of urban groundwater quality[J]. Chemosphere, 47(5):547-554.

Faulkner S P, Richardson C J. 1989. Physical and chemical characteristics of freshwater wetland soils[C]//Hammer D A. Constructed Wetlands for Wastewater Treatment. Lewis Publishers, Chelsea, Michigan.

Fennessy M S, Cronk J K, Mitsch W J. 1994. Macrophyte productivity and community development in created freshwater wetlands under experimental hydrological conditions[J]. Ecological Engineering, 3(4): 469-484.

Fleming S M S, Horne A J. 2002. Enhanced nitrate removal efficiency in Wetland microcosms using an episediment layer for denitrification[J]. Environmental Science Technology, 36(6): 1 231-1 237.

Garric J, Vollat B, Nguyen D K, et al. 1996. Ecotoxicological and chemical characterization of municipal wastewater treatment plant effluents[J]. Water Science Technology, 33(6): 83-91.

George D, Stearman G K, Carlson K, et al. 2003. Simazine and Metolachlor Removal by Subsurface Flow Constructed Wetlands[J]. Water Environment Research, 75(2): 101-112.

Gersberg R M，Elkins B V，Lyon S R，et al. 1986. Role of aquatic plants in wastewater treatment by artificial wetlands[J]. Journal of Water Research，3: 363-368.

Hammar D A，Breen P F，Perdomo S，et al. Constructed wetlands for Waster Treatment[M]. Michigan: Lewis Publishers Inc，5-20.

Hopp H G，Emerick L C，Gocke K. 1988. Microbial decomposition in aquatic environments: combined processes of extra cellular activity and substrate uptake[J]. Applied and Environmental Microbiology，54(3): 784-790.

Huertas E，Folch M，Salgot M，et al. 2006. Constructed wetlands effluent for stream flow augmentation in the Beso' s River(Spain)[J]. Desalination，188(1~3): 141-147.

Huguest A，Vacher L，Relexans S，et al. 2009. Properties of flurescent dissolved organic matter in the Gironde Estuary[J]. Organic Geochemistry，40: 706-719.

Huovinen P S，Penttila H，Soimasuo M R. 2003. Spectral attenuation of solar ultraviolet in the humic lakes in Central Finland[J]. Chemosphere，51(3): 205-214.

Kadlec R H，Knight R L. 1996. Treatment Wetlands[M]. Lewis publishing, Boca Raton，FL.

Kadlec R H，Tanne C C，Hally V M，et al. 2005. Nitrogen spiraling in subsurface-flow constructed wetlands: Implications for treatment response[J]. Ecological Engineering，25(4): 365-381.

Kadlec R H. 2003. Status of treatment wetlands in North America[C]// Dias V，Vymazal J. The Use of Aquatic Macrophytes for Wastewater Treatment in Constructed Wetlands. ICN and INAG，Lisbon，Portugal，363-401.

Kowalczuk P，Cooper W J，Durako M J，et al. 2010. Characterization of dissolved organic matter fluorescence in the South Atlantic Bight with use of PARAFAC model：Relationships between fluorescence and its components，absorption coefficients and organic carbon concentrations[J]. Marine Chemistry，118(1-2): 22-36.

Kowalczuk P，Stoń-Egiert J，Cooper W J，et al. 2005. Characterization of chromophoric dissolved organic matter (CDOM) in the Baltic Sea by excitation emission matrix fluorescence spectroscopy[J]. Marine Chemistry，96(3-4):273-292.

Lantzke I R，Heritage A D，Pistillo，G et al. 1998. Phosphorus removal rates in bucket size planted wetlands with a vertical hydraulic flow[J]. Water Research，32(6):1 888-1 990.

Liu J，Dong Y，Xu H，et al. 2007. Accumulation of Cd, Pb and Zn by 19 wetland plant species in constructed wetland[J]. Journal of Hazardous Material，147(3): 947-953.

Magmedov V G，Zakharchenko M A，Yakovleva LI，et al. 1996. The use of constructed wetlands for the treatment of run-off and Drainage Waters: the UK and Ukraine experience[J]. Water Science and Technology，33(4): 315-323.

Maschinski J，Southam G，Hines J，et al. 1999. Efficiency of a subsurface constructed wetland system using native southwestern US plants[J]. Environmental Quality，18(1): 225-231.

Matin C D，Moshiri G A. 1994. Nutrient reduction in an in-series constructed wetland system treating landfill leachate[J]. Water Science and Technology，29(4):267-272.

McCullough R B. 2002. River Hebert Marsh: Constructed wetlands for wildlife and tertiary treatment of domestic wastewater[R]. Report to Ducks Unlimited Canada, Amherst, Nova Scotia，22: 23-26.

McKnight D M，Boyer E W，Westerhoff P K，et al. 2001. Spectrofluorescence characterization of dissolved organic matter for indication of precursor organic materials and aromaticty[J]. Limnology and Oceanography，46(1): 38-48.

Morris M，Hebert R. 1998. The design and performance of a vertical flow reed bed for the treatment of high ammonia/ low suspended solid organic effluents[J]. Water Science and Technology，35(5): 197-204.

Paxeus N，Schroder H F. 1996. Screening for non-regulated organic compounds in municipal wastewater in Goteborg，Sweden[J]. Water Science and Technology，33(6): 9-15.

Peter F B，Alan J C. 1995. Root zone Dynamics in Constructed wetlands receiving waster: a comparison of vertical and horizontal flow systems[J]. Water Science and Technology，32(3): 281-290.

Pillard D A，Crnell J S，DuFresne D L，et al. 2001. Toxicity of benzotriazole and benzotriazole derivatives to three aquatic species[J]. Water Research，35(2): 557-560.

Platzer C，Mauch K. 1997. Soil clogging in vertical flow reed beds-mechanisms, parameter consequences and solutions[J]. Water Science and Technology，35(5): 175-181.

Reddy K R. 1997. Biogeochemical indicators to evaluate pollutant removal efficiency in constructed wetlands[J]. Water Science and Technology，35: 1-10.

Reed S C，Brown D. 1995. Subsurface flow wetlands - a performance evaluation[J]. Water Environment Research，67(2):244-248.

Schulz R，Peall S K C，Hugo C，et al. 2001. Concentration, load and toxicity of spray drift-borne azinphos-methyl at the inlet and outlet of a constructed wetland[J]. Ecological Engineering，18(2): 239-245.

Singh S，JDSa E，Swenson E M. 2010. Chromophoric dissolved organic matter (CDOM) variability in Barataria Basin using excitation-emission matrix (EEM) fluorescence and parallel factor analysis (PARAFAC)[J]. Science of The Total Environment，408(16): 3 211-3 222.

Wolfe A P，Kaushal S S，Fulton J R，et al. 2002. Spectrofluorescence of sediment humic substances and historical changes of lacustrine organic matter provenance in response to atmospherie nutrient enrichment[J]. Enviromental Science and Technology，36(15): 3 217-3 223.

Yang C M，Wang M M，Ma R，et al. 2012. Excitation-Emission Matrix Fluorescence Spectra Characteristics of DOM in a Subsurface Constructed Wetland for Advanced Treatment of Municipal Sewage Plant Effluent[J]. Spectroscopy and Spectral Analysis，32(3): 708-713.

Zhu T，Sikora F J. 1994. Ammonium and nitrate removal in vegetated and unvegetated gravel bed microcosm wetlands[C]. Proceedings of Fourth International Conference Wetland Systems for Water Pollution Control. ICWS'94 Scretariat, Guangzhou, PR China，355-366.

Zhu T，Sikora F J. 1995. Ammonium and nitrate removal in vegetated and unvegetated gravel bed microcosm wetlands[J]. Water Science and Technology，32(3): 219-228.

Zsolnay A，Baigar E，Jimenez M，et al. 1999. Differentiating with fluorescence spectroscopy the sources of dissolved organic matter in soils subjected to drying[J]. Chemosphere，38: 45-50.

邓欢欢，杨长明，李建华，等. 2007. 人工湿地基质微生物群落的碳源代谢特性 [J]. 中国环境科学，27(5): 698-702.

杜兵，张彭义，张祖麟，等. 2004. 北京市某典型污水处理厂中内分泌干扰物的初步调查 [J]. 环境科学，25(1):114-116.

冯锐，马芸，赵旭东，等. 1997. 沸石对氨的若干吸附性质研究 [J]. 宁夏农林科技，3: 7-10.

付国楷，周琪，杨殿海. 2008. 潜流人工湿地在城市污水三级处理中的应用 [J]. 生态学杂志，27(2): 197-201.

黄昌春，李云梅，王桥，等. 2010 基于三维荧光和平行因子分析法的太湖水体 CDOM 组分光学特征 [J]. 湖泊科学，22(3):242-247.

雷志洪，戴知广，陈志诚，等. 2002. 高效复合垂直流人工湿地系统处理效果与污水回用工程 [J]. 给水排水，28(9): 22-24.

李猛，郭卫东，夏恩琴. 2006. 厦门湾有色溶解有机物的光吸收特性研究 [J]. 热带海洋学报，25(1): 9-15.

梁继东，周启星，孙铁珩. 2003. 人工湿地污水系统研究及性能改进分析 [J]. 生态学杂志，22(2): 49-55.

刘琳，杨长明，姜德刚，等. 2013. 高速泳动床对村镇微污染水体的预处理效果 [J]. 环境工程学报，7(5): 1 651-1655.

卢少勇，金相灿，余刚. 2006. 人工湿地的氮去除机理 [J]. 生态学报，26(8): 2 670-2 677.

马梅，童中华，王子健，等. 1998. 新型淡水发光菌（Vibrio qinghaiensis sp. -Q67）应用于环境样品毒性测试的初步研究 [J]. 环境科学学报，18(1): 86-91.

马梅，王子健. 2004. 利用主动和被动采样技术和发光菌毒性测试评价水中有机污染物的毒性 [J]. 环境科学学报，24(4): 684-689.

唐述虞，宋正达，史建文，等. 1993. 金属矿酸性废水的湿地生态工程处理研究 [J]. 中国环境科学，5: 356-360.

王淑娟，刘操，蒲俊文. 2006. 某人工湿地系统对水中持久性有机污染物去除效果的分析 [J]. 安全与环境学报，6(5): 45-48.

夏汉平. 2002. 人工湿地处理污水的机理与效率 [J]. 生态学杂志，21(4): 52-59.

杨昌凤，黄淦泉，宋文初，等. 1991. 模拟人工湿地处理污水的试验研究 [J]. 应用生态学报，4: 350-354.

杨立君. 2009. 垂直流人工湿地用于城市污水处理厂尾水深度处理 [J]. 中国给水排水，25(18): 41-43.

杨长明，顾国泉，邓欢欢，等．2008．风车草和香蒲人工湿地对养殖水体磷的去除作用 [J]．中国环境科学，28(5)：471-475．

杨长明，顾国泉，李建华，等．2008．潜流人工湿地系统停留时间分布与 N、P 浓度空间变化 [J]．环境科学，11：3 043-3 048．

杨长明，华伟，马锐，等．2009．组合人工湿地对环太湖污水处理厂深度处理研究与实践 [J]．第 13 世界湖泊论文集．

杨长明，马锐，山城幸，等．2010．组合人工湿地对城镇污水处理厂尾水中有机物的去除特征研究 [J]．环境科学学报，30(9)：1 804-1 810．

杨长明，马锐，汪盟盟，等．2012．潜流人工湿地对污水厂尾水中有机物去除效果 [J]．同济大学学报（自然科学版），40(8)：1 210-1 216．

易志刚，刘春常，张倩媚，等．2006．组合人工湿地对有机污染物的去除效果初步研究 [J]．生态环境，15(5)：945-948．

尹炜，李培军，尹澄清，等．2004．潜流人工湿地的局限性与运行问题 [J]．中国给水排水，20(11)：36-38．

张甲耀，夏盛林．1998．潜流型人工湿地污水处理系统的研究 [J]．环境科学，19(4)：36-99．

钟润生，张锡辉，管运涛，等．2008．三维荧光指纹光谱用于污染河流溶解性有机物来源示踪研究 [J]．光谱学与光谱分析，28(2)：347-351．

# 7 人工湿地对尾水中新型污染物的去除作用

新型污染物是指目前确已存在，但尚无相关法律法规予以规定或规定不完善，危害生活和生态环境的所有在生产建设或者其他活动中产生的污染物。这类污染物在环境中存在或者已经大量使用多年，但一直没有相应法律法规监管，在发现其具有潜在有害效应时，它们已经以各种途径进入到全球范围内的各种环境介质（如土壤、水体、大气）中。由于新型污染物具有很高的稳定性，在环境中往往难以降解并易于在生态系统中富集，因而在全球范围内均普遍存在，对生态系统中包括人类在内的各类生物均具有潜在的危害。新型污染物的环境污染和生态毒性效应已成为全球所面临的重大环境问题之一。药品及个人护理品（Pharmaceuticals and Personal Care Products，PPCPs）是一种新型污染物，包括了所有医药品（如抗生素、消炎药、镇静剂、抗癫痫药、止痛药、避孕药、减肥药）、农药、兽药、遮光剂、消毒剂以及各种日常生活个人护理品（如化妆品、洗漱用品）等。

医药品的销售和使用量呈现快速增加，目前广泛用于人类或动物疾病预防与治疗的医药品大约有4 500种之多。Richadson et al.（2005）在对香港以及珠江三角洲PPCPs类污染物的研究中，发现水中含有较高浓度的抗生素污染物。同时不能忽视的还有大量生产和广泛使用的个人护理品。例如，20世纪90年代初，德国个人护理品的年产量就高达550 000 t。欧洲、亚洲和北美的一些国家，均有研究报道表明各种PPCPs类污染物存在于地表水、地下水以及城市污水处理厂等水体环境中。综合各个区域检测到的PPCPs，可以将环境中的PPCPs大致可以分为以下几类：

（1）抗生素。由细菌、霉菌或其他微生物在繁殖过程中产生的一类物质，主要用于真菌或细菌所致感染的治疗。抗生素对硝化作用、反硝化作用、氮固定、有机物降解等物质转化的关键过程以及对处理生活和农用污水的生物方法有重要影响。抗生素是目前应用最为广泛的一类药物，其种类繁多，例如诺氟沙星、氯四环素、红霉素、土霉素、罗红霉素。

（2）消炎药。是日常生活中的一种常备药品，也是水环境中经常检测到的药品之一。此类药物主要作用是镇痛、退烧、消炎。例如萘普生、扑热息痛、痛可宁、双氯芬酸、布洛芬、水杨酸。

（3）抗惊厥药。又称抗癫痫药，主要用于惊厥等的治疗，例如苯妥英钠、地西泮、氟西汀、甲丙氨酯。

（4）消毒剂、杀菌剂和防腐剂。例如氯二甲苯酚、避蚊胺、灭滴灵、三氯生。

（5）抗肿瘤药。用于一些癌症的治疗，例如环磷酰胺、异环磷酰胺。

（6）激素和口服避孕药。用于生长激素缺乏、更年期症状以及甲状腺机能减退等症状的治疗，有些用作口服避孕药，例如雌二醇、雌酮。

（7）脂类调节剂。用于代谢紊乱症状的治疗，主要治疗血胆脂醇过多。例如苯扎贝特、安妥明。

（8）香料。包括一系列具有相似结构的化合物，被应用在几乎所有的香味产品及个人护理品中。例如葵子麝香、酮麝香、加乐麝香、吐纳麝香。

（9）防晒剂。例如二苯甲酮、氧苯酮。

## 7.1　人工湿地对尾水中残留的抗生素的去除作用

### 7.1.1　抗生素进入环境的途径和危害

#### 1. 抗生素进入环境的途径

抗生素是世界上用量最大、使用最广泛的药物之一。我国每年生产 210 000 t 抗生素，其中 48% 用于农业，42% 用于医药，其余 10% 用于研究，人均年消费量 138 g 左右（美国仅 13 g）。据不完全统计，我国目前使用和销售量位列前 15 位的药品中有 10 种是抗菌药物。近 5 年内，我国医院抗生素使用率在 67% ~ 82%，住院病人抗菌药物的费用占总费用的 50% 以上（国外为 15% ~ 30%），可见我国是世界上抗生素生产和使用大国。

抗生素进入环境的主要途径如图 7-1 所示。一方面，抗生素生产过程中产生的抗生素剩渣，以及人用抗生素有很大一部分以母体或活性代谢物的形式随粪便排出体外后，均会进入污水处理厂，而传统的污水处理厂无法完全去除抗生素类污染物，部分未降解的药物活性成分就随处理过的污水最终排入天然水体，或者吸附于活性污泥，通过施肥等农业生产活动最

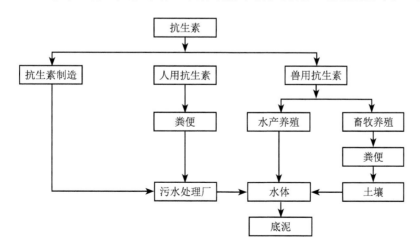

图 7-1　环境中抗生素的来源及归趋

终进入自然环境。另一方面，兽用抗生素可以通过水产养殖直接进入水体，以及通过畜牧养殖中产生的动物粪便的施用进入农田土壤，再通过地表径流进入地表水。抗生素的污染以点源和面源排放相结合的方式进入环境中，由于较高的亲水性和较低的挥发性，其在环境中的主要迁移途径为通过水体和食物转移。

抗生素一旦释放进入环境后分布到土壤、水和空气中，便会在土壤、水和沉积物中重新分配，常常会经过吸附、水解、光降解和微生物降解等一系列过程，这反映了抗生素与水体有机质或土壤、沉积物的相互作用，并可预测抗生素对环境影响的大小。

吸附是抗生素在环境中迁移和转化的重要过程，一般有物理吸附和化学吸附两种。物理吸附是指抗生素通过范德华力、色散力、诱导力和氢键等分子间作用力与水体或土壤中有机质或颗粒物表面吸附位点相吸附；化学吸附是指抗生素的分子功能基团如羧酸、醛、胺类与环境中化学物质或有机质发生化学反应形成络合物或螯合物，被吸附在环境中。

水解是水体中抗生素降解的重要方式，人们在研究抗生素水解时主要是考虑 pH 和温度的影响。氯四环素、氧四环素和四环素随着 pH 和温度的升高其水解速率也相应提高，而林可霉素、磺胺类、甲氧苄啶和泰乐素在 pH 为 5，7，9 时，均未发生明显的水解。而大环内酯和磺胺类抗生素在中性 pH 条件下水解缓慢，且活性较低。β- 内酰胺类在弱酸性至碱性条件下的降解速度都相当快，这也是其在环境中不易被检出的主要原因。

一般认为，光降解反应机理主要就在于分子吸收光能变成激发态从而引发各种反应，抗生素本身的化学结构是其能否光降解的决定因素。磺胺类、喹诺酮类、四环素类、硝基呋喃类抗生素对光敏感，但并不意味所有化合物都发生光降解反应。在淡水和海水中，氧四环素、噁喹酸和氟喹酸在 8℃下、暴露 14 天后分别有 70%，10% 和 10% 发生光降解。Boreen et al.（2003）指出，磺胺甲噁唑、磺胺嘧啶、磺胺二甲氧嘧啶光降解很慢。Boreen et al.（2004）研究了磺胺类抗生素在水体中光降解，并发现其光降解速率与杂环上的 R 基团和水体 pH 相关，光降解速率的先后顺序依次为磺胺噻唑、磺胺异噁唑、磺胺甲噻二唑和磺胺甲噁唑，且光降解后的产物均为对氨基苯磺酸。

抗生素的微生物降解是指在微生物作用下，使抗生素残留物的结构发生改变，从而引起其化学和物理性质发生改变，即通过将抗生素残留物从大分子化合物降解为小分子化合物，最后成为 $H_2O$ 和 $CO_2$，实现对环境污染的无害化处理的过程，其中耐药细菌起最重要的作用。影响抗生素降解的主要因素有温度、pH、盐度、溶解氧水平、光照强度及微生物等。Wang et al.（2006）在研究磺胺二甲嘧啶在土壤中的降解时发现，其降解速率与添加浓度呈负相关，与土壤湿度呈正相关；在添加猪粪的土壤中，其降解速率显著提高，且随粪便量的增加而增加。

### 2. 抗生素的危害

（1）对水生生物的影响

目前大量研究表明，抗生素对水生生物具有毒性效应。通过 226 种抗生素毒性试验研究，发现 20% 的抗生素对海藻具有高毒性（$EC_{50} < 1$ mg/L），16% 的抗生素对水蚤有剧毒（$EC_{50}$

＜ 0.1 mg/L），约 33% 的抗生素对鱼类具有高毒性（$EC_{50}$ ＜ 1 mg/L），50% 以上抗生素对鱼类有毒性（$EC_{50}$ ＜ 10 mg/L）。此外，水生生物长期处在低浓度抗生素环境下也会产生毒害作用，连鹏等（2014）研究发现，低浓度抗生素对亚心形扁藻有促进生长作用，高浓度抗生素对其有抑制作用，当盐酸环丙沙星的浓度为 70 mg/L 和 28.7 mg/L 时，对亚心形扁藻的抑制率分别为 80.8% 和 50%。沈洪艳等（2015）通过诺氟沙星对锦鲤的毒性实验得出：当诺氟沙星暴露 3 d，浓度小于 5 mg/L 时，锦鲤丙二醛（MDA）下降，鳃超氧化物歧化酶（SOD）活性激活；浓度大于 25 mg/L 时，锦鲤丙二醛上升，表明诺氟沙星浓度达到 25 mg/L 时，锦鲤的肝脏受到氧化。

（2）对人体的影响

传统的饮用水处理工艺对抗生素去除效能甚微，抗生素及其降解产物容易随着饮用水进入人体，虽然浓度很低，但长期饮用会降低人体免疫力。而且抗生素能通过食物链富集，对人体造成潜在威胁。虽然低浓度抗生素对人体无明显损害，但会引起过敏作用和毒副作用，甚至可能导致"三致"作用。β-内酰胺类抗生素可引起人体过敏反应，庆大霉素对肾脏具有毒性作用，四环素类影响儿童牙齿发育。Bullman et al.（2017）研究发现抗生素药物甲硝哒唑（主要用于治疗呼吸道、消化道、腹腔感染等）对癌细胞作为受体的梭菌属具有明显的抑制作用，既然抗生素对癌细胞具有抑制作用，那么对正常菌群和正常细胞也会存在潜在危险。

（3）诱导细菌产生抗药性

抗生素进入环境后不仅会对水生生物和人体产生影响，而且当细菌长期处于低浓度抗生素环境时，会产生抗药性（耐药性），抗药性使抗生素抑制细菌生长的效能降低，对生态系统造成潜在威胁。国内外学者在各种水体中均检测到抗生素抗性基因的存在，Luo et al.（2010）通过对海河水体和沉积物的研究，发现了 4 种磺胺类抗性基因和 7 类四环素抗性基因，且沉积物中抗性基因是水环境中的 120 ~ 2 000 倍。Su et al.（2012）通过对东江流域的研究，发现在 38 个采样点中，产生抗药性的占 89.1%，对 3 种以上抗生素具有抗药性的占 87.5%。Zhang et al.（2013）在养殖场排放废水、土壤及沉积物中检测出了 sul1，sul2（磺胺类），tet O，tet Q，tet X（四环素类）等 5 种抗性基因，且发现虽然细胞内抗性基因含量是细胞外的 2 ~ 3 倍，但细胞外抗性基因在环境中残留时间更长，更利于抗生素抗性的传播与扩散。

## 7.1.2 人工湿地对尾水中抗生素的去除效果

### 1. 实验装置

组合人工湿地系统主要由垂直流人工湿地和水平潜流人工湿地两部分组成。按照垂直流人工湿地在前、水平潜流人工湿地在后的顺序串联起来形成紧凑的组合人工湿地单元，组合人工湿地系统由四个同样的组合人工湿地单元并联构成（图 7-2）。每个组合人工湿地单元中，垂直流人工湿地尺寸为 6.0 m（长）× 4.0 m（宽）× 1.5 m（高）；水平潜流人工湿地尺寸为 6.0 m（长）× 4.5 m（宽）× 0.8 m（高）。垂直流人工湿地表面铺设新型的环状布水工艺，以保证组合人工湿地系统的均匀布水，出水则自水平潜流人工湿地床上端的穿孔花墙流出。组合人工湿地系统以廉价的砾石为填料，在布水区和集水区填充大粒径（3～5 cm）砾石，其他区域填充小粒径（1～3 cm）砾石。湿地植物选用耐污性好、去污能力强的 8 种本地水生植物。其中，垂直流人工湿地选用的水生植物为狭叶香蒲、黄花美人蕉、芦苇和粉美人蕉，水平潜流人工湿地选取金钱草、菖蒲、再力花和风车草。

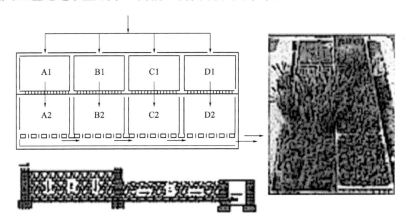

图 7-2    垂直流－水平潜流组合人工湿地示意图

试验污水来自惠州市某城镇污水处理厂处理后的尾水。组合人工湿地分别在 4 个水力负荷的运行条件下（0.5m³/(m²·d)，1.0m³/(m²·d)，1.5m³/(m²·d)，2.0 m³/(m²·d)）各稳定运行 10 d，并在每个水力负荷的最后三天连续进行取样分析（$n=3$）。同时，对所采水样的物化参数（Temp，pH，DO）和水质参数（$COD_{Cr}$，SS，$NH_3$-N，TP）进行监测，来描述水质状况。

**2. 水质特征**

组合人工湿地进出水水质如表 7-1 所示。组合人工湿地进出水的水温和 pH 几乎没有变化，而溶解氧浓度从进水的 5.1～6.7 mg/L 下降到出水的 2.0～4.3 mg/L，表明大量氧气被消耗，组合人工湿地中发生了耗氧作用。$COD_{Cr}$ 的去除率为 19%～43%，而 SS 为 38%～86%，$NH_3$-N 为 39%～74%，TP 为 14%～40%，其出水浓度均显著低于进水浓度（$P < 0.05$），说明组合人工湿地能够有效去除污水处理厂尾水中的常规污染物。

**3. 抗生素的去除效果**

组合人工湿地进出水中抗生素的浓度和去除率如图 7-3—图 7-5 所示。组合人工湿地对四大类抗生素去除效果依次为：喹诺酮类（80%±12%）＞大环内酯类（67%±13%）＞四环素类（66%±1%）＞磺胺类（-93%±43%）。其中，喹诺酮类、大环内酯类和四环素类的出水浓度显著低于进水浓度（$P < 0.05$），而磺胺醋酰在 12 次采样中均低于检测限，故未加入计算。

（1）喹诺酮类

喹诺酮类抗生素的去除率为 70%～95%（95% 置信范围，后同），组合人工湿地对该类抗生素有很好的去除效果（图 7-3）。许多研究表明，喹诺酮类主要是通过沉积物和颗粒物的吸附作用而被去除的，其具有的 3 位羧基和 4 位酮羰基，极易和湿地基质（砾石）产生的钙、镁等阳离子形成配合物从而被去除。此外，喹诺酮类在湿地中不易发生水解，易发生光降解。

表 7-1 垂直 - 水平潜流组合人工湿地进出水水质（$n=3$）

| | HLR [m³/(m²·d)] | Temp （℃） | pH | DO （mg/L） | COD$_{Cr}$ （mg/L） | SS （mg/L） | NH$_3$-N （mg/L） | TP （mg/L） |
|---|---|---|---|---|---|---|---|---|
| 进水 | | 24.9±0.2 | 6.6±0.1 | 6.7±0.1 | 14.6±5.2 | 6.1±0.6 | 0.27±0.05 | 0.32±0.03 |
| 湿地出水 | 0.5 | 24.8±0.1 | 6.7±0.1 | 2.0±0.2 | 9.0±2.6 | 0.8±0.2 | 0.12±0.03 | 0.26±0.01 |
| | | | | | （38%） | （86%） | （55%） | （19%） |
| 进水 | | 26.5±0.1 | 6.6±0.16 | 6 | 10.3±0.5 | 5.2±1.9 | 0.55±0.15 | 0.31±0.04 |
| 湿地出水 | 1.0 | 26.7±0.2 | 6.6±0.2 | 2.2±0.2 | 8.3±0.8 | 1.7±1.5 | 0.34±0.16 | 0.27±0.03 |
| | | | | | （19%） | （67%） | （39%） | （14%） |
| 进水 | | 26.5±0.7 | 6.5±0.2 | 5.1±2.0 | 20.2±4.5 | 9.7±6.7 | 1.09±0.58 | 0.71±0.05 |
| 湿地出水 | 1.5 | 25.6±0.2 | 6.8 | 4.3±1.9 | 16.2±13.3 | 1.5±0.8 | 0.43±0.07 | 0.43±0.01 |
| | | | | | （20%） | （85%） | （61%） | （40%） |
| 进水 | | 26.9±0.8 | 6.4±0.1 | 6.3±0.1 | 11.9±2.7 | 6.9±0.4 | 1.12±0.66 | 0.56±0.13 |
| 湿地出水 | 2.0 | 26.2±0.4 | 6.6±0.1 | 3.9±0.9 | 6.8±2.5 | 3.1±2.9 | 0.30±0.10 | 0.33±0.03 |
| | | | | | （43%） | （38%） | （74%） | （40%） |

注：括号里为去除率。

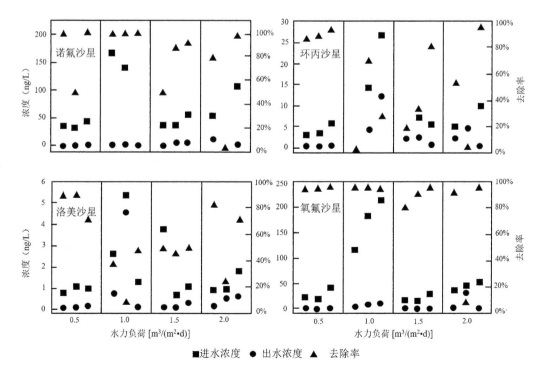

■ 进水浓度  ● 出水浓度  ▲ 去除率

**图 7-3 组合人工湿地中不同水力负荷下喹诺酮类抗生素的浓度和去除率**

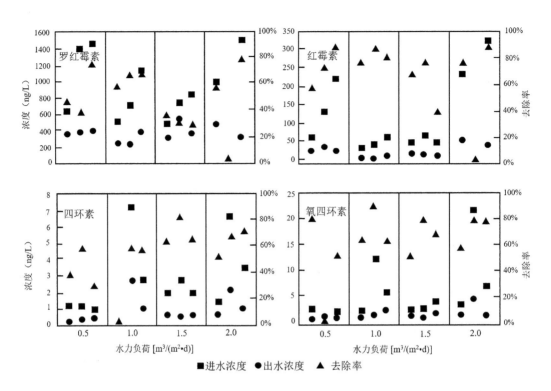

图 7-4 组合人工湿地中不同水力负荷下大环内酯类和四环素类抗生素的浓度和去除率

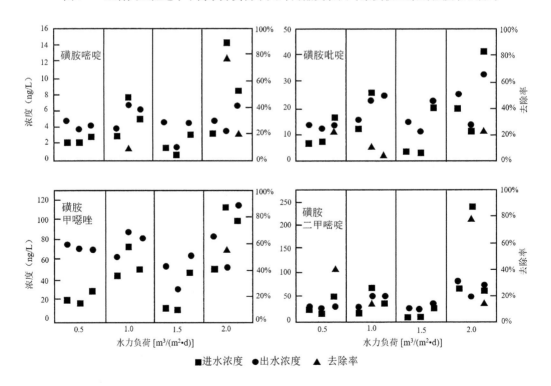

图 7-5 组合人工湿地中不同水力负荷下磺胺类抗生素的浓度和去除率

（2）大环内酯类

组合人工湿地对大环内酯类抗生素的去除率在58%～77%，具有较好的处理效果（图
7-4）。大环内酯类抗生素的 log $K_{ow}$ 为2.75～2.83，一方面，高 log $K_{ow}$ 决定的疏水特性使
其容易和砾石基质产生的钙、镁等金属离子发生阳离子交换从而被生物吸附；另一方面，
log $K_{ow}$ 在1.00～3.50的化合物容易被植物吸收，并可以在短时间内起作用。

（3）四环素类

组合人工湿地对四环素类抗生素的去除率为65%～67%，可见组合人工湿地能够稳定
有效去除四环素类抗生素（图7-4）。许多研究表明，四环素类抗生素与土壤和沉积物有着
很强的吸附力，很可能通过吸附或滞留途径被人工湿地去除。该类抗生素分子中含有许多羟
基、烯醇羟基及羧基，在近中性条件下，可与湿地基质中多种金属氧化物生成的阳离子形成
不溶性螯合物而被去除。此外，四环素类抗生素为两性化合物，易发生水解作用，随着温度
的升高其水解速率会相应提高，而试验期间较高的水温可能进一步促进污水中四环素类抗生
素的降解。

（4）磺胺类

磺胺类抗生素的出水浓度远高于进水浓度，调查结果也显示传统污水处理厂对磺胺甲噁
唑的去除率在27.9%～60%（图7-5）。可能的原因，一是湿地原污水为经污水处理厂处理
过的尾水，其中相当一部分易降解的磺胺类抗生素已经被去除，剩下的很难被进一步处理；
二是磺胺类抗生素在污水处理厂中生成了 $N^4$- 乙酰代谢物，这些中间代谢物在组合人工湿地
中转换回活性母体化合物，使组合人工湿地出水中磺胺类抗生素含量增大。Göbel et al.（2007）
的研究表明，磺胺甲噁唑的乙酰化代谢物在污水处理厂进水中的浓度是其母体的2.5～3.5倍。

### 7.1.3　影响人工湿地对尾水中抗生素去除的因素

#### 1. 水力负荷

当水力负荷为2.0 m³/(m²·d) 时，组合人工湿地对喹诺酮类、大环内酯类、四环素类、
磺胺类抗生素的去除率分别为61%～88%，68%～82%，63%～72%，-8%～28%；水
力负荷为1.5 m³/(m²·d) 时，组合人工湿地对喹诺酮类、大环内酯类、四环素类、磺胺类抗
生素的去除率分别为65%～91%，38%～72%，67%～71%，-479%～-55%；水力负
荷为1.0 m³/(m²·d) 时，组合人工湿地对喹诺酮类、大环内酯类、四环素类、磺胺类抗生素
的去除率分别为60%～100%，63%～81%，58%～73%，-43%～9%；当水力负荷为
0.5 m³/(m²·d) 时，组合人工湿地对喹诺酮类、大环内酯类、四环素类、磺胺类的去除率分
别为83%～100%，62%～71%，54%～68%，-266%～3%。

诺氟沙星、环丙沙星、洛美沙星、氧氟沙星、四环素、氧四环素和红霉素在4种水力负
荷下的去除效果均没有显著性差异（$P > 0.05$），表明水力负荷对其去除效果影响不大，吸
附很可能是这些抗生素的一个主要去除途径。这与喹诺酮类和四环素类的强吸附性相一致，
也与模拟小试的讨论结果相一致。而罗红霉素在水力负荷为1.5 m³/(m²·d) 时，去除效果明

显低于其他 3 种水力负荷（$P < 0.05$），这可能是由此时的进水浓度较低所致。如表 7-2 所示，诺氟沙星和氧氟沙星的去除率与水力负荷呈显著负相关，其去除效果随着水力负荷的升高而降低。当水力负荷为 $1.5 \sim 2.0 \ \mathrm{m^3/(m^2 \cdot d)}$ 时，微生物对抗生素的降解随着水力负荷的降低而更为充分，但当水力负荷降低到 $1.5 \ \mathrm{m^3/(m^2 \cdot d)}$ 后，组合人工湿地中微生物、抗生素、溶解氧与滤料的相互作用达到了平衡，抗生素的去除率逐渐趋于稳定。结合不同水力负荷下组合人工湿地对各抗生素的去除效果，本组合人工湿地的适宜水力负荷取 $1.0 \sim 1.5 \ \mathrm{m^3/(m^2 \cdot d)}$。

表 7-2　组合人工湿地中抗生素去除率与影响因素的相关性

| 去除率 | 水力负荷 | 相关系数 | $NH_3$-N 去除率 | $COD_{Cr}$ 浓度 | $COD_{Cr}$ 去除率 |
|---|---|---|---|---|---|
| 诺氟沙星 | − 0.001** | 0.947 | − 0.025* | − 0.013* | − 0.006** |
| 环丙沙星 | 0.283 | 0.293 | 0.932 | 0.873 | 0.249 |
| 洛美沙星 | 0.657 | − 0.247* | 0.098 | 0.175 | 0.831 |
| 氧氟沙星 | − 0.035* | 0.739 | 0.987 | 0.665 | 0.067 |
| 氧四环素 | 0.488 | 0.311 | 0.260 | 0.931 | 0.789 |
| 四环素 | 0.640 | 0.726 | 0.637 | 0.160 | 0.241 |
| 罗红霉素 | 0.685 | 0.934 | 0.637 | − 0.019* | − 0.044* |
| 红霉素 | 0.482 | 0.185 | 0.356 | 0.117 | 0.116 |

注：* 为相关性显著（$P < 0.05$），** 为相关性极显著（$P < 0.01$）。

**2. 水质参数**

洛美沙星去除率与水温有显著负相关关系，随着水温的升高，其去除率降低。而诺氟沙星去除率与 $NH_3$-N 去除率呈显著负相关，组合人工湿地对它的处理效果随着 $NH_3$-N 去除率的升高而降低。此外，诺氟沙星和罗红霉素的去除率与 $COD_{Cr}$ 的进水浓度和去除率呈显著负相关（$P < 0.05$）。随着 $COD_{Cr}$ 的浓度增大、去除率升高，诺氟沙星和罗红霉素的去除率降低。$COD_{Cr}$ 浓度的增大使得更易被微生物利用的有机物增加，将优先被异养微生物降解，导致微生物对抗生素的同化作用减弱，抗生素的去除率随之降低。因此，原污水中 $COD_{Cr}$ 浓度过高可能抑制抗生素的去除。控制原污水中易生物降解溶解性有机物的含量，可以增强组合人工湿地对抗生素的处理效果。

## 7.2　人工湿地对尾水中药品及个人护理品的去除

### 7.2.1　药品及个人护理品进入环境的途径和危害

**1. 药品及个人护理品进入环境的途径**

大多数 PPCPs 在水体环境中虽然以痕量形式（其含量在 ng/L $\sim$ μg/L 级）存在，但是在环境中的难降解性和持续输入性使其呈现出一种"持久"存在的状态，通过不断累积放大，进而可能对人类健康和生态系统产生严重危害。

为此，我们需要了解PPCPs是如何进入环境中的，从而可以在源头上减少PPCPs的流入。根据相关文献，目前PPCPs进入环境中的途径主要有以下几种。

（1）个人护理品及药品或兽药的使用

这是环境中PPCPs来源最广、最主要的途径之一。对人体或动物使用药品后，在体内发生代谢的仅为很小一部分，大部分药品含量以原始形态最终通过人体或动物排泄进入水体环境中；个人护理品则是通过人体在进行洗浴、游泳等活动时排入生活污水中的；一些不用或过期的药物则可能通过厕所丢弃等方式最终排入生活污水中。

（2）污水排放

未经任何处理或经简单处理的农业废水、养殖废水和生活污水的直接排放或污水处理厂的尾水排放也是环境中PPCPs的一个重要来源。

（3）固体废弃物

城市或农村的一些固体废弃物中也含有PPCPs，例如家禽养殖场所排放的粪便，污水处理厂中的活性污泥等，这些固体废弃物有可能通过填埋、施肥等方式进入土壤环境中，然后通过地表径流和渗滤等方式进入地表水与地下水中。

（4）PPCPs制造业

目前世界上大多数PPCPs及其原材料的生产均由发展中国家完成，例如2003年中国青霉素和土霉素的产量分别占到世界总产量的60%和65%，而强力霉素和头孢菌素等抗生素的产量更是排在世界第一位。在产量巨大的同时，由于缺乏快捷准确的监测技术、严格的排放标准以及具有针对性的处理工艺，导致生产过程中的大量PPCPs伴随着废水、废渣等排入环境中，使得发展中国家的PPCPs污染尤为突出。

**2. 药品及个人护理品对环境介质的影响及其潜在风险**

尽管人类对PPCPs的使用量巨大，但是人类对其认识却十分有限，尤其是对于PPCPs可能存在的一些不可预知的生理作用。PPCPs一些细微的作用可能通过PPCPs持续不断地输入而逐渐累积放大，最终对野生生物、人类健康以及生态系统产生深远而不可恢复的破坏。

PPCPs具有较强的持久性、生物累积性和难降解的特点，其长期暴露在生态环境中，必然会对人体以及生长在水生和陆生环境中的其他大量生物带来危害。排入环境中的PPCPs以各种不同的方式影响着生物体的生长，例如对高等生物性别比的破坏最终可能导致某些种群灭绝，对植物生长的渐进性的改变及影响，以及对生物体生理结构的改变从而导致畸形等。

PPCPs通过各种途径进入不同的生态环境，其极性强、难挥发的特性，使其难以从水体环境中逃逸，这样水环境就成为PPCPs类物质的一个最主要的储存库。所以有必要弄清楚PPCPs在水体环境中的迁移转化，PPCPs在环境中的循环过程如图7-6所示。其中，作为饮用水源的地表水和地下水中PPCPs的残留情况，相关水体环境及周边生态系统中生物对PPCPs的累积情况，以及PPCPs产生的食物链累积效应，是我们必须关注的。

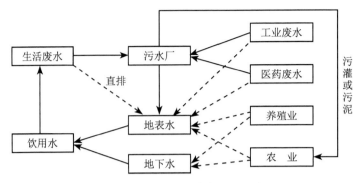

图 7-6 PPCPs 在环境中的循环过程

（1）PPCPs 在地表水中可能存在的不利影响

目前在美国、德国、英国等一些国家已经有研究表明地表水体（以河流为主）中存在各种 PPCPs。1999—2000 年，美国地质调查局采用了多种分析方法对 30 个州的所有河流中的多种 PPCPs 有机污染物进行了调查，调查结果表明检测出 PPCPs 类物质的河水样品占 60% 之多。检测出的 PPCPs 物质包括咖啡因、驱虫剂、洗涤剂和消毒剂等，并且抗生素的检出概率也达到了 40%～50%。另一项研究也表明，在所有 Tennessee 河水样品中均检出了咖啡因和卡马西平等 PPCPs 类污染物。

研究表明，在环境中以 $\mu g/L$ 浓度级存在的化合物，如激素等，能够导致内分泌紊乱，引起水生生物严重雌性化或雄性化。另外，研究发现兽药二氯苯二磺酰胺的残留物能够破坏兀鹰的肾脏功能，致使其数量急剧下降。

（2）PPCPs 对饮用水的潜在影响

PPCPs 类新型污染物在经过污水处理厂处理之后并不能得到充分去除，其残余量直接排放进入水体环境中。结果可能使其通过饮用水的回用、城镇污水处理厂的排放而长期暴露于水体环境中。尽管至今没有相关研究确定其在饮用水中的毒性，但由于其严重的潜在风险，地下水和饮用水 PPCPs 类物质的污染必须避免。

（3）PPCPs 的生物富集影响

一些具有较强亲脂性的 PPCPs 类污染物会在鱼类或其他具备食用功能的生物体中不断累积，致使 PPCPs 类污染物最终在食物链顶端生物体内富集。有研究报道，水体环境中一些极性的药物在彩虹鳟鱼的胆汁和肝脏中得到累积，其在生物体某器官内的浓度与水中浓度之比竟然高达 2 700。结果表明人类必须关注 PPCPs 类污染物在生物体内的富集作用。

## 7.2.2  人工湿地对尾水中药品及个人护理品的去除效果

不同于传统的 PPCPs 处理技术，人工湿地系统综合了直接或间接光降解、植物吸收、基质吸附和微生物降解等的作用，对大多数的 PPCPs 具有良好的去除效果。近些年的相关研究表明，人工湿地作为深度处理步骤对大部分的 PPCPs 都达到了良好的去除效果。人工湿地对典型 PPCPs 污染物的去除效果如表 7-3 所示。

表 7-3 人工湿地对典型 PPCPs 污染物的去除效果

| PPCPs 种类 | 范　围 | 去除率 | 湿地类型 | 备　注 |
|---|---|---|---|---|
| 布洛芬 | 95～96 | 96% | 表面流人工湿地 | 二级出水 |
| | 48～81 | — | 水平潜流人工湿地（中试） | 5 m² |
| | — | 99% | 垂直流人工湿地（中试） | 5 m² |
| | — | ＜15% | 天然水体 | 受城市面源和农业面源影响 |
| | — | 95% | 垂直流人工湿地（中试） | 5 m² |
| 双氯芬酸 | — | 73% | 垂直流人工湿地（中试） | 5 m² |
| | — | ＜15% | 天然水体 | 受城市面源和农业面源影响 |
| | — | 65% | 垂直流人工湿地（中试） | 5 m² |
| | 65～87 | 77% | 三种混合处理 | 塘和人工湿地 |
| | 73～96 | — | 表面流人工湿地 | 二级出水 |
| | — | 21% | 分散式水平潜流人工湿地 | |
| 对乙酰氨基酚 | ＞90 | ＞90% | 垂直流人工湿地（中试） | 5 m² |
| 吐纳麝香 | 88～90 | 89% | 表面流人工湿地 | 二级出水 |
| | — | 82% | 垂直流人工湿地（中试） | 5 m² |
| | — | 15%～40% | 天然水体 | 受城市面源和农业面源影响 |
| | — | 70% | 垂直流人工湿地（中试） | 5 m² |
| 氧苯酮 | — | ＞95% | 垂直流人工湿地（中试） | 5 m² |
| | — | 98% | 分散式水平潜流人工湿地 | |
| | — | 77% | 生态塘＋表面流人工湿地 | |
| 三氯生 | — | ＞40% | 天然水体 | 受城市面源和农业面源影响 |
| | — | ＞80% | 垂直流人工湿地（中试） | 5 m² |
| | — | 86% | 生态塘＋表面流人工湿地 | |

　　抗生素和消炎药是环境中 PPCPs 类化合物中两大类污染物，它们经人体或动物服用后，并不能被人或动物完全吸收，大部分以原形随粪便和尿液排入环境中。另外，在抗生素和消炎药的生产过程以及处理过期与未使用药物的过程中也会导致抗生素和消炎药进入水体环境。这些抗生素和消炎药作为环境外源性化合物将对生态环境产生影响，并最终可能对人类健康和生存产生不利影响。本节以目前广泛使用的第三代喹诺酮类药物诺氟沙星（Norfloxacin）和非甾体消炎药萘普生（Naproxen）作为研究对象，分析人工湿地对以上两种目标药物的去除效果。

　　本研究设计两种不同类型人工湿地——水平潜流人工湿地和复合垂直流人工湿地，如图 7-7 所示。试验装置共 6 组，3 组为水平潜流人工湿地，分别编号为 H1～H3，湿地填料依次为碎石、气块砖和沸石；另 3 组为复合垂直流人工湿地，分别编号为 V1～V3，湿地

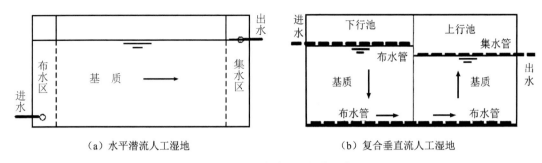

（a）水平潜流人工湿地　　　　　　（b）复合垂直流人工湿地

图 7-7　人工湿地试验装置结构示意图

填料依次为碎石、气块砖和沸石。

人工湿地的填料又被称作基质，可以为湿地中的植物生长提供物理支持，为各种化学物及复杂离子提供反应媒介，并且为各种微生物的生长活动提供附着表面。本试验的目的是研究污水中典型 PPCPs 污染物诺氟沙星和萘普生在湿地中的去除效果，找出有利于诺氟沙星和萘普生在人工湿地中转化降解的填料种类和人工湿地类型，从而为人工湿地降解尾水中 PPCPs 的工程运用提供可靠的理论依据。因此，在填料的选择上，本着经济、可行的原则并结合工程实际因素，选用碎石、气块砖和沸石三种材料。

水平潜流人工湿地试验装置材料为 PVC，尺寸均为 1 500 mm（长）×500 mm（宽）×700 mm（高），填料填充高度为 550 mm。进水采用穿孔管布水，经过宽 150 mm 布水区进入湿地填料区。出水经宽 150 mm 收水区进入穿孔管，流出系统。本试验采用的水力负荷为 0.1 m³/(m²·d)，湿地有效水深为 0.5 m，日进水流量为 60 L，湿地空床体积（$V_0$）为 0.3 m³，碎石－水平潜流人工湿地、气块砖－水平潜流人工湿地及沸石－水平潜流人工湿地实际水力停留时间分别为 1.43 d，2.77 d 和 2 d。

复合垂直流人工湿地试验装置材料为 PVC，尺寸均为（600 mm + 600 mm）（长）×500 mm（宽）×700 mm（高）。为了与水平潜流人工湿地进行对比，采用相同的水力负荷 0.1 m³/(m²·d)，其中，下行池填料填充高度为 525 mm，下行湿地体积（$V_下$）为 0.157 m³，上行池填料填充高度为 475 mm，上行湿地体积（$V_上$）为 0.143 m³，日进水流量为 60 L，以碎石、气块砖和沸石为填料的复合垂直流人工湿地实际水力停留时间分别为 1.43 d，2.77 d 和 2 d。

实验装置采用连续进水，通过 1 个月的试运行阶段后，进行了 6 个月的连续实验。结果如表 7-4 和表 7-5 所示。

去除诺氟沙星效果最好的是 V3 和 V1，去除率平均为 80.61% 和 80.56%；其次为 V2，去除率平均为 74.20%；H2、H3 和 H1 去除效果相对较差，去除率平均为 72.47%，71.70% 和 71.54%。

去除萘普生效果最好的是 H2，去除率平均为 49.61%；其次为 H1 和 V3，去除率平均为 49.01% 和 48.96%；再次为 H3 和 V2，去除率平均为 46.66% 和 45.34%；效果最差的是 V1，去除率平均为 41.72%。

表 7-4　不同类型人工湿地中诺氟沙星的去除率数据

| 类　型 | 1 | 2 | 3 | 4 | 5 | 6 | 7 | 平均 |
|---|---|---|---|---|---|---|---|---|
| H1 | 75.20% | 75.38% | 68.15% | 72.28% | 70.97% | 67.50% | 71.11% | 71.54% |
| H2 | 82.12% | 82.55% | 67.76% | 68.23% | 73.03% | 67.64% | 71.23% | 72.47% |
| H3 | 74.99% | 74.38% | 72.49% | 68.26% | 72.09% | 67.66% | 71.27% | 71.70% |
| V1 | 87.95 % | 88.05% | 83.82% | 77.65% | 74.75% | 75.15% | 78.22% | 80.56% |
| V2 | 73.51% | 67.31% | 68.07% | 74.91% | 78.00% | 76.50% | 78.53% | 74.20% |
| V3 | 85.28% | 83.73% | 84.64% | 77.32% | 77.74% | 77.98% | 78.94% | 80.61% |

注：数据来源于雷圣（2013）。

表 7-5　不同类型人工湿地对萘普生去除率数据

| 类　型 | 1 | 2 | 3 | 4 | 5 | 6 | 7 | 平均 |
|---|---|---|---|---|---|---|---|---|
| H1 | 48.12% | 47.99% | 49.63% | 47.42% | 47.28% | 51.90% | 52.36% | 49.01% |
| H2 | 49.15% | 49.53% | 49.80% | 47.53% | 47.23% | 52.02% | 52.64% | 49.61% |
| H3 | 40.27% | 41.13% | 47.56% | 47.67% | 47.51% | 49.72% | 49.43% | 46.66% |
| V1 | 40.42% | 40.56% | 42.82% | 42.32% | 42.08% | 42.19% | 41.48% | 41.72% |
| V2 | 44.00% | 44.15% | 45.40% | 44.84% | 46.10% | 46.19% | 46.75% | 45.34% |
| V3 | 45.31% | 45.11% | 49.81% | 49.68% | 49.87% | 50.13% | 50.65% | 48.96% |

### 7.2.3　人工湿地对药品及个人护理品的去除机制

#### 1. 光照

光照是人工湿地去除 PPCPs 的重要条件，特别是在阳光充足的湿地表层更容易发生光降解作用。虽然有研究发现光降解几乎对咖啡因、卡马西平和阿替洛尔等没有去除作用，但是大部分研究表明光降解在湿地 PPCPs 的去除中扮演着重要的角色。例如 Hijosa-Valsero et al.（2011）的研究显示，允许光直接照射到表面的湿地对酮洛芬的去除效果要明显优于表面有植物覆盖的湿地，二者去除率比值为 47%∶11%。Lin et al.（2005）在对水中酮洛芬的降解研究中也发现光降解占据了主导地位。同样的，Anderson et al.（2013）的研究结果也表明了光降解在湿地去除 PPCPs 过程中的关键作用。

化合物本身是否具有吸收光或光生成的瞬态物质的特定官能团（芳香环、杂环原子等）可能直接影响到光降解或间接光降解过程，但特定的官能团并非总能影响到 PPCPs 的光降解。Kim et al.（2009）尝试对该机理进行探究，他们观测发现含有相同（–CONH–，–SO₂–，C–S 等）基团的化合物并没有全部表现出相似的光降解率，例如含 –CONH– 基团的 8 种 PPCPs 中，克拉霉素和双氯芬酸的光降解能力很强，而其他 6 种却不容易光降解。除此之外，人工湿地的光降解作用还会受到植物覆盖、水体浊度、其他去除机理的竞争等的抑制，这些因素的综合作用限制了光降解的效能，可用来解释在人工湿地去除 PPCPs 的研究中未发现代谢中产物的现象。

## 2. 植物

人工湿地中植物的存在能否提高药品去除率的结论并不是很确定，例如 Hijosa-Valsero et al.（2011）研究发现，无植物种植的表面流人工湿地对克拉霉素和甲氧苄氨嘧啶的去除效果要优于有植物种植的湿地，而水平潜流人工湿地种植香蒲后对甲氧苄氨嘧啶和红霉素的去除效果要优于种植前，二者比值为 92%∶62%。但大多数研究确实发现，有植物种植的湿地对 PPCPs 的去除效果更好，例如 Matamoros et al.（2007）也发现种植芦苇的湿地对萘普生和布洛芬的去除比无植物种植湿地的效果更好。

水生植物能够利用茎叶蒸腾、根系吸附等作用去除污染物。研究表明，无论是夏季还是冬季，药品化合物的蒸腾作用与去除率的斯皮尔曼系数都很高（冬季为 0.964，夏季为 0.893），这就表明植物的蒸腾作用与去除率有直接的关系。此外，PPCPs 的去除还受到植物种类影响，例如 Zarate（2012）调查了植物组织内三氯生的累积效果，发现梭鱼草和禾叶慈姑在根系和嫩枝处累积量的不同。一般认为具有发达的地上或地下组织的植物对去除 PPCPs 的作用效果更好，现阶段以对香蒲和芦苇的研究为主，例如 Dordio et al.（2013）在 2 个相同的水平潜流人工湿地分别种植了芦苇和香蒲，用以研究对阿替洛尔的去除效果，结果表明，种植香蒲湿地对阿替洛尔的去除效果要优于芦苇，这可能与香蒲发达的地上部分具有较高的蒸腾速率有关。但 Ranieri et al.（2011）却发现种植芦苇的水平潜流人工湿地对乙酰氨基酚的去除效果优于种植香蒲的，这可能是因为芦苇的根系体积大，其较大的比表面积更有利于生物膜的形成和生物降解的发生。

## 3. 基质

基质本身可以吸附 PPCPs，同时为植物吸附和微生物降解 PPCPs 提供良好的附着场合。基质一般由砾石、陶粒、土壤、细砂、粗砂、沸石等介质的一种或几种所构成。Dordio et al.（2007）研究了不同基质种类对降固醇酸的去除作用，结果显示，陶粒对降固醇酸的吸附率能达到 80%，而多孔珍珠岩的吸附率不到 5%，沙子甚至没有任何作用，可见基质的种类可直接影响到基质的吸附能力。现阶段人工湿地去除 PPCPs 的基质研究以砾石为主，Matamoros et al.（2007）发现砾石对布洛芬、萘普生、双氯芬酸和水杨酸等都有较好的去除效果，且对疏水性化合物卡马西平的去除率能达到 26%，而之前污水处理厂报道出的最高去除率仅为 8%。

基质的 pH 可能直接影响吸附效果，Hussain et al.（2012）研究发现土壤对 3 种抗生素（莫能菌素、盐霉素、甲基盐霉素）的吸附能力与 pH 呈负相关的对应关系，印证了先前 Sassman et al.（2007）的调查结果。PPCPs 本身的物化性质也可能直接影响到基质的吸附作用，Dordio et al.（2009）发现降固醇酸、布洛芬等酸类 PPCPs 在碱性基质（陶粒、一些类型的黏土）中得到了有效的去除，这可能是静电与酸类化合物相互作用造成的。但研究也发现碱性陶粒同样对碱性的阿替洛尔有很好的吸附效果，并推测可能是离子交换的结果。此外，基质的渗透系数也有可能影响 PPCPs 的去除效果，Lertpaitoonpan et al.（2009）在对湿地中不同类型的土壤（沙土、沙壤土等）对磺胺甲嘧啶去除效果研究发现，渗透系数较高的沙土表现出较沙壤土对抗生素较高的去除率。

4. 微生物

微生物降解是除光降解以外，自然环境消除 PPCPs 的另一种主要途径。人工湿地中的生物降解容易受到多种因素的影响，例如温度和氧含量等。Matamoros et al.（2007）研究显示，温度在 45℃ 以上时微生物对咖啡因、萘普生、水杨酸甲酯、二氢茉莉酮酸、吐纳麝香和加乐麝香的降解有非常明显的促进作用；何起利等（2007）通过对垂直流人工湿地中试系统不同功能层面（好氧和厌氧环境）的研究发现，氧含量越高，微生物的代谢活性也越强，其生物降解效果也越明显。

人工湿地中生物降解通常发生在生物膜、基质和植物根部的接触界面上，PPCPs 的种类不同，其生物降解作用程度也不同。Hijosa-Valsero et al.（2011）对湿地所接受的市政污水中 9 种抗生素的研究显示，甲氧苄氨嘧啶和磺胺类药物的去除途径主要为微生物降解，其余 7 种主要去除途径为基质吸附，这可能与化合物本身的化学结构有一定的关系。一般认为 PPCPs 属于异生化合物，在环境中难以生物降解可能是由于环境中的微生物体内缺少降解此类化合物的基因，但是在对同种化学结构的酸类化合物 —— 双氯芬酸的研究中却存在着相对立的研究结果，一种认为高的氧化还原电位能提高双氯芬酸的降解效果，另一种认为低的氧化还原电位有助于促进酸类化合物双氯芬酸的生物降解。

## 7.3 人工湿地对尾水中内分泌干扰物的去除

### 7.3.1 内分泌干扰物进入环境的途径和危害

内分泌干扰物（Endocrine Disrupting Chemicals，EDCs）或称环境雌激素（Environmental Estrogen Disrupting，EEDs），是指经由摄入和生物体内富集作用，介入人类或动物体内荷尔蒙的合成、分泌、输送、结合、反应和代谢过程，以类似雌激素的方式干扰内分泌系统，给生物体带来异常影响的一种外源性化学物质（故也被称为环境激素）。这类物质会使人类或动物的生殖能力下降，危害发育或健康；其具有低剂量性，即使 ng/L 级的含量，也能使生物体的内分泌失衡，从而产生异常影响甚至导致癌症的发生。

EDCs 包括天然内分泌干扰物和合成内分泌干扰物，其详细的类别、应用领域以及自身特点可归纳如表 7-6 所示。天然内分泌干扰物主要是生物体内天然存在的雌激素（E1，E2，E3）；合成内分泌干扰物主要作为添加剂及药物被使用，对环境造成的污染具有持久性和普遍性。EDCs 主要通过污水处理厂系统、畜牧养殖、农业化学药品、施肥、人类排放

表 7-6　EDCs 分类、应用及特点

| 内分泌干扰物 | | | 应　用 | 特　点 |
|---|---|---|---|---|
| 天然内分泌干扰物 | 甾体激素 | 雌酮，雌二醇，雌三醇 | 调节性发育和生殖，促生长剂，激素疗法 | 降解，迁移转化，疏水性，脂溶性 |
| | 非甾体激素 | 植物雌激素 | 与雌激素受体结合，防止骨质疏松 | 疏水性 |
| 合成内分泌干扰物 | 甾体激素 | 乙炔基雌二醇 | 避孕药成分 | 潜在的生物累积性，挥发性较低，疏水性 |
| | 多卤化合物 | 多氯联苯 PCBs，多溴联苯，多溴二苯醚 PBDE，全氟辛烷磺酸 PFOS，全氟辛酸 | 阻燃剂，表面活性剂 | 持久性，生物累积性，有毒性，非常疏水 |
| | 酚类化合物 | 双酚 A，壬基酚，辛基酚 | 增塑剂，表面活性剂，润滑油，香水，抗氧化剂，添加剂 | 迁移性，低溶解度，高疏水性 |
| | 邻苯二甲酸盐 | 邻苯二甲酸二 (2- 乙基己基) 酯，邻苯二甲酸二异壬酯，邻苯二甲酸二异癸酯，邻苯二甲酸二丁酯，邻苯二甲酸二甲酯，邻苯二甲酸二乙酯 | 增塑剂，润滑剂，香料，添加剂 | 化学稳定性，亲脂性，疏水性，正辛醇 - 水分配随分子量的增加而增加 |
| | 农药 | 有机氯化物 ( 二氯二苯基三氯乙烷、二氯二苯基二氯乙烯、林丹、硫丹，有机磷酸酯 ( 毒死蜱、二嗪磷、喹硫磷 )，氨基甲酸酯 ( 甲萘威 ) | 杀虫剂，除草剂，杀菌剂 | 几个有机氯农药（OCPs）被列为持久性有机污染物 |
| | 药物及个人护理品 | 抗炎药，抗过敏剂，抗生素，抗癫痫剂，脂质调节药物，抗流感药物，抗帕金森病药，抗精神病药，造影剂，激素类药物 | 个人护理品，激素疗法，农药，非法药物，兽类医药 | 较强的生物活性、旋光性和极性，大都以痕量浓度存在于环境中，"伪持续性污染物" |

物、化学实验室等直接排放，以及其他间接排放（如港口船舶活动、降雨径流和农业灌溉方式），释放到环境中的 EDCs 对生物存在潜在的巨大威胁，可对人类及动物繁衍后代产生障碍。EDCs 进入土壤 / 沉积物的具体途径如图 7-8 所示。

**1.EDCs 的暴露途径**

外源性 EDCs 数量众多，用途广泛，因此人类和野生动物可以通过多种途径和方式直接或间接地暴露于环境中的 EDCs。例如，暴露于被污染的水源、空气、土壤及摄入被污染的食物和含激素的食品，使用含有 EDCs 的清洁剂、杀虫剂、食物添加剂和化妆品等。其中对食品、药品和水的直接摄入是 EDCs 进入人和动物体的主要途径。

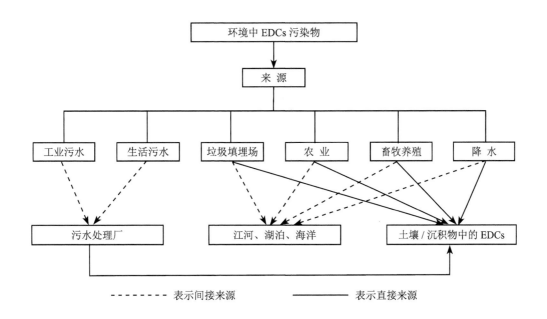

**图 7-8  EDCs 进入环境中的途径**

环境 EDCs 在土壤、水体及大气等复杂环境介质中的循环对生物暴露具有重要作用。土壤中 EDCs 主要来自杀虫剂的喷洒以及含有 EDCs 的垃圾通过淋溶作用进入土壤，再通过饮食进入动物及人体；水体中 EDCs 主要来自土壤径流、稻田农药及工业废水中的 EDCs；空气中 EDCs 主要是通过呼吸作用进入空气。环境 EDCs 在上述不同环境介质中的循环影响了其生物暴露的途径和效应。Ewald et al.（1998）发现鲑鱼可以通过洄游将海洋中的 EDCs 转移到阿拉斯加湖，从而使其 EDCs 浓度高出其他湖泊 2 倍。除此之外，处于食物链中低级的生物迁徙造成的 EDCs 在不同纬度生态系统的再分配也具有重要的生态学和环境学意义。

环境 EDCs 的生物富集和生物放大作用是造成高等生物较高 EDCs 暴露水平的重要原因。大多数进入体内的 EDCs 为脂溶性且易吸收，化学性质稳定，可通过食物链或消化道、呼吸道、皮肤接触等多种途径在体内蓄积，所以在机体内会随着营养级的升高，浓度逐步增大。环境中不易检测出的微量或痕量 EDCs 经过 3 ～ 4 个营养级的富集作用即可达到惊人浓度。这种生物蓄积放大作用会导致微量 EDCs 干扰生物体的内分泌系统。

**2.EDCs 的危害**

外源性化学物质进入动物体内之后主要有 3 种去向，即被身体吸收、代谢成其他化合物和排出体外。基于 EDCs 易在生物体内富集且不易排出甚至不排出的特点，EDCs 可在体内持久发挥作用，对处于应激（包括某些疾病）、妊娠及营养不良的个体，引起的生物学效应尤为显著。EDCs 进入机体后的效应主要分为直接作用和间接作用。直接作用是指通过作用于下丘脑－垂体－靶腺轴，影响激素的合成、分泌及反馈调节，产生不良效应；间接作用是指与内分泌改变密切相关的效应，如生殖、免疫和内分泌敏感性肿瘤。

EDCs 的生物学效应主要以对内分泌系统的影响和造成生殖障碍及发育异常为特征，此外还包括致癌作用、神经系统毒性效应等其他毒性效应。

（1）对内分泌系统的影响

内分泌系统、神经系统和免疫系统为人类机体的三大信息传递系统，包括化胎发生、分化，调节机体各种功能和维持内环境相对稳定的许多生理过程中发挥着极其重要的作用。EDCs 大多具有抵雌激素或抗雄激素活性，进入人体或动物体内后，可通过雌、雄激素受体介导反应模拟或拮抗内源性激素，也可通过其他受体介导的通路发挥作用，以及影响与受体无关的细胞信号传递途径，从而干扰发育过程中多种基因的表达并产生诱变效应，对内分泌系统具有扰乱作用。这一系列连锁反应会造成动物体各种行为异常现象，表现出各种生物效应，如诱使机体改变某些生化反应，在体内发出错误信息，从而破坏生物体的繁殖行为、化学感知行为、种群行为和反应能力以及认知行为等。另外，环境激素直接进入细胞内，有可能作用于细胞核的酶系统或核酸，从而引起遗传变异。受 EDCs 影响的激素受体包括雌激素受体、雄激素受体、甲状腺激素受体及细胞膜激素受体等。

（2）对生殖系统的影响

对 20 多个国家 15 000 名男性精子质量的调查结果表明，1940—1990 年，美国男性精子密度平均每年减少 1.5%，欧洲男性减少量达 3.1%，人类精子密度由 $1.13×10^8$/mL 下降到 $6.6×10^7$/mL，精液量下降为原来的 75%。此后许多研究提示人类生殖能力下降和发育异常可能与污染物的内分泌干扰作用有显著关联。EDCs 对男性生殖系统的不良效应主要体现在精子密度和质量下降、畸形率增加，生育能力降低；对女性生殖系统的发育和功能的影响主要表现为性分化异常、性早熟、流产、异位妊娠、月经失调、子宫内膜增生和子宫内膜异位等生殖系统病变。

（3）对神经系统的影响

EDCs 能够破坏激素平衡、影响神经细胞活动及神经系统的传导能力，从而降低血液中甲状腺素浓度并阻碍神经系统的发育和活动，造成神经系统中毒、学习记忆障碍、肌体反应迟缓等神经行为的变化。研究发现，雌二醇苯甲酸醋能诱导雌、雄性小鼠下丘脑内侧视前核中不同基因表达发生变化，但对腹内侧核中基因无性别差异效应，提示妊娠期暴露于外源性EDCs 对子代大鼠下丘脑的毒性效应与性别和大脑区域特异性有关。研究还发现，EDCs 可跨代影响子代的神经系统。

（4）对免疫系统的影响

自身免疫性疾病的发生和病理损害是由自身免疫应答的产物包括自身抗体和自身特异性 T 细胞引起的。T 细胞是雌激素作用的主要靶细胞，雌激素水平的改变会导致 T 细胞调节功能的紊乱，是自身免疫性疾病形成的重要因素。环境中存在的 EDCs 可改变机体免疫功能，导致免疫抑制或过度反应，表现为抑制或亢进。研究发现，血清及尿液中双酚 A 和三氯生浓度较高的人群，其巨噬细胞中病毒抗体水平较高，并且变态反应和花粉病的患病率也较高。

（5）致癌、致死作用

研究者发现，环境污染会导致某些生殖系统肿瘤如前列腺癌、睾丸癌、乳腺癌和子宫癌发生率的增加。过去50年，联苯类化合物造成妇女乳腺癌、宫颈癌和膀胱癌的发病率上升了30%～80%。Høyer（2000）的分析结果显示，妇女血液中高浓度的艾氏剂能够使患乳腺癌的概率增加1倍，同时，随着人体血液内艾氏剂浓度的增高，患乳腺癌病人的死亡率迅速上升，说明有机卤化物在致癌的同时，还有致死作用。动物实验的研究发现，黄酮体会导致生殖障碍并使雄鼠患癌症的几率大增，有些雄鼠甚至患上极少见的网索睾丸癌。

（6）其他毒性效应

早在1973年，Cooke（1973）发现以受到有机氯污染的鱼类为食的野生鸟类，会出现蛋壳变软、胚胎死亡等生长发育异常问题，从而导致种群退化，甚至濒临灭绝。近年研究发现，人类发育期EDCs暴露可通过增加脂肪细胞的数量或将贮存的脂肪转化为现有的脂肪细胞，进而导致成年期的超重甚至肥胖。此外，EDCs也可以改变基础代谢率和能量平衡，并通过改变激素控制食欲，间接作用于脂肪细胞，最终诱导肥胖的发生。EDCs也能影响动物的行为模式。Flahr et al.（2015）发现多氯联苯会导致处于发育期的欧椋鸟换羽次数显著增加和换羽时间推迟，同时定向能力及迁移能力受到严重干扰。妊娠期暴露于低剂量滴滴涕和甲氧滴滴涕小鼠，成年后用体味标记自己领地的能力显著下降。

### 7.3.2 人工湿地对尾水中内分泌干扰物的去除效果

#### 1. 人工湿地试验装置和尾水水质介绍

本研究中组合人工湿地位于中国华南地区，作为污水处理厂三级处理技术。组合人工湿地占地面积208 m²，总长24 m，总宽8.5 m，被分隔成A，B，C，D 4个大小一致的并联单元，每个单元均由垂直流人工湿地和水平潜流人工湿地两部分组成。每个单元中，垂直流人工湿地长6 m，宽4.0 m，高1.5 m；水平潜流人工湿地长6 m，宽4.5 m，高0.8 m；水流先经过垂直流人工湿地穿孔花墙通向水平潜流人工湿地。湿地以廉价的碎石为填料，在布水区和集水区填充大粒径（3～5 cm）砾石，其他区域填充小粒径（1～3 cm）砾石。组合人工湿地A分别种植红花美人蕉和风车草，B分别种植再力花和芦竹，C分别种植粉花美人蕉和黄菖蒲，D分别种植香蒲和金钱草，植物种植密度为8株/m²，景观效果显著。组合人工湿地采取间歇运行模式，设置理论水力停留时间分别为24 h，12 h，8 h，6 h。每个水力负荷条件运行10 d以达稳定状态，并于运行期的最后3 d连续采集水样。

试验期间，二级污水处理厂尾水的物化参数如表7-7所示。从表中可知，SS、$COD_{Cr}$和$NH_3$-N的平均浓度分别为5.2～7.3 mg/L、10.3～20.2 mg/L和0.27～1.12 mg/L。进水中的酚类EDCs浓度如表7-7所示，其中以4-NP的浓度最高，为1 384～1 625 ng/L，远高于欧盟建议的预测无效应浓度（predicted no observed effect concentrations，PNEC；330 ng/L），这与其母体（4-NP聚氧乙烯醚，NPEOs）作为洗涤剂被大量使用有关；其次是BPA（双酚A），浓度为 328 ～ 705 ng/L，略低于 PNEC（1 000 ng/L）；TCS（三氯生）的浓度为 85 ～ 276 ng/L，高于 PNEC（50 ng/L）；4-t-OP 由于母体（4-t-OP 聚氧乙烯醚，OPEOs）市场使用量不到 NPEOs 的 25%，因此浓度相比 4-NP 低很多，为 74 ～ 230 ng/L，并稍低于 PNEC（330 ng/L）；E1 的浓度为 2.0 ～ 3.0 ng/L，偶有高于 PNEC（3.0 ng/L）。试验期间没有检测到 E2 和 EE2，主要因为 E2 相对容易被去除，而避孕药 EE2 的水平与地区用药水平不高有关。总体而言，本研究二级污水处理厂尾水中酚类 EDCs 的浓度水平处于国际同类研究报道的范围内，对环境仍存在一定风险。

表 7-7　试验期间组合人工湿地进水水质概况

| | SS (mg/L) | COD$_{Cr}$ (mg/L) | NH$_3$-N (mg/L) | BPA (ng/L) | 4-NP (ng/L) | 4-t-OP (ng/L) | TCS (ng/L) | E1 (ng/L) | E2 (ng/L) | EE2 (ng/L) |
|---|---|---|---|---|---|---|---|---|---|---|
| 浓度 | 5.2 ～ 7.3 | 10.3 ～ 20.2 | 0.27 ～ 1.12 | 328 ～ 705 | 1 384 ～ 1 625 | 74 ～ 230 | 85 ～ 276 | 2.0 ～ 3.0 | — | — |
| PNEC | — | — | — | 1 000 | 330 | 330 | 50 | 3 | 1 | 0.1 |

### 2. 人工湿地对内分泌干扰物的去除效果

污水处理厂二级处理污水经组合人工湿地深度处理后，E1，4-t-OP，BPA，TCS 和 4-NP 的浓度全部得到极显著的削减（$P < 0.001$），平均浓度分别降低为 1.25 ng/L，55 ng/L，294 ng/L，28 ng/L 和 991 ng/L（图 7-9）。除了 4-NP 浓度仍高于 PNEC 外，其他污染物的浓度均远低于 PNEC。因此，组合人工湿地可以显著降低污水处理厂二级出水的环境风险。

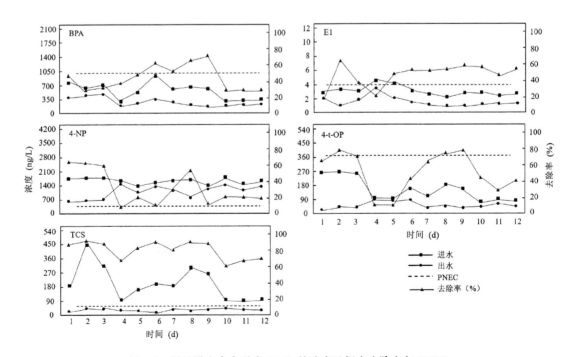

图 7-9　湿地进出水中酚类 EDCs 的浓度及相应去除率与 PNEC

在检出的污染物中（表7-8），组合人工湿地对TCS的去除率最高，为65%～88%；BPA，4-NP，4-t-OP的去除率变化幅度较大，分别为30%～63%，14%～62%和27%～73%；E1的去除率为41%～55%，变化幅度较小。表明人工湿地对TCS具有很好的去除能力，对BPA，4-NP，4-t-OP和E1具有一定的去除能力。

表7-8    EDCs在组合人工湿地出水中的浓度及去除率

| | BPA | 4-NP | 4-t-OP | TCS | E1 | E2 | EE2 |
|---|---|---|---|---|---|---|---|
| 浓度（ng/L） | 321～447 | 615～1 199 | 35～76 | 23～30 | 0.9～1.8 | — | — |
| 去除率（%） | 30～63 | 14～62 | 27～73 | 65～88 | 41～55 | — | — |

APs是表面活性剂4-NP聚氧乙烯醚（APEOs）在厌氧和好氧生物降解过程中不断去除亲水基团乙氧基（EO），形成只含1～3个乙氧基团4-NP聚氧乙烯醚短链代谢物$AP_nEO$或4-NP聚氧乙烯羧酸短链代谢物$AP_nEC$（$n=1～3$），再继续脱除乙氧基或氧乙酸基形成的。APs在湿地中的去除率最低小于10%，这种低去除率的现象在其他研究中也存在。在Luo（2010）的研究中，人工湿地对原污水中4-NP的去除率为负，其他生物处理过程（生物膜反应器）中也出现过负去除率。许多研究表明污水处理厂二级排水中普遍存在APEOs的短链代谢产物，这些代谢产物可以经生物代谢进一步形成APs。因此，APs在湿地系统中存在消除与产生的双向过程。消除过程主要包括污染物被基质与植物根系吸附和微生物吸附降解过程，而产生过程主要指母体（$AP_nOE$和$AP_nEC$（$n=1～3$））在系统中生物降解产生APs的过程。母体的降解程度影响着APs在组合人工湿地中的表观去除率，但是本研究没有估计这种母体的转化率，因此将来的研究需要考虑母体的影响。

TCS疏水性很强，具有强烈吸附于颗粒物与污泥中的趋势，而且还可以吸附于植物根表面黏胶质或根部的脂质中。因此，基质吸附与生物吸附对TCS的去除起到了重要作用。许多研究认为，E1是E2的氧化代谢中间产物，疏水性较强，已有报道指出吸附是雌激素发生生物降解的重要前奏，雌激素首先快速吸附到有机质含量较高的基质表面，继而被微生物所利用。因此，吸附对E1的去除具有重要意义。此外，已有报道指出酚类EDCs污染物可以发生自然光降解，但是由于自然光难以透过湿地基质进入系统内部，因此，酚类EDCs在湿地系统中发生光降解的可能性极小。

**3. 人工湿地对内分泌干扰物去除的影响因素**

（1）温度的影响

TCS的去除明显受温度影响，表明TCS对温度的变化比较敏感，温度高有利于其的去除。在污水处理厂中48 h的监测中也发现TCS的去除与温度显著相关，但是没有解释原因。TCS的$\log K_{ow}$为4.76，疏水性较强，在处理系统中容易发生吸附过程，一般认为吸附作用与温度成反比，温度低有利于吸附；此外，温度提高有利于微生物活性的提高。本研究结果显示，高温更有利于其去除，表明TCS在湿地系统中除了发生吸附作用，还存在着其他更重要的去除途径，这些途径很可能是微生物途径与植物途径。而其他污染物受小范围温度变化的影响则很小（$P > 0.05$）。

（2）溶解氧的影响

一些研究表明，酚类 EDCs 在好氧条件下降解速率远大于厌氧条件，说明好氧条件对酚类 EDCs 的去除是有重要影响的。然而，目标污染物均未与溶解氧明显相关，可能说明了进水溶解氧为 5.0 mg/L 以上的水平对目标污染物而言是充分好氧的。其中，4-NP 的去除率与溶解氧间呈现出一定负相关关系（$P = 0.065$，$r = -0.677$），这可能反映了好氧条件有利于 4-NP 的母体向 4-NP 转化，使 4-NP 的去除呈现下降趋势。

（3）pH 的影响

pH 可以影响酚类 EDCs 在水体中的存在形态，当 pH 低于酚类 EDCs 的等电点时，酚类 EDCs 的大部分形式为未解离态，未解离态的酚类 EDCs 更容易与系统发生吸附过程。本研究中酚类 EDCs 除了 TCS 的等电点为 8.1 相对低外，其他酚类 EDCs 均大于 10.0。然而，研究期间水体的 pH ≈ 7.0，说明 pH 对酚类 EDCs 的吸附影响较小，且该 pH 条件是微生物适宜的生长条件，因此 pH 也不会通过影响微生物的活性对酚类 EDCs 的去除产生影响。

（4）SS、$COD_{Cr}$ 和 $NH_3$-N 的影响

酚类 EDCs 的去除率均与 SS 的相关性不显著（$P > 0.05$），这可能说明酚类 EDCs 在组合人工湿地中的去除主要途径与 SS 有区别。污染物除了通过吸附在 SS 表面被系统截留外，还发生着其他非物理的生物去除途径。酚类 EDCs 属于 $COD_{Cr}$ 的一部分，然而相关分析结果表明，两者间未显示出显著相关关系。有研究探讨过 TCS 的去除与 $COD_{Cr}$ 的关系，然而结果并不统一，有的认为 TCS 的去除与 $COD_{Cr}$ 相关，也有的认为 TCS 的去除与 $COD_{Cr}$ 不相关，酚类 EDCs 与 $COD_{Cr}$ 间的关系比较复杂，尚有待进一步的研究。一些研究表明雌激素与硝化作用有关，然而本研究未发现 E1 的去除与 $NH_3$-N 有明显关系，这可能是因为 E1 的浓度太低了，难以体现出与 $NH_3$-N 的关系。其他酚类 EDCs 也未发现与 $NH_3$-N 显著相关，其原因有待进一步研究。

（5）水力负荷

BPA 去除率随水力负荷减小而升高，在水力负荷为 0.5 m³/(m²·d) 时，由于进水浓度明显降低使去除率显著下降（$P < 0.05$），表明 BPA 的去除受水力负荷与进水浓度的双重影响。以往研究表明，BPA 与活性污泥间的吸附力很弱，仅相当于范德华力或静电力，并容易在土壤中发生迁移。因此，吸附对 BPA 在湿地中的去除影响不大，延长的水力停留时间更有利于生物与 BPA 充分作用，提高去除率。

4-NP 总体的去除率范围较宽，为 14% ～ 62%，在最高水力负荷下去除率最高，且其出水浓度随着水力负荷的减小而升高（$P < 0.05$，$r = -0.604$），表明小的水力负荷有利于其母体的生物转化，但是该转化速率不是恒定的，因为去除率并非呈线性降低。因此，母体转化是影响人工湿地去除 4-NP 的重要因素。另外，4-t-OP 的去除率波动也较大，为 27% ～ 73%，这种波动产生的原因与 4-NP 的情况类似。

TCS 总体的去除率较高，为 65% ～ 88%，去除率与水力负荷不相关（$P > 0.05$），出水浓度在各水力停留时间之间没有显著性差异（$P > 0.05$）。E1 总体的去除率为 41% ～ 55%，去除率与水力负荷无关（$P > 0.05$），出水浓度在各水力停留时间之间无显著性差异（$P > 0.05$）。

## 参考文献

And E P K，Sedlak D L. 2007. Rangeland grazing as a source of steroid hormones to surface waters[J]. Environmental Science and Technology，41(10): 3 514-3 520.

And V M，Bayona J M. 2006. Elimination of pharmaceuticals and personal care products in subsurface flow constructed wetlands[J]. Environmental Science and Technology，40(18): 5811-5816.

Anderson J C，Carlson J C，Low J E，et al. 2013. Performance of a constructed wetland in Grand Marais, Manitoba, Canada: Removal of nutrients, pharmaceuticals, and antibiotic resistance genes from municipal wastewater[J]. Chemistry Central Journa，(7)1: 1-15.

AS S，G G，D M，et al. 2008 Occurrence and fate of endocrine disrupters in Greek sewage treatment plants[J]. Water Research，42(6): 1 796-1 804.

Ávila C，Pedescoll A，Matamoros V. 2010. Capacity of a horizontal subsurface flow constructed wetland system for the removal of emerging pollutants: An injection experiment[J]. Chemosphere，81(9): 1 137-1 142.

Berryman D，Houde F，Deblois C，et al. 2004. Nonylphenolic compounds in drinking and surface waters downstream of treated textile and pulp and paper effluents: a survey and preliminary assessment of their potential effects on public health and aquatic life[J]. Chemosphere，56(3): 247-255.

Bertanza G，Pedrazzani R，Dal G M，et al. 2011. Effect of biological and chemical oxidation on the removal of estrogenic compounds (NP and BPA) from wastewater: an integrated assessment procedure[J]. Water Research，45(8): 2 473-2 484.

Bock C，Kolb M，Bokern M，et al. 2002. Advances in Phytoremediation: Phytotransformation[J]. Nato Science，15: 115-140.

Bonvin F，Omlin J，Rutler R，et al. 2013. Direct photolysis of human metabolites of the antibiotic sulfamethoxazole: evidence for abiotic back-transformation[J]. Environmental Science & Technology，47(13): 6 746-6 755.

Boreen A L，Arnold W A，Mcneill K. 2003. Photodegradation of pharmaceuticals in the aquatic environment: A review[J]. Aquatic Sciences，65(4): 320-341.

Boreen A L，Arnold W A，Mcneill K. 2004. Photochemical Fate of Sulfa Drugs in the Aquatic Environment: Sulfa Drugs Containing Five-Membered Heterocyclic Groups[J]. Environmental Science and Technology，38(14), 3 933-3 940.

Bullman S，Pedamallu C S，Sicinska E，et al. 2017. Analysis of Fusobacterium persistence and antibiotic response in colorectal cancer[J]. Science，358(6 369): 1 443-1 448.

Caupos E，Mazellier P，Croue J P. 2011. Photodegradation of estrone enhanced by dissolved organic matter under simulated sunlight[J]. Water Research，45(11): 3 341-3 350.

Céspedes R，Lacorte S，Ginebreda A，et al. 2008. Occurrence and fate of alkylphenols and alkylphenol ethoxylates in sewage treatment plants and impact on receiving waters along the Ter River (Catalonia, NE Spain)[J]. Environmental Pollution，153(2): 384-392.

Chen M，Zhang J，Pang S，et al. 2017. Evaluating estrogenic and anti-estrogenic effect of endocrine disrupting chemicals (EDCs) by zebrafish (Danio rerio) embryo-based vitellogenin 1 (vtg1) mRNA expression[J]. Comparative Biochemistry and Physiology Toxicology and Pharmacology Cbp, 204: 45-50.

Clayton E M R，Todd M，Dowd J B，et al. 2011. The Impact of Bisphenol A and Triclosan on Immune Parameters in the U. S. Population, NHANES 2003–2006[J]. Environmental Health Perspectives，119(3): 390-396.

Combarnous Y. 2017. Endocrine Disruptor Compounds (EDCs) and agriculture: The case of pesticides[J]. Comptes Rendus Biologies，340(9~10): 406-409.

Conkle J L，Lattao C，White J R，et al. 2010. Competitive sorption and desorption behavior for three fluoroquinolone antibiotics in a wastewater treatment wetland soil[J]. Chemosphere，80(11): 1 353-1 359.

Conley J M，Symes S J，Kindelberger S A，et al. 2008. Rapid liquid chromatography-tandem mass spectrometry method for the determination of a broad mixture of pharmaceuticals in surface water[J]. Journal of Chromatography A，1185(2): 206-215.

Cooke A S. 1973. Shell thinning in avian eggs by environmental pollutants[J]. Environmental Pollution，4(2): 85-152.

Costanzo S D，Murby J，Bates J. 2005. Ecosystem response to antibiotics entering the aquatic environment[J]. Marine Pollution Bulletin，51(1): 218-223.

Daughton C G，Ternes T A. 1999. Pharmaceuticals and personal care products in the environment: agents of subtle change?[J]. Environmental Health Perspectives，107(6): 907-938.

Dordio A V，Carvalho A J. 2013. Organic xenobiotics removal in constructed wetlands, with emphasis on the importance of the support matrix[J]. Journal of Hazardous Materials，252-253(15): 272-292.

Dordio A V，Duarte C，Barreiros M，et al. 2009. Toxicity and removal efficiency of pharmaceutical metabolite clofibric acid by *Typha spp*. – Potential use for phytoremediation? [J]. Bioresource Technology，100(3): 1 156-1 161.

Dordio A V，Teimão J，Ramalho I，et al. 2007. Selection of a support matrix for the removal of some phenoxyacetic compounds in constructed wetlands systems[J]. Science of the Total Environment，380(1-3): 237-246.

Dua M，Singh A，Sethunathan N，et al. 2002. Biotechnology and bioremediation: successes and limitations[J]. Applied Microbiology and Biotechnology，59(2-3): 143-152.

Esplugas S，Bila D M，Krause L G，et al. 2007. Ozonation and advanced oxidation technologies to remove endocrine disrupting chemicals (EDCs) and pharmaceuticals and personal care products (PPCPs) in water effluents[J]. Journal of Hazardous Materials，149(3): 631-642.

Golet E M，Irene X，Siegrist H，et al. 2003. Environmental Exposure Assessment of Fluoroquinolone Antibacterial Agents from Sewage to Soil[J]. Environmental Science and Technology，37(15): 3 243.

Ewald G，Larsson P，Linge H，et al. 1998. Biotransport of Organic Pollutants to an Inland Alaska Lake by Migrating Sockeye Salmon (Oncorhynchus nerka)[J]. Arctic，51(1): 40-47.

Federle T W，Kaiser S K，Nuck B A. 2010. Fate and effects of triclosan in activated sludge[J]. Environmental Toxicology and Chemistry，21(7): 1 330-1 337.

Flahr L M，Michel N L，Zahara A R，et al. 2015. Developmental Exposure to Aroclor 1254 Alters Migratory Behavior in Juvenile European Starlings (Sturnus vulgaris)[J]. Environmental Science and Technology，49(10): 6 274-6 283.

Fowler P A，Bellingham M，Sinclair K D，et al. 2012. Impact of endocrine-disrupting compounds (EDCs) on female reproductive health[J]. Molecular and Cellular Endocrinology，355(2): 231-239.

Göbel A，Mcardell C S，Joss A，et al. 2007. Fate of sulfonamides, macrolides, and trimethoprim in different wastewater treatment technologies[J]. Science of the Total Environment，372(2-3): 361-371.

Göbel A，Thomsen A，Mcardell C S，et al. 2005. Occurrence and sorption behavior of sulfonamides, macrolides, and trimethoprim in activated sludge treatment[J]. Environmental Science and Technology，39(11): 3 981-3 989.

Hijosa-Valsero M，Fink G，Schlüsener M P，et al. 2011. Removal of antibiotics from urban wastewater by constructed wetland optimization[J]. Chemosphere，83(5): 713-719.

Høyer A P，Jørgensen T，Brock J W，et al. 2000. Organochlorine exposure and breast cancer survival[J]. Journal of Clinical Epidemiology，53(3): 323-330.

Hsu S T，Wu S B. 2015. Discovery and epidemiology of PCB poisoning in Taiwan: a four-year followup[J]. American Journal of Industrial Medicine，5(1-2): 71-79.

Hu J Y，Chen X，Tao G，et al. 2007. Fate of endocrine disrupting compounds in membrane bioreactor systems[J]. Environmental Science and Technology，41(11): 4 097-4 102.

Hussain S A，Prasher S O，Patel R M. 2012. Removal of ionophoric antibiotics in free water surface constructed wetlands[J]. Ecological Engineering，41(4): 13-21.

Hussain S A，Prasher S O. 2011. Understanding the sorption of ionophoric pharmaceuticals in a treatment wetland[J]. Wetlands，31(3): 563-571.

Jeng H A. 2014. Exposure to endocrine disrupting chemicals and male reproductive health[J]. Frontiers in Public Health，2(2): 55.

Jian L，He Y L，Wu J，et al. 2009. Aerobic and anaerobic biodegradation of nonylphenol ethoxylates in estuary sediment of Yangtze River, China[J]. Environmental Geology，57(1): 1-8.

Johnson A C，Williams R J，Simpson P，et al. 2007. What difference might sewage treatment performance make to endocrine disruption in rivers?[J]. Environmental Pollution，147(1): 194-202.

Jr Z F，Schulwitz S E，Stevens K J，et al. 2012. Bioconcentration of triclosan, methyl-triclosan, and triclocarban in the plants and sediments of a constructed wetland[J]. University of North Texas，88(3): 323-32.

Kim I，Tanaka H. 2009. Photodegradation characteristics of PPCPs in water with UV treatment[J]. Environment International，35(5): 793-802.

Kolpin D W，Furlong E T，Meyer M T，et al. 2002. Pharmaceuticals, Hormones, and Other Organic Wastewater Contaminants in U. S. Streams, 1999—2000: A National Reconnaissance[J]. Environmental Science and Technology，36(6): 1 202-1 211.

Leminh N，Khan S J，Drewes J E，et al. 2010. Fate of antibiotics during municipal water recycling treatment processes[J]. Water Research，44(15): 4 295-4 323.

Lertpaitoonpan W，Ong S K，Moorman T B. 2009. Effect of organic carbon and pH on soil sorption of sulfamethazine[J]. Chemosphere，76(4): 558-564.

Lin A Y，Reinhard M. 2010. Photodegradation of common environmental pharmaceuticals and estrogens in river water[J]. Environmental Toxicology and Chemistry，24(6): 1 303-1 309.

Liu Z H，Kanjo Y，Mizutani S. 2009. Removal mechanisms for endocrine disrupting compounds (EDCs) in wastewater treatment - physical means, biodegradation, and chemical advanced oxidation: a review[J]. Science of the Total Environment，407(2): 731-748.

Loftin K A，Adams C D，Meyer M T，et al. 2008. Effects of ionic strength, temperature, and pH on degradation of selected antibiotics[J]. Journal of Environmental Quality，37(2): 378-386.

Luo Y，Mao D，Rysz M，et al. 2010. Trends in Antibiotic Resistance Genes Occurrence in the Haihe River, China[J]. Environmental Science and Technology，44(19): 7 220-7 225.

Matamoros V，Arias C，Brix H，et al. 2007. Removal of pharmaceuticals and personal care products (PPCPs) from urban wastewater in a pilot vertical flow constructed wetland and a sand filter[J]. Environmental Science and Technology，41(23): 8 171-8 177.

Mmerer K. 2009 . Antibiotics in the aquatic environment-a review-part II[J]. Chemosphere，75(4): 435-441.

Pascoe D，Karntanut W，Müller C T. 2003. Do pharmaceuticals affect freshwater invertebrates? A study with the cnidarian Hydra vulgaris[J]. Chemosphere，51(6): 521-528.

Paul T，Miller P L，Strathmann T J. 2007. Visible-light-Mediated $TiO_2$ photocatalysis of fluoroquinolone antibacterial agents[J]. Environmental Science and Technology，41(13): 4 720-4 727.

Pop A，Drugan T，Loghin F，et al. 2014. Binary mixtures effects of food additives and cosmetic preservatives on an estrogen responsive cell line[J]. Toxicology Letters，229(3): 177-177.

Pouliquen H，Bris H L. 1996. Sorption of oxolinic acid and oxytetracycline to marine sediments[J]. Chemosphere，33(5): 801-815.

Ranieri E，Verlicchi P，Young T M. 2011. Paracetamol removal in subsurface flow constructed wetlands[J]. Journal of Hydrology，404(3): 130-135.

Richardson B J，Lam P K S，Martin M. 2005. Emerging chemicals of concern: Pharmaceuticals and personal care products (PPCPs) in Asia, with particular reference to Southern China[J]. Marine Pollution Bulletin，50(9): 913-920.

Sanderson H，Brain R A，Johnson D J，et al. 2004. Toxicity classification and evaluation of four pharmaceuticals classes: antibiotics, antineoplastics, cardiovascular, and sex hormones[J]. Toxicology，203(1): 27-40.

Sassman S A，Lee L S. 2010. Sorption and degradation in soils of veterinary ionophore antibiotics: monensin and lasa-locid[J]. Environmental Toxicology and Chemistry，26(8): 1 614-1 621.

Schwaiger J，Ferling H，Mallow U，et al. 2004. Toxic effects of the non-steroidal anti-inflammatory drug diclofenac : Part I: histopathological alterations and bioaccumulation in rainbow trout[J]. Aquatic Toxicology 68(2), 141-150.

Seyhi B，Drogui P，Buelna G，et al. 2011. Modeling of sorption of bisphenol A in sludge obtained from a membrane bioreactor process[J]. Chemical Engineering Journal，172(1): 61-67.

Somm E，Schwitzgebel V M，Toulotte A，et al. 2009. Perinatal exposure to bisphenol A alters early adipogenesis in the rat[J]. Environmental Health Perspectives，117(10): 1 549-1 555.

Su H C，Ying G G，Tao R，et al. 2012. Class 1 and 2 integrons, sul resistance genes and antibiotic resistance in Esche-richia coli isolated from Dongjiang River, South China[J]. Environmental Pollution，169(15): 42-49.

Tapia-Orozco N，Santiago-Toledo G，Barrón V，et al. 2017. Environmental epigenomics: Current approaches to assess epigenetic effects of endocrine disrupting compounds (EDCs) on human health[J]. Environmental Toxicology and Phar-macology，51: 94-99.

Ternes T A，Joss A，Siegrist H. 2004. Scrutinizing pharmaceuticals and personal care products in wastewater treat-ment[J]. Environmental Science and Technology，38(20): 392A.

Thiele-Bruhn S. 2003. Erratum: Thiele-Bruhn (2003): Pharmaceutical antibiotic compouds in soils – a review[J]. Journal of Plant Nutrition and Soil Science，166(4): 546-546.

Toppari J，Christiansen P，Giwercman A，et al. 1996. Male Reproductive Health and Environmental Xenoestro-gens[J]. Environmental Health Perspectives，104(4): 741-803.

Topper V Y，Walker D M，Gore A C. 2015. Sexually dimorphic effects of gestational endocrine-disrupting chemicals on microRNA expression in the developing rat hypothalamus[J]. Molecular and Cellular Endocrinology，414(C): 42-52.

Turiel E，Bordin G，Rodríguez A R. 2005. Study of the evolution and degradation products of ciprofloxacin and oxolinic acid in river water samples by HPLC-UV/MS/MS-MS[J]. Journal of Environmental Monitoring Jem，7(3): 189-195.

Ueno D，Alaee M，Marvin C，et al. 2006. Distribution and transportability of hexabromocyclododecane (HBCD) in the Asia-Pacific region using skipjack tuna as a bioindicator[J]. Environmental Pollution，144(1): 238-247.

Valvi D，Mendez M A，Martinez D，et al. 2012. Prenatal Concentrations of Polychlorinated Biphenyls, DDE, and DDT and Overweight in Children: A Prospective Birth Cohort Study[J]. Environmental Health Perspectives，120(3): 451-457.

Volmer D A，Hui J P M. 1998. Study of erythromycin A decomposition products in aqueous solution by solid-phase microextraction/liquid chromatography/tandem mass spectrometry[J]. Rapid Communications in Mass Spectrometry，12(3): 123-129.

Wang Q Q，Bradford S A，Zheng W，et al. 2006. Sulfadimethoxine degradation kinetics in manure as affected by initial concentration, moisture, and temperature[J]. Journal of Environmental Quality，35(6): 2 162-2 169.

Wee S Y，Aris A Z. 2017. Endocrine disrupting compounds in drinking water supply system and human health risk impli-cation[J]. Environment International，106: 207-233.

Writer J H，Barber L B，Ryan J N，et al. 2011. Biodegradation and attenuation of steroidal hormones and alkylphenols by stream biofilms and sediments[J]. Environmental Science and Technology，45(10): 4 370-4 376.

Yamamoto H，Nakamura Y，Moriguchi S，et al. 2009. Persistence and partitioning of eight selected pharmaceuticals in the aquatic environment: laboratory photolysis, biodegradation, and sorption experiments[J]. Water Research，43(2): 351-362.

Yin G G，Kookana R S，Ru Y J. 2003. Occurrence and fate of hormone steroids in the environment[J]. Environment International，28(6): 545-551.

Ying G G，Kookana R S. 2010. Sorption and degradation of estrogen-like-endocrine disrupting chemicals in soil[J]. Environmental Toxicology and Chemistry，24(10): 2 640-2 645.

Zarate F M，Schulwitz S E，Stevens K J，et al. 2012. Bioconcentration of triclosan, methyl-triclosan, and triclocarban in the plants and sediments of a constructed wetland[J]. Chemosphere，88(3): 323-329.

Zhang D Q，Hua T，Gersberg R M，et al. 2013. Carbamazepine and naproxen: fate in wetland mesocosms planted with Scirpus validus[J]. Chemosphere, 91(1):14-21.

Zhang Y，Snow D D，Parker D，et al. 2013. Intracellular and extracellular antimicrobial resistance genes in the sludge of livestock waste management structures[J]. Environmental Science and Technology，47(18): 10 206-10 213.

阿丹. 2012. 人工湿地对 14 种常用抗生素的去除效果及影响因素研究 [D]. 广州：暨南大学.

韩伟，李艳霞，杨明，等. 2010. 环境雄激素的危害、来源与环境行为 [J]. 生态学报，30(6): 1 594-1 603.

何起利，梁威，贺锋，等. 2007. 人工湿地氧化还原特征及其与微生物活性相关性 [J]. 华中农业大学学报，26(6): 844-849.

连鹏，葛利云，邓欢欢，等. 2014. 两种喹诺酮类抗生素对亚心形扁藻的毒性效应研究 [J]. 环境科学与管理，39(5): 46-48.

雷圣. 2013. 不同类型人工湿地对典型 PPCPs（诺氟沙星和萘普生）的去除研究 [D]. 上海：上海交通大学.

凌婉婷，朱利中，高彦征，等. 2005. 植物根对土壤中 PAHs 的吸收及预测 [J]. 生态学报，25(9): 2 320-2 325.

刘锋，陶然，应光国，等. 2010. 抗生素的环境归宿与生态效应研究进展 [J]. 生态学报，30(16): 4 503-4 511.

刘伟，王慧，陈小军，等. 2009. 抗生素在环境中降解的研究进展 [J]. 动物医学进展，30(3): 89-94.

沈洪艳，曹志会，赵月，等. 2015. 抗生素药物诺氟沙星对锦鲤的毒性效应 [J]. 安全与环境学报，15(4): 380-385．

唐玉霖，高乃云，庞维海，等. 2008. 药物和个人护理用品在水环境中的现状与去除研究 [J]. 给水排水，34(5): 116-121.

徐维海，张干，邹世春，等. 2006. 香港维多利亚港和珠江广州河段水体中抗生素的含量特征及其季节变化 [J]. 环境科学，27(12): 2 458-2 462.

杨忠霞. 2010. 个人护理品对人类健康以及环境安全影响的研究进展 [J]. 科技风，10: 262-263.

# 8 尾水人工湿地强化处理技术研究进展

人工湿地是一种人工建造和控制运行的模仿自然湿地功能的水处理生态系统,其主要利用土壤、人工介质、植物、微生物的物理、化学、生物三重协同作用,实现对污水的净化。人工湿地不仅能有效去除污水中的氮、磷等营养物质,对抗生素、重金属等也具有一定的去除效果。但是,人工湿地在处理城镇污水处理厂尾水时有其缺陷。一是由于湿地的良好运行受季节因素的影响较大,一方面是因为脱氮主要依赖于微生物的硝化和反硝化作用来实现,但受温度的影响较大;另一方面,通过吸收同化作用去除污染物的湿地植物在低温条件下生长也相对缓慢。二是污水处理厂尾水中碳源含量低,难以满足异养微生物的需求。三是湿地系统本身占地面积较大、易堵塞。

## 8.1 预处理强化人工湿地对尾水深度净化研究

人工湿地因具有建造难度低、操作管理简便、运行成本低廉等优点,越来越受到人们的重视,其不仅被广泛运用在生活污水、工农业废水的直接净化处理中,还日益成为深度净化城镇污水处理厂尾水的重要设备,关于人工湿地净化污水处理厂尾水的研究也日益增多。如Mustafa 通过中试实验研究了人工湿地对城镇污水处理厂尾水的净化效果,发现在 8 个月的运行期内湿地对 $BOD_5$,$COD_{Mn}$,SS,$NH_3\text{-}N$ 和 $PO_4^{3-}\text{-}P$ 的去除率分别为 50%,44%,78%,49% 和 52%。Matamoros et al.(2007)研究了工程规模(10 000 $m^2$)的表面流人工湿地去除有机污染物的效果,发现湿地对大部分有机污染物的去除率都达到了 90% 以上。另外,张丽(2008)也发现经过复合垂直流人工湿地后,城镇污水处理厂尾水水质得到了显著的提升,受纳水体的污染负荷显著降低。上述案例都表明人工湿地净化对城镇污水处理厂尾水具有良好的净化效果。

### 8.1.1 不同类型人工湿地去污能力比较

在国家"十二五"水专项期间,研究比较不同人工湿地形式对污水处理厂尾水的处理效果,结果显示(图 8-1),复合垂直流人工湿地对 TN,TP,$COD_{Mn}$ 和 $NH_3\text{-}N$ 的去除能力相对更强,水平潜流人工湿地的净化能力次之,垂直流人工湿地净化能力相对最弱。然而,对硝态氮的去除,水平潜流人工湿地的效果最好,复合垂直流人工湿地相对最差。结果同时

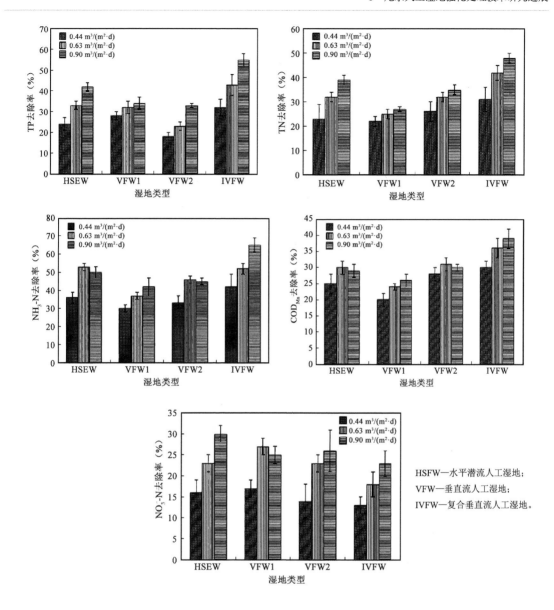

图 8-1　不同类型的人工湿地对污水处理厂污水的处理效果

显示，在所选定的三种水力负荷中，水力负荷在 0.90 m³/(m²·d) 条件下，不同类型湿地对污染物的去除率均大于水力负荷较小时的去除率。

### 8.1.2　不同组合人工湿地去污能力比较

对上述几种人工湿地工艺进行比较（表 8-1），发现单一类型人工湿地对污水处理厂尾水的处理效率不高，因此需要对不同湿地形式进行组合，以获得对尾水的最佳处理效果。

多级湿地单元处理组合系统，是基于不同类型人工湿地去除污染物的特点提出的，在有效保证污染物去除率的同时，各个单元具有不同的功能作用。本书采用了三种不同组成形式的处理污水处理厂尾水的人工湿地组合,具体为:水平潜流人工湿地+垂直流湿地(组合一)、水平潜流人工湿地+复合垂直流人工湿地(组合二)、水平潜流人工湿地+垂直流湿地+复合垂直流人工湿地(组合三)。多级湿地组合系统各单元植物在植入水槽后进行一段时间的培育,同时系统通水试运行,待系统稳定运行后开展水质净化效果的试验研究。结果表明(图8-2),不同类型湿地组合后,对尾水中各种污染物的去除效果都得到加强,对比各组合对各种污染物去除效果,发现组合三(水平潜流人工湿地+垂直流人工湿地+复合垂直流人工湿地)去除效果最佳,其对污染物的去除率都在40%及以上。

表8-1 不同类型人工湿地比较

| 人工湿地类型 | 表面流人工湿地 | 水平潜流人工湿地 | 垂直流人工湿地 |
|---|---|---|---|
| 处理效率 | 较低 | 较高 | 较高 |
| 除 $NH_3$-N 能力 | 复氧能力强,处理能力较强 | 较低 | 较水平潜流稍强 |
| 除 TN 能力 | 尚可 | 硝化能力一般,脱总氮一般 | 较水平潜流稍强 |
| 除 TP 能力 | 一般 | 基质除磷能力较强 | 基质除磷能力较强 |
| 占地面积 | 大 | 较小 | 较小 |
| 工程造价 | 较低 | 较高 | 较水平潜流更高 |
| 运行费用 | 低 | 较高 | 较水平潜流更高 |
| 操作维护 | 简便 | 较复杂 | 较水平潜流更复杂 |
| 堵塞情况 | 不易堵塞 | 易堵塞 | 最容易堵塞 |
| 冬季结冰 | 易发生 | 不易发生 | 易发生 |

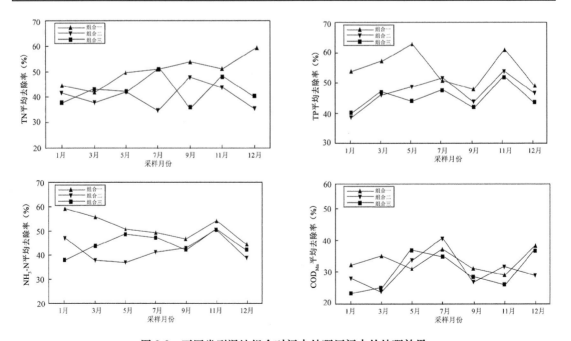

图8-2 不同类型湿地组合对污水处理厂污水的处理效果

根据上述研究结果，提出了适宜的处理污水处理厂尾水的人工湿地组合形式为：表面流人工湿地＋水平潜流人工湿地，表面流人工湿地＋水平潜流人工湿地＋垂直流人工湿地。各单元的功能如下：

（1）表面流人工湿地单元

在前期曝气过程中，新增殖的大量微生物以活性污泥形式存在，如果尾水直接进入水平潜流人工湿地，容易造成湿地堵塞，因此设置了表面流人工湿地单元。进水中的活性污泥可附着在水生植物的根、茎表面或悬浮于水体中，进一步降解污染物，对剩余的氨氮进行氧化。通过植物的合理配置而形成较大的水中表面积，使悬浮的活性污泥形成吸附和分解净化机制，并保持水体复氧状态，提高除污效率。好氧微生物所需的氧气由生物强化氧化单元出水中的余氧、该区水体自然复氧、水生植物复氧提供。

（2）水平潜流人工湿地单元

经表面流人工湿地处理后的污水中硝态氮浓度较高。而水平潜流人工湿地的氧气主要来源于植物根区氧气的释放，根区氧气往往有限，影响了硝化作用的进行。床体深处水环境从好氧环境逐步转变为缺氧、厌氧状态，有利于反硝化作用的进行。当进水以硝态氮为主或进水中硝态氮提高时，氧气的限制减少，总氮去除率提高。

（3）垂直流人工湿地单元

垂直流人工湿地与水平潜流人工湿地相比，占地面积虽然较小，但是填料床深度一般为水平潜流人工湿地的两倍左右，易堵塞，建设方面所需的费用多，技术要求高。但是，水平潜流人工湿地和垂直流人工湿地组合可以有效提高脱氮效果。水平潜流人工湿地床体被污水填满，适合反硝化细菌的生长，即使碳氮比很低时反硝化作用也较好，垂直流人工湿地内部往往处于不饱和状态，有较好的硝化能力，两者的组合类似于硝化加反硝化工艺。

## 8.2　人工湿地基质填料改良与强化脱氮除磷研究

### 8.2.1　基质强化

基质在人工湿地中起着关键的作用，一般由砂石、活性炭、沸石、膨润土、树脂等材料的一种或几种组成，当污水流经人工湿地时，基质通过一些物理、化学途径（如吸附、吸收、过滤、沉淀、络合反应和离子交换等）来去除污水中的污染物。在人工湿地中，基质吸附和沉淀作用被认为是磷去除的主要途径。

**1. 基质的改良**

基质中的钙、铁和铝等元素的含量决定了其对磷的吸附能力，富含钙、铁和铝的基质除磷能力强。污水中 $PO_4^{3-}$ 容易通过离子交换形式被基质及基质表面的腐殖质吸附，还易与钙、铁和铝等离子结合形成不溶于水的稳定的化合物，沉淀下来被去除。吸附法最为关键的就是寻找合适的吸附材料。Brix et al.（2001）研究了几种不同人工基质（细碎大理石、硅藻土、蛭石和方解石）在水平潜流人工湿地中对磷的吸附能力，发现方解石和细碎大理石（两者含钙量远远超过其他基质）对磷的吸附能力最好，且柱状试验表明，方解石和细碎大理石的除磷率比天然沙石高出 25% ～ 75%。Sakadevan and Bavo（1998）比较了土壤、沸石和炉渣作为水平潜流人工湿地基质的除磷效果，发现炉渣的吸磷能力最大。Gray（2000）的研究表明，以钙化海藻为基质的水平潜流人工湿地系统对磷的去除率高达 98%，明显高于以砾石作基质时的情况，去除效果和页岩或矿渣相当。

### 2. 不同基质的组合

不同基质及其组合对同种污染物的处理能力是不同的，需要根据污水中污染物的种类、特征选取不同的基质或几种基质的组合。研究表明，处理以 SS、$COD_{Mn}$ 和 $BOD_5$ 为特征污染物的污水时，可选用土壤、细沙、粗沙、砾石、灰渣或碎瓦片中的一种或几种作为基质；当以除磷为主时，可需用石灰石作为基质，而要去除 TN、TP，最好采用沸石 - 石灰石组合的基质。

## 8.2.2 植物强化

### 1. 植物去除污染物质的原理

植物是人工湿地完成脱氮过程的关键要素。一方面，植物本身能够吸收 $NO_3^--N$、$NH_3-N$、尿素和氨基酸等氮素而直接实现污水脱氮；另一方面，植物可以通过其他辅助方式间接完成污水脱氮过程。植物辅助脱氮主要通过以下三种方式实现：一是植物丰富的根系能够为硝化、反硝化微生物提供大量的生长附着点；二是植物的根系泌氧能力能够为微生物生长代谢（如硝化反应）提供必要的氧气；三是植物残体腐烂和根际分泌活动会向水体释放出一定量易生化降解的有机质，为反硝化提供不可多得的内部碳源，保证反硝化的电子供体而使得硝化反应顺利进行。以上这些特性或能力使得植物在污水脱氮过程中能够起到重要作用，但不同植物在生长速度、氮素吸收同化能力、泌氧能力等方面存在显著差异，导致它们在脱氮过程中的效率不同，因此，筛选适宜的植物对稳定和提高这些生态处理系统的脱氮功能具有重要意义。

磷是植物生长所必需的元素，污水中无机磷能被植物直接吸收和同化，废水中无机磷可被植物吸收利用组成卵磷脂、核酸及 ATP 等物质，并可通过收割而带出系统。此外，植物根系能够分泌使某些嗜磷细菌生长的物质，进而促进磷的转化，从而间接提高净化效率。

### 2. 湿地植物的选择

关于植物种类的选择，国际上公认的湿地淡水水生植物优势品种主要有宽叶香蒲、芦苇、苦草、软水草和狐尾藻。其他水生植物，如茭草、水生花、田边草、黑麦草、兰花草、池杉、马路莲、美人蕉、莲藕、浮萍、伊乐藻、范草、橡草、水葱和香根草等均可以根据处理水的水质情况加以选用。

在湿地植物的比选上，水生植物的选种尽可能优先选用本地常见品种，适当考虑引进外来优良品种。在选用水生植物时还要考虑以下几个方面的因素。

（1）对水质净化功能较好

水生植物主要是依靠根区表面上生长的微生物来去除污水中 TN，TP，$COD_{Mn}$，$NH_3$-N，SS 的，因此要选择根系相对来说较为发达的水生植物。

（2）抗逆性强

抗逆性主要包括以下几个方面：

①耐污能力：水生植物的根系是长期浸泡在变化较大且浓度较高的污水中，并且对当地的土壤条件和周围的动植物环境都有很好的适应能力，因此选用的水生植物耐污能力必须要强，一般应选用当地的水生植物。

②抗冻、抗热能力：污水的处理通常是全年连续运行的，因此要求水生植物必须在极端恶劣的气候条件下依然可以正常生长。

③抗病虫害能力：处理污水的水生植物很容易滋长病虫害，抵抗病虫害能力的强弱关系到水生植物的生长与生存，同时也会影响水生植物对污水的净化效果。

（3）易管理

筛选出净化能力与抗逆性均相对较强的水生植物，对于减少管理上和对植物体处理上的麻烦有很大帮助。

（4）综合利用的价值高

污水中如果不含有毒、有害成分，所用水生植物的综合利用价值可从 3 个方面考虑：

①作饲料，一般选择粗蛋白含量高的水生植物；

②作肥料，水生植物要易于分解，并且含肥料的有效成分相对较高；

③生产沼气，水生植物应考虑其发酵、产气的碳氮比，一般水生植物的比值为 25 ～ 30。

（5）美化景观

在人工湿地与园林景观设计中使用水生植物，需要考虑从观叶、观花等观赏角度来选择。

（6）考虑物种间的合理搭配

将挺水植物与沉水植物进行适当搭配，可以起到有效净化水质、修复水体的作用。研究发现，将狐尾藻、竹叶眼子菜、黄花鸢尾及野慈姑进行搭配修复，能够有效去除富营养化水体中的氮和磷。

**3. 湿地植物的组合**

一般在人工湿地系统中应该选择一种或几种优势水生植物搭配栽种，多种植物组合对水质的净化效果好于单种植物，可能是因为：

①不同水生植物的净化优势不同，有的可以高效吸收氮，有的能更好地富集磷，当多种植物组合使用时就会有利于植物之间取长补短，保持较为稳定的净化效果。

②每种植物在不同时期的生长速率及代谢功能各不相同，由此导致不同时期对氮、磷等营养物质的吸收量也不同，而且随着植物发育阶段不同，附着于植物体上的微生物群落也会

发生变化，会直接影响到植物对水体的净化率。

③多种植物的组合具有合理的物种多样性，从而更容易保持生态系统的长期稳定性，而且也会减少病虫害。

### 8.2.3 微生物强化

在人工湿地中，微生物对污染物质的去除起到了重要作用，通过系统地研究微生物群落结构，进一步了解湿地的净化机制，人为适当地改造湿地微生物群落结构对调控人工湿地的污水净化功能将起积极作用。研究表明，湿地根区的细菌总数与 $BOD_5$ 存在显著的相关性，并且秋季植物根区细菌数量比夏季明显增加，相应湿地对钾和氮的去除率显著高于夏季；另外当温度低于硝化细菌的适温范围（20～35℃）时，硝化细菌的生长繁殖受到抑制；污水处理厂尾水中碳源含量低，通常难以满足反硝化细菌正常代谢、繁衍的碳源需求量，从而削弱了微生物的处理作用。因此，通过人为调节环境温度，人工添加碳源，湿地净化效果可得到加强。

## 8.3 碳源添加对人工湿地强化脱氮效果研究

### 8.3.1 人工湿地脱氮原理

人工湿地系统脱氮是通过多种机理协同作用共同完成的，主要包括挥发、氨化、硝化反硝化、植物摄取和基质吸附。研究表明，微生物硝化反硝化作用的除氮量占氮总量的60%～86%，因此微生物脱氮在污水生态处理脱氮过程中占主导地位。

微生物脱氮的基本途径包括：

①微生物作用下有机氮转化为氨氮；

②在好氧条件下，亚硝酸菌和硝酸菌协同作用将氨氮转化为亚硝态氮、硝态氮；

③在缺氧条件下，反硝化细菌通过反硝化作用将硝态氮转化为 $N_2$ 或 $N_2O$。

在人工湿地系统中的硝化细菌与反硝化细菌，或利用植物根系复氧与水面复氧等过程创造的多个好氧反应空间将氨氮氧化成 $NO_2^-$ 和 $NO_3^-$，或在缺氧环境下通过反硝化作用将硝酸盐还原为气态氮，并以 $N_2$ 和 $N_2O$ 的形式从水中逸出，从而完成对氮的去除。

### 8.3.2 碳源添加对人工湿地脱氮的影响

反硝化作用是在无氧或缺氧条件下进行的，在这一过程中需要有机碳作为电子供体，将硝态氮和亚硝态氮还原为氮气。由此可见，碳源是反硝化过程不可缺少的一种物质，生物反硝化过程需要提供足够数量的碳源，保证一定碳氮比才能使反硝化反应顺利完成。

人工湿地中有机碳源分为：①内部碳源，主要包括植物根系释放、死亡植物分解、微生物分解、湿地内部沉积物缓慢释放产生的有机碳源；②外部碳源，即湿地进水中的有机碳源。虽然湿地内部碳源的来源较多，但无法满足生物反硝化的碳源数量，而作为湿地进水的污水处理厂二级出水中，有机物的本底值或大部分在好氧时被去除，使外部碳源中有机碳含量低，且多难以被降解，导致人工湿地反硝化速率降低，影响脱氮效果。因此，外部添加碳源是非常必要的。

### 8.3.3 碳源的选择

很多物质都可以作为反硝化过程的外加碳源，不同物质被反硝化细菌利用的程度和代谢产物均不相同，对反硝化过程产生的影响亦不相同。现有的外加碳源分为传统碳源和新型碳源，传统的碳源大多采用低分子有机物类（如甲醇、乙醇和乙酸）和糖类物质（如葡萄糖和蔗糖）作为液体碳源；新型碳源包括含纤维素类物质的天然植物等。

传统碳源中，甲醇是应用和研究最为广泛的外加碳源，Gersberg et al.（1983）向湿地中添加甲醇，脱氮效率可达 95%，但由于甲醇有毒且价格昂贵，因此乙醇、乙酸往往作为甲醇的替代品，Rustige et al.（2007）在使用垂直－水平复合流人工湿地处理垃圾渗滤液时，添加了乙酸作为反硝化碳源，氨氮的去除率达 94%，随着乙酸剂量的增加，硝态氮去除率最高可达 98%；Sikora et al.（1995）发现不添加碳源的湿地硝态氮去除率仅为 14% ～ 30%，而添加了乙酸后，硝态氮去除率上升为 55% ～ 70%。糖类物质是优质廉价的外加碳源，赵联芳等（2009）使用葡萄糖作为外加碳源后，TN 去除率由 55% 提高到 89%；姜桂华（2001）发现在一定范围内，随着葡萄糖量的增加，硝态氮的去除率也持续上升。

新型碳源多采用富含纤维素类物质的天然固体有机物，以植物材料为主，其具有取材方便、来源广泛及成本低廉的特点，且作为反硝化碳源有较好的脱氮效果。如赵联芳等（2009）使用芦苇杆为植物碳源，添加到垂直流人工湿地表面后，TN 的去除率由未添加碳源的 60% 提高到 80%；姜应和等（2011）使用树皮与碎石混合作为湿地的填料，硝态氮的去除率可达 80%。固体碳源虽然能够提升湿地系统的脱氮效率，但是不会随着添加量的增加而持续升高，一般当系统中 $BOD_5/N$ 为 3 ～ 5 及以上时，可认为碳源充足。

传统类碳源虽然有较高的脱氮效率，但也存在着一些不容忽视的缺点。首先，本身毒性会对环境造成潜在的危险；其次，由于液态碳源反应速率快，需要不断补充，运营成本高；最后，出水的有机物含量招标。另外，糖类物质会使微生物过量生长，导致湿地堵塞，且低分子糖类易随水流流失，造成碳的利用率较低。新型碳源虽具有缓释的特点，可以稳定地提供湿地反硝化所需的有机碳，但造成了需要较长的水力停留时间来进行反硝化反应的问题。

综上所述，无论是传统碳源还是新型碳源，其投加量、投加位置和投加时间，都需要综合考虑湿地面积、类型、经济、受纳水体环境质量等因素。

## 8.4 组合人工湿地对尾水强化净化效果研究

城镇污水处理厂尾水生态处理工艺除了人工湿地以外还有很多，如稳定塘技术、人工快渗处理技术、砾间接触氧化技术、生态浮床技术等，这些工艺去除污染物的本质是依赖生态系统本身，宗旨是利用生态系统中微生物、土壤、介质和植物的物理、化学、生物的协同作用，达到去除污水中污染物质的目标。不同生态处理工艺的组成不同，针对的污染物也有所差异，且受限于场地气候等条件，适用性必然存在差异，结合现实条件，如何实现生态处理工艺处理污水效能最大化，是目前研究的热点，也是工程应用的难点。

### 8.4.1 常用生态处理技术

#### 1. 稳定塘技术

稳定塘旧称氧化塘或生物塘，是对利用天然净化能力对污水进行处理的构筑物的总称。稳定塘一般是经人工修整、设置有围堤和防渗层的池塘，其净化过程主要依赖塘内生长的微生物。稳定塘污水处理系统具有基建投资和运转费用低、维护和维修简单、便于操作、能有效去除污水中的有机物和病原体、无需污泥处理等优点。稳定塘是以太阳能为初始能量，利用生态系统自身的功能，实现污染物的降解和转化，达到净化污水的目的，同时净化的污水也可作为再生资源予以回收再用，使污水处理与利用结合起来，实现污水处理资源化。

按照塘内微生物的类型和供氧方式来划分，稳定塘可以分为厌氧塘、兼性塘、好氧塘、曝气塘。不同种类稳定塘之间的对照如表 8-2 所示。

此外，还有一些其他类型的稳定塘，如种植纤维管束水生植物的水生植物塘，加入养殖水产和水禽，与原生动物、浮游动物、底栖动物、细菌、藻类等共存的生态系统塘。

近年来，稳定塘用于净化城镇污水处理厂尾水的研究越来越多，如赵安娜等（2010）通过小试实验研究了沉水植物氧化塘对污水处理厂尾水深度净化效果，发现沉水植物氧化塘对尾水中总氮和 TP 的去除率分别为 19.44% ~ 64.71% 和 28.13% ~ 98.33%。李旭宁等（2013）通过研究发现，以一级 A 排放标准排放的污水处理厂尾水，经中试规模的缺氧 / 好氧生物塘处理后，出水中 $COD_{Mn}$ 和硝态氮可达到《地表水环境质量标准》（GB 3838—2002）III 类水标准，TP 可达到 V 类水标准。闻学政等（2018）发现工程规模（总容积 7 500 $m^3$，日均接纳生活污水处理厂《城镇污水处理厂污染物排放标准》（GB 18918—2002）一级 A 标准尾水 1 024.5 t）的深度净化塘能够将城镇污水处理厂尾水净化至《地表水环境质量标准》（GB 3838—2002）III 类水标准。

表 8-2　不同类型稳定塘对照表

|  | 水 深 | 溶解氧 | 工作原理 |
|---|---|---|---|
| 厌氧塘 | 大于 2 m | 基本上处于厌氧状态 | 厌氧微生物进行厌氧发酵和产甲烷发酵过程，对其中的有机物进行分解 |
| 兼性塘 | 1.0～2.0 m | 上层为好氧区；中层为兼性区；底层为厌氧区 | 好氧区：有机物在好氧异养菌的作用下进行氧化分解。<br>兼性区：兼性异养菌既能利用水中的少量溶解氧对有机物进行氧化分解，还能以 $NO_3^-$，$CO_2^{2-}$ 作为电子受体进行无氧代谢。<br>厌氧区：厌氧微生物在此进行厌氧发酵和产甲烷发酵过程，对其中的有机物进行分解 |
| 好氧塘 | 一般为 0.3～0.5 m | 溶解氧充分 | 好氧细菌和藻类利用水中的氧，通过好氧代谢氧化分解有机污染物，使其成为无机物 $CO_2$，$NH_4^+$ 和 $PO_4^{3-}$ 并合成新的细胞 |
| 曝气塘 | 大于 2 m | 塘内全部处于好氧状态 | 介于活性污泥法中的延时曝气法与稳定塘之间的一种工艺 |

### 2. 人工快渗处理技术

人工快渗处理系统是污水土地处理系统的一种，是将污水有控制地投配到人工构筑的渗滤介质表面，在污水向下渗透过程中，通过物理、化学和生物作用，使污水得以净化。人工快渗处理系统在保留了传统土地处理系统优点（如处理效果良好、投资少、操作简便）的同时，明显增大了水力负荷，是一种崭新的污水土地处理技术。人工快渗处理系统在运行过程中，通常采用干湿交替的运转方式，即各渗滤池里淹水和落干相互交替，该方式通过不断切换系统内好氧—缺氧状况，保证了硝化反硝化反应的进行，从而有利于氮的去除。

近年来，人工快渗处理系统在国内外得到了广泛的运用，越来越成为污水资源化的重要手段。如石国玉（2011）系统地研究了人工快渗系统去除污染物的可行性、系统稳定性的影响因素、污染物降解归趋机制等内容，发现人工快渗系统处理污水处理厂尾水，在系统进水 $COD_{Mn}$ 保持在 100 mg/L 左右时，系统表现出良好的去污能力，其对 $COD_{Mn}$ 去除率平均为 62.87%，对 $NH_3$-N 的平均去除率为 51.78%。

### 3. 砾间接触氧化技术

砾间接触氧化技术是一种模仿生态、强化生态自然净化作用的技术（图 8-3），该技术的核心是在反应池中放置大量的砾石，砾石一方面可以吸附、过滤污染物，另一方面可作为生物膜附着生长的载体，增加污水与生物膜的接触面积，当污水流经砾石层时，发生在砾石间的物理、化学、生物作用能够完成污水的净化。

砾间接触氧化技术开发于 20 世纪 70 年代，该技术对污水尤其是低污染水的处理效果显著。在我国台湾地区，砾间接触氧化技术已被广泛运用到河流水质净化当中，并取得了良好效果。如 Juang et al.（2008）发现在较短的水力停留时间情况下，尽管处理效果波动较大，但砾间接触氧化系统对 $BOD_5$，SS，$NH_3$-N 的平均去除率分别为 33.6%，56.3%，10.7%。另外，有研究发现，1 930 $m^2$ 的砾间接触氧化系统（日处理量水 10 000 $m^3$）对雨污混合水中

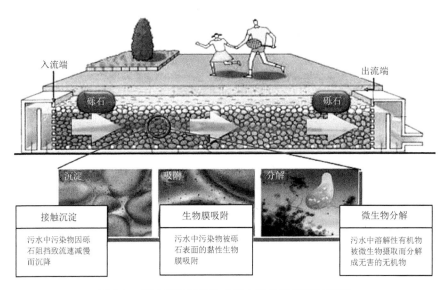

图 8-3　砾间接触氧化技术基本结构及机理示意图

$BOD_5$、SS 和 $NH_3\text{-}N$ 的平均去除率分别达到了为 90%，85% 和 80%。以上这些研究表明，砾间接触氧化技术对受污染水体具有较好的净化效果，具有被用于处理城镇污水处理厂尾水的潜力。

#### 4. 生态浮床技术

生态浮床是以水生植物为主体，以高分子材料为载体和基质，运用生态工学原理，基于无土栽培技术，建成的充分利用水体生态位、依赖植物根系吸收、用以削减水体污染负荷的高效人工生态系统（图 8-4）。

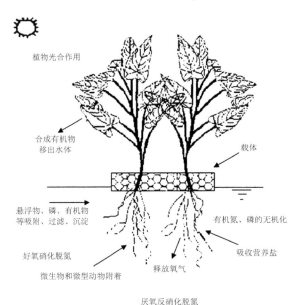

图 8-4　生态浮床净化机理图

生态浮床具有直接利用水体水面而不占有土地、植物易于栽培、管理方便、净化效果好等优势，已被广泛用于被污染河道、湖泊的治理当中。

近年来，生态浮床技术在城镇污水处理厂尾水净化方面的运用案例也日益增多。如 2012 年报道的，崔德才等（2012）研究了采用曝气复合式生态浮床修复污水处理厂尾水，发现在水力停留时间为 1.5 d 和水温为 17.8～21.5℃ 的条件下，曝气复合生态浮床对 $COD_{Mn}$、$NH_3\text{-}N$、TN 和 TP 的去除率分别为 33.9%～53.1%（平均值 44.0%）、37.97%～64.45%（平均值 50.8）、33.46%～57.25%（平均值 44.9%）和去除率 5.43%～72.62%（平均值 50.97%），出水 $COD_{Mn}$ 浓度远低于《城镇污水处理厂污染物排放标准》（GB 18918—2002）一级 A 标准。

另外，戴谨微等（2018）研究了复合生态浮床净化污水处理厂尾水的效能，研究发现当水力停留时间为 2 d 时，复合生态浮床系统对 $NH_3\text{-}N$，TN，TP 的平均去除率分别为 86.89%±13.18%，22.19%±6.57%，76.10%±24.31%，面积负荷去除率分别达到了 664.29±100.71 mg/($m^2 \cdot$ d)，638.97±178.97 mg/($m^2 \cdot$ d)，61.71±15.12 mg/($m^2 \cdot$ d)。

以上结果表明，生态浮床对城镇污水处理厂尾水具有显著的净化效果，未来必将在尾水净化领域发挥更重要的作用。但生态浮床也存在一些问题，如栽培不易进行标准化推广应用、难以推行机械化操作、制作施工周期长、难以越冬等，相信经过不断地实验和探索，生态浮床的发展将越来越迅速。

### 8.4.2  组合生态处理技术

组合生态处理技术，顾名思义，就是将不同生态处理技术相结合，充分利用不同技术的优点来完成污水净化过程。近年来，组合生态处理技术运用于城镇污水处理厂尾水深度处理的案例越来越多，且取得了理想的效果，下面结合具体案例来分析和评价组合生态处理技术净化尾水效果。

**1．案例一：深圳市某污水处理厂尾水净化项目**

（1）进出水水质与水量

以污水处理厂尾水为工艺进水，设计处理规模为 1 000 m³/d。

（2）工艺流程

工艺流程如图 8-5 所示。

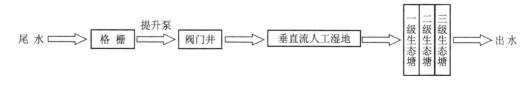

图 8-5  工艺流程图

（3）主要构筑物及参数

①垂直流人工湿地

垂直流人工湿地占地面积为 1 650 m²。填料层厚度为 1.5 m。湿地填料由粗砂、碎石、石灰石和特殊填料组成。设计处理规模为 1 000 m³/d，水力负荷为 0.606 m³/(m²·d)，水力停留时间为 0.99 d。湿地表层采用 DN75 穿孔管布水，底层采用 DN200 穿孔管集水，集水汇至湿地中间的排水渠。湿地通过 PLC 自动布水或手动控制，采用间歇进水方式进水，每天进水采用一次性进水。选种风车草、香蒲、香根草、美人蕉和纸莎草。

②生态塘

生态塘面积约 8 000 m²，中心水深约 1.5 m，底层铺设防渗层，用 200 mm 厚度、10～20 mm 直径砾石铺底，池底坡度约为 5%。设计水力负荷为 0.125 m³/(m²·d)，水力停留时间为 10.40 d。沿水流方向分一级生态塘、二级生态塘和三级生态塘。三级生态塘面积分别为 3 500 m²、1 500 m² 和 3 000 m²，按照沉水植物耐污情况依次种植苦草、穗花狐尾藻和黑藻，辅种金鱼藻和竹叶眼子菜，周围水浅处种植苦草，种植密度均为每立方米 20 棵。进出水水位通过阀门控制。

（4）水力条件的优化

通过控制进水流量调节水力条件，于 4 月份开始，分别选取 600 m³/d，900 m³/d，1 200 m³/d，1 500 m³/d 和 1 800 m³/d 共 5 个流量。分别对应的湿地水力负荷为 0.363 6 m³/(m²·d)，0.545 5 m³/(m²·d)，0.727 3 m³/(m²·d)，0.909 1 m³/(m²·d) 和 1.090 9 m³/(m²·d)；对应的生态塘水力负荷为 0.075 0 m³/(m²·d)，0.112 5 m³/(m²·d)，0.150 0 m³/(m²·d)，0.187 5 m³/(m²·d) 和 0.225 0 m³/(m²·d)。通过出水水质监测，发现组合工艺进水流量为 900 m³/d 时为最优工况，在此规模下，对组合工艺做了长达一年的监测。

（5）主要结论

①在最优运行工况下组合工艺对污水处理厂尾水有显著的净化效果，对 $COD_{Mn}$，$NH_3$-N，TN 和 TP 的去除率可高达 59.22%，81.06%，93.11% 和 55.81%，出水达到《地表水环境质量标准》（GB 3838—2002）Ⅳ类水标准。

②生态塘强化了对 $NH_3$-N、TP 和 TN 的去除率，降低了富营养化水平。运行一年至少减少 $COD_{Mn}$ 排放量 9.85 t，$NH_3$-N 排放量 1.73 t，TN 排放量 4.96 t，TP 排放量 0.16 t。

③组合工艺的运行，可大幅削减受纳水体的污染负荷，有效改善地表水环境。出水可作为河道生态补水及绿化用水，具有良好的环境和经济效益。

**2. 案例二：江苏省洪泽县清楹尾水湿地处理工程**

（1）进水水质

在持续监测阶段系统进水污染物含量波动较大，TN，TP，$NH_3$-N 的质量浓度分别为 6.67～22.10 mg/L，0.08～4.01 mg/L，3.80～15.44 mg/L，$COD_{Mn}$ 为 6.57～21.24 mg/L。

（2）工艺流程

塘－人工湿地工艺流程如图 8-6 所示。

图 8-6 塘－人工湿地工艺流程

（3）主要构筑物及参数

①稳定塘。组合系统共设置 3 座稳定塘，分别为曝气塘、兼性塘、生态塘，面积分别为 101 052 m²，82 563 m²，66 000 m²，深度分别为 4.0 m，2.0 m，1.5 m。

②人工湿地系统。组合系统还设置 5 块表面流人工湿地，面积分别为 60 351 m²，59 921 m²，115 810 m²，32 582 m²，66 000 m²，水力负荷均为 0.12 m³/(m²·d)。

（4）主要结论

①组合生态系统对 TN，$NH_3$-N，$COD_{Mn}$ 具有不同的去除率，在 5 月分别为 64.2%，81.59%，41.7%。

②组合工艺对 TN，$NH_3$-N，$COD_{Mn}$ 的去除率受季节变化影响较大。

综上所述，利用生态处理工艺对污水处理厂尾水进行深度净化，实现了水质净化功能与城市绿色景观美化功能的和谐统一，获得了良好的环境效益、经济效益和社会效益。但由于生态处理工艺水力负荷低、占地面积大的特点和我国城市化进程中土地资源的紧缺状况，大规模应用于污水处理厂尾水的深度处理存在一定的局限性，需因地制宜，综合考虑占地、经济、受纳水体环境质量等因素。

## 8.5  结论与展望

人工湿地能够较好地深度处理城镇污水处理厂的尾水，但该领域的研究主要集中在湿地本身运行参数的优化和去除效果的提高，多数没有结合不同区域城镇污水处理厂出水水质特征，并且在人工湿地的选用、设计和运行等方面依赖于经验方法，缺乏有效的指导。因此，未来研究与应用工作的重点展望如下：

（1）结合不同地区城镇污水处理厂出水的水质特征和受纳水体水质要求，选取不同类型人工湿地，优化人工湿地的设计与运行参数，深入开展人工湿地在城镇污水处理厂尾水深度净化中的研究与应用。

（2）加强人工湿地的数值模型及模拟研究，结合实践结果，优化湿地的建设，提高湿地的处理效率，为人工湿地的推广应用提供理论指导。

# 参考文献

Allen W C, Hook P B, Biederman J A, 2002. Temperature and wetland plant species effects on wastewater treatment and root zone oxidation[J]. Journal of Environmental Quality, 31(3): 1 010-1 016.

Baken S, Smolders E. 2015. Phosphorus sequestration by oxidizing iron in groundwater fed catchments[J]. In Land Use and Water Quality: Agricultural Production and the Environment. Volume of Abstracts.

Bigambo T, Mayo A W. 2005. Nitrogen transformation in horizontal subsurface flow constructed wetlands II: Effect of biofilm[J]. Physics and Chemistry of the Earth, 30(11-16): 668-672.

Brix H, Arias C A, Bubba M, et al. 2001. Media selection for sustainable phosphorous removal in subsurface flow constructed wetlands[J]. Water Science and Technology, 44(11-12):47-54.

Brix H. 1987. Treatment of wastewater in the rhizosphere of wetland plants–the root-zone method[J]. Water Science and Technology, 19(1-2): 107-118.

Chen Y, Peng C, Wang J. 2011. Effect of nitrate recycling ratio onsimultaneous biological nutrient removal in a novel anaerobic/anoxic/oxic (A2/O)-biological aerated filter (BAF) system[J]. Bioresource technology, 102(10): 5 722-5 727.

Cooney D O. 1998. Adsorption design for wastewater treatment[M]. CRC press.

Crawford N M, Glass A D. 1998. Molecular and physiological aspects of nitrate uptake in plants[J]. Trends in plant science, 3(10): 389-395.

Drizo A, Frost C A, Grace J, et al. 2004. Physico-chemical screening of phosphate removing substrates for use in constructed wetland[J]. Water Research, 33(17):3 595-3 602.

Gersberg R M, Elkins B V, Lyon S R, et al. 1986. Role of aquatic plants in wastewater treatment by artificial wetlands[J]. Water Research, 20(3): 363-368.

Gersberg R M, Elkins B V, Coldman C R. 1983. Nitrogen removal in artificial wetlands[J]. Water Research, 17(9): 1 009-1 014.

Glazer A N, Nikaido H. 2007. Microbial biotechnology: fundamentals of applied microbiology[D]. Cambridge University Press.

Grady Jr C L, Daigger G T, Love N G, et al. 2011. Biological wastewater treatment[M]. CRC press.

Gray S, Kinross J, Read P, et al. 2000. Thenutrientassimilativecapacityofmaerl asasubstratein constructed wetland systems for waste treatment[J]. Water Research, 34(8): 2 183-2 190.

Guo J, Peng Y, Huang H, et al. 2010. Short-and long-term effects of temperature on partial nitrification in a sequencing batch reactor treating domestic wastewater[J]. Journal of Hazardous Materials, 179(1-3): 471-479.

Haynes R J, Goh K M. 1978. Ammonium and nitrate nutrition of plants[J]. Biological Reviews, 53(4): 465-510.

Hume N P, Flemming M S, Home A J. 2002. Denitrification potential and carbonquality of four aquatic plants in wetland microcosms[J]. Soil Science Society of America Journal, 66(5): 1 706-1 712.

Ingersoll T L, Baker L A. 1998. Nitrate removal in wetlandmicrocosms[J]. Water Research, 32(2): 667-684.

Juang D F, Tsai W P, Liu W K, et al. 2008. Treatment of polluted river water by a gravel contact oxidation system constructed under riverbed[J]. International Journal of Environmental Science and Technology, 5(3): 305-314.

Kadlec R H, Knight R, Vymazal J, et al. 2017. Constructed wetlandsfor pollution control[M]. IWA publishing.

Lee C G, Fletcher T D, Sun G. 2009. Nitrogen removal in constructed wetland systems[J]. Engineering in Life Sciences, 9(1): 11-22.

Lee C G, Fletcher T D. 2009. Nitrogen removal in constructed wetland systems[J]. Engineering in Life Sciences, 9(1): 11-22.

Lettinga G. 1995. Anaerobic digestion and wastewater treatment systems[J]. Antonie van leeuwenhoek, 67(1): 3-28.

Matamoros V, Arias C, Brix H, et al. 2007. Removal of pharmaceuticals and personal care products (PPCPs) from urban wastewater in a pilot vertical flow constructed wetland and a sand filter[J]. Environmental Science and Technology，41(23): 8 171-8 177.

Peng J F，Wang B Z，Song Y H．2007．Modeling N transformation and removal in a duckweed pond: Model application[J]．ecological modelling，206(3-4): 294-300.

Rouquerol J，Rouquerol F，Llewellyn P，et al．2013．Adsorption by powders and porous solids: principles, methodology and applications[M]．Academic press.

Rustige H，Ndde E．2007．Nitrogen elimination from landfill leachates using an extra carbon source in subsurfaceflow constructed wetlands[J]．Water Science and Technology，56(3):125-133.

Sakadevan K，Bavor H J．1998．Phosphate adsorption characteristics of soils, slags and Zeolite to be used asasubstratesin constructed wetland systems[J]．Water Research，32(2):393-399.

Sikora F J，Tong Z，Behrends L L，et al．1995．Ammonium removal inconstructed wetlands with recirculating subsurfaceflow: Removalrates and mechanism[J]．Water Science and Technology，32(3): 193-202.

Stottmeister U，Wießner A，Kuschk P，et al．2003．Effects of plants and microorganisms in constructed wetlands for wastewater treatment[J]．Biotechnology advances，22(1-2): 93-117.

Sun S P，Nàcher C P I，Merkey B，et al．2010．Effective biological nitrogen removal treatment processes for domestic wastewaters with low C/N ratios: a review[J]．Environmental Engineering Science，27(2): 111-126.

Timberlake D L，Strand S E，Williamson K J．1988．Combined aerobic heterotrophic oxidation, nitrification and denitrification in a permeable-support biofilm[J]．Water research，22(12): 1 513-1517.

Van Loosdrecht，M C M，Hooijmans C M，et al．1997．Biological phosphate removal processes[J]．Applied Microbiology and Biotechnology，48(3): 289-296.

Van Rijn J．1996．The potential for integrated biological treatment systems in recirculating fish culture—a review[J]．Aquaculture，139(3-4): 181-201.

Víctor M，Joan G，Bayona J M．2008．Organic micropollutant removal in a full-scale surface flow constructed wetland fed with secondary effluent[J]．Water research，(42)3: 653-660.

Vymazal J．2007．Removal of nutrients in various types of constructed wetlands[J]．Science of the total environment，380(1-3): 48-65.

Whitelaw M A．1999．Growth promotion of plants inoculated with phosphate-solubilizing fungi[J]．In Advances in Agronomy，69: (99-151). Academic Press.

Xu G，Fan X，Miller A J．2012．Plant nitrogen assimilation and use efficiency[J]．Annual review of plant biology，63: 153-182.

Yeoman S，Stephenson T，Lester J N．1988．The removal of phosphorus during wastewater treatment: a review[J]．Environmental Pollution，49(3): 183-233.

Zhang X，Wu W Z，Wen D H，et al．2004．Adsorption and desorption nofammonia-nitrogen onto nature zeolite[J]．Environmental Chemistry，22 ( 2 ) : 167-180.

Zhu G，Peng Y，Li B，et al．2008．Biological removal of nitrogen from wastewater[J]．In Reviews of environmental contamination and toxicology，192: 159-195.

崔德才，胡锋．2012．曝气复合式生态浮床强化修复污水厂尾水的试验研究 [J]．节水灌溉，10: 18-20.

戴谨微，陈盛，曾歆花，等．2018．复合型生态浮床净化污水厂尾水的效能研究 [J]．中国给水排水，34(3): 77-81.

段田莉，成功，郑嫒嫒，等．2017．高效垂直流人工湿地＋多级生态塘深度处理污水厂尾水 [J]．环境工程学报，11(11): 5 828-5 835.

宫志杰，宋新山，赵志淼，等．2017．微曝气技术在强化人工湿地脱氮中的应用 [J]．环境科学与技术，4:132-135 .

郭劲松，王春燕，方芳，等．2006．湿干比对人工快渗系统除污性能的影响 [J]．中国给水排水，22(17): 9-12.

何小莲，李俊峰，何新林，等．2007．稳定塘污水处理技术的研究进展 [J]．水资源与水工程学报，18(5): 75-77.

姜桂华．2001．碳源对人工微生物脱氮的影响研究 [J]．水资源保护，63(1): 29-30+61.

姜应和，李超．2011．树皮填料补充碳源人工湿地脱氮初步试验研究 [J]．环境科学，32(1): 158-164.

李旭宁，梅峰，刘欢，等．2013．缺氧 / 好氧生物塘深度处理污水厂尾水的中试 [J]．中国给水排水，29(17): 85-88 .

刘刚, 闻岳, 周琪. 2010. 人工湿地反硝化碳源补充研究进展 [J]. 水处理技术, 36(4): 1-5.

马文漪, 杨柳燕. 1998. 环境微生物工程 [M]. 南京: 南京大学出版社.

邵留, 徐祖信, 金伟, 等. 2009. 以稻草为碳源和生物载体去除水中的硝酸盐 [J]. 环境科学, 30(5): 1414-1419.

石国玉. 2011. 人工快渗系统处理工业园区污水厂尾水研究 [D]. 合肥: 合肥工业大学.

唐运平, 张志扬, 邓小文, 等. 2009. 利用城市生态河道深度净化污水处理厂出水的工程技术研究 [J]. 环境工程学报, 3(7): 1 165-1 169.

王东洲, 韩飞园, 夏劲, 等. 2014. 一种组合生态工艺对尾水处理效果研究 [J]. 水处理技术, (11): 111-114.

王宏成, 伍昌年, 郑树兵, 等. 2011. 污水反硝化过程外加碳源研究进展 [J]. 中国西部科技, 10(7): 15-17.

闻学政, 宋伟, 张迎颖, 等. 2018. 凤眼莲深度净化污水处理厂尾水的效果 [J]. 江苏农业学报, 34(5:) 118-126.

吴振斌. 2008. 复合垂直流人工湿地 [M]. 北京: 科学出版社.

熊飞, 李文朝, 潘继征, 等. 2005. 人工湿地脱氮除磷的效果与机理研究进展 [J]. 湿地科学, 3(3): 228-234.

杨朝晖, 曾光明, 李小明, 等. 2002. 废水生物脱氮除磷机理与技术研究的进展 [J]. 四川环境, 21(2): 25-29.

杨思璐. 2008. 潜流人工湿地启动期反硝化碳源补充技术研究 [D]. 上海: 同济大学.

张丽, 朱晓东, 邹家庆. 2008. 人工湿地深度处理城市污水处理厂尾水 [J]. 工业水处理, 28(1): 85-87.

张长宽, 倪其军, 杨栋, 等. 2017. 低温条件下高效复合人工湿地对尾水的净化效应 [J]. 环境工程学报, 11(4): 2 034-2 040.

赵安娜, 冯慕华, 郭萧, 等. 2010. 沉水植物氧化塘对污水厂尾水深度净化效果与机制的小试研究 [J]. 湖泊科学, 22(4): 538-544.

赵联芳, 朱伟, 高青. 2009. 补充植物碳源提高人工湿地脱氮效率 [J]. 解放军理工大学学报, 10(6): 644-649.

赵联芳, 朱伟, 赵建. 2006. 人工湿地处理低碳氮比污染河水时的脱氮机理 [J]. 环境科学学报, 26(11): 1 821-1 827.

郑晓英, 朱星, 王菊, 等. 2018. 内电解人工湿地冬季低温尾水强化脱氮机制 [J]. 环境科学, 2: 758-764.

# 9 人工湿地尾水处理工程设计案例

## 9.1 无锡市城北污水处理厂尾水人工湿地处理工程

### 9.1.1 无锡市城北污水处理厂概况

城北污水处理厂位于锡沙线东风桥塅，厂址平面呈一狭长条形。污水处理厂按近期、中期、远期以及远景四个阶段进行一、二、三及四期建设，设计总规模为 20 万 $m^3/d$。其中，一期工程 5 万 $m^3/d$ 于 1997 年立项，2000 年动工建设，目前已建成投产，运行良好；二期工程 5 万 $m^3/d$ 于 2004 年立项，2007 年建成投入试运行，目前运行良好；三期工程于 2006 年立项，2007 年建成投入试运行，三期工程规模新增 5 万 $m^3/d$，局部配套 10 万 $m^3/d$。

城北污水处理厂一、二期工程均采用水解－好氧（Orbal 氧化沟）处理工艺，在三期扩建过程中，由于初期立项时未预留扩大规模用地，主体污水处理工艺仍采用 Orbal 氧化沟工艺，但作了一些改进，最终集成为一体化氧化沟（Combined oxidation ditch）工艺。水厂出水水质达《城镇污水处理厂污染物排放标准》（GB 18918—2002）一级 B 标准。

近年来由于人类活动影响，太湖水质恶化日益加剧，富营养现象尤为突出。无锡城北污水处理厂位于太湖周边，从削减入湖氮磷营养物、减轻湖泊的营养负荷，以及节约水资源、实现中水回用的角度考虑，拟建后续处理构筑物，进行污水的后续深度净化，使出水达《城镇污水处理厂污染物排放标准》（GB 18918—2002）一级 A 标准。

### 9.1.2 尾水组合人工湿地系统构建

城北污水处理厂尾水人工湿地深度处理示范工程位于厂区南侧，占地面积约 6 900 $m^2$，其中水域面积约为 4 420 $m^2$。组合人工湿地鸟瞰图如图 9-1 所示。

整个人工湿地示范工程利用现有地形进行设计构造，根据水质净化要求将整个系统划分为四个功能单元：生物强化氧化单元、表面流人工湿地单元、水平潜流人工湿地单元、氧化塘单元。工艺流程如图 9-2 所示。

1. 进水观测台

（1）主要功能

进水观测台为一个观测区，通过观察此区，可以从感官上知道进水水质效果，同时也方

图 9-1　城北污水处理厂组合人工湿地鸟瞰图

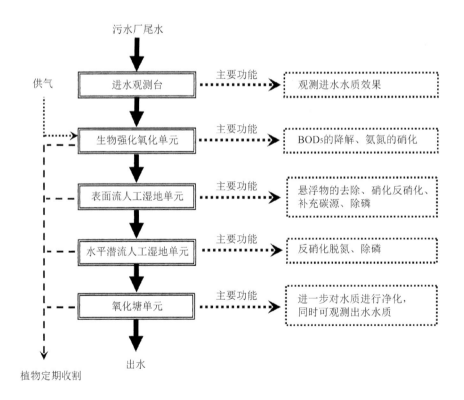

图 9-2　复合型湿地深度净化污水处理厂尾水工艺流程及主要功能

便水样采取和水质跟踪监测。

（2）基本结构

池体为白色池砖，面积 20 m²，有效水深 0.3 m，总容积 6 m³。

**2. 生物强化氧化单元**

（1）主要功能

通过好氧微生物的生长繁殖和新陈代谢作用将水中的有机物分解为水和 $CO_2$ 从而被去除，另外在好氧硝化细菌的硝化作用下，将水中的氨氮氧化为硝态氮。在富氧状态下磷的化学沉淀、吸附、植物和微生物的吸收也能实现一定的去除率。生物强化氧化单元水面养殖漂浮植物，水底布设曝气系统，水中设置比表面积较大的微生物填料。将微生物接种在植物与填料上生长，可以大幅度提高微生物的数量；另一方面，庞大的人工基质和水生植物表面还有助于提高氧的利用率，从而实现高效率地降解有机物和氨氮。水体中的氧由鼓风曝气系统提供。

（2）基本结构

①池体：水泥池，总面积 550 m²，有效水深 1.8 m，总容积 990 m³。

②曝气系统：鼓风曝气系统，采用罗茨鼓风机和扩散管式的微气泡空气扩散装置。

③填料：悬挂布设弹性填料，体积 324 m³，填料层厚度 1.5m。

④植物：常绿漂浮植物，水面覆盖 100%。

（3）主要设计参数

生物强化氧化单元总面积为 550 m²，平均水深 1.80 m，设计停留时间 3.61 h，氨氮去除率为 25%～40%，溶解氧控制范围为 2～4 mg/L，需氧量为 35.92 kg/d，需供气量 1.48 m³/min。从提高氧气利用率、降低曝气能耗方面考虑，在布设了弹性填料和有漂浮植物根系的情况下，拟采用低强度曝气。主要工艺参数如表 9-1 所示。

（4）设计进出水水质

生物强化氧化单元的水质净化功能主要体现在对 $BOD_5$ 的降解和对 $NH_3-N$ 的硝化转化，如表 9-2 所示。

（5）主要工程内容及设备

主要工程内容包括漂浮植物浅层浮床、微生物填料、鼓风供气系统、空气扩散系统。

①微生物填料：选用弹性填料，工艺计算共需填料约 324 m³。

②鼓风供气系统：有机物氧化分解及氨氮的硝化共计需氧量为 35.92 kg/d，氧利用率以 6% 计，需要的最大供气量为 1.48 m³/min（压力约 3 m 水柱）。

③空气扩散系统：采用扩散管式的微气泡扩散装置，采用 UPVC 管及砂芯曝气器。

④漂浮植物浅层浮床：生物强化氧化单元下层布设空气释放及扩散装置，中层布置组合填料，上层布置漂浮植物浅层浮床，在充分利用自然复氧的同时，利用曝气复氧使水中的溶解氧提高，再结合植物将产生的氧输送到水中，从而利用三种复氧方式的相互补充，将整个区域稳定地维持在一个良好的有氧环境，营造出好氧微生物及硝化细菌的良好生境。

表 9-1　生物强化氧化单元工艺参数

| 参　数 | 含　义 | 数　值 | 单　位 |
|---|---|---|---|
| $Q$ | 进水流量 | 2 000 | $m^3/d$ |
| $A$ | 生物强化氧化单元水域面积 | 550 | $m^2$ |
| $H$ | 生物强化氧化单元平均水深 | 1.8 | m |
| $V$ | 生物强化氧化单元水域容积 | 990 | $m^3$ |
| $A_b$ | 设计曝气水域面积 | 324 | $m^2$ |
| $t$ | 理论水力停留时间 | 3.61 | h |
| $F_s$ | 水力负荷 | 0.50 | $m^3/(m^2 \cdot h)$ |
| $S_o$ | 进水 $BOD_5$ 浓度 | 20 | $mg/L$ |
| $S_e$ | 出水 $BOD_5$ 浓度 | 14 | $mg/L$ |
| $FM$ | $BOD_5$ 容积负荷 | 0.04 | $kg/(m^3 \cdot d)$ |
| $C_o$ | 进水 $NH_3\text{-}N$ 浓度 | 8.00（15.00） | $mg/L$ |
| $C_e$ | 出水 $NH_3\text{-}N$ 浓度 | 6.00（11.25） | $mg/L$ |
| $F_N$ | $NH_3\text{-}N$ 负荷 | 0.053（0.10） | $kg/(m^3 \cdot d)$ |
| $E_N$ | 设计硝化速率 | 25～50 | % |
| DO | 设计溶氧浓度 | 2～4 | $mg/L$ |
| $O_2$ | 需氧量 | 35.92 | $kgO_2/d$ |
| EA | 空气扩散器的氧转移效率 | 6～10 | % |
| GS | 供气量 | 1.48 | $m^3/min$ |

表 9-2　生物强化氧化单元设计进出水水质　　　　　　　单位：mg/L

| 设计水质 | $COD_{Cr}$ | $BOD_5$ | SS | TP | TN | $NH_3\text{-}N$ |
|---|---|---|---|---|---|---|
| 进水浓度 | 60.00 | 20.00 | 20.00 | 1.00 | 20.00 | 8.00(15.00) |
| 出水浓度 | 45.00 | 14.00 | 19.60 | 0.95 | 19.00 | 6.00(11.25) |
| 设计去除率 | 25% | 30% | 2% | 5% | 5% | 25% |

需养殖漂浮植物床面积 324 $m^2$，厚度 0.3 m。

**3. 表面流人工湿地单元**

表面流人工湿地单元内配置挺水、沉水、浮游等多种水生植物。沿水流方向，将表面流人工湿地单元分为三级串联，每级之间采用溢流出水。

（1）主要功能

在前期曝气好氧过程中，新增殖的大量微生物以活性污泥形式进入表面流人工湿地单元，可附着在水生植物水中根、茎表面或悬浮于水体中，进一步降解污染物，对剩余的氨氮进行氧化。通过植物的合理配置，形成较大的水中表面积，使悬浮的活性污泥形成吸附和分解净化机制，并保持水体复氧状态，提高了污染净化效率。好氧微生物所需的氧气由生物强化氧化单元出水中的余氧、该区水体自然复氧、水生植物复氧三种提供。此外，水生植物泌氧作用能促进凋落物的分解，进而为后续湿地系统进行反硝化过程补充碳源。

（2）基本结构

①池体：土埂结构，将池底原状土夯实。沿水流方向分为三级串联，整个单元面积约 2 830 m²，有效水深 0.2 ～ 0.3 m，容积 570 m³。

②植被：挺水植物、沉水植物，水面覆盖率 50% ～ 70%。

（3）主要设计参数

表面流人工湿地单元总面积约为 2 830 m²，水深 0.2 ～ 0.3 m，设计水力停留时间 19.2 h，水力负荷 0.028 m³/(m²·h)。其他具体参数如表 9-3 所示。

表 9-3　表面流人工湿地单元工艺参数

| 参　数 | 含　义 | 数　值 | 单　位 |
|---|---|---|---|
| $Q$ | 进水流量 | 2 000 | m³/d |
| $A$ | 表面流人工湿地单元水域面积 | 2 830 | m² |
| $H$ | 表面流人工湿地单元水深 | 0.2 ～ 0.3 | m |
| $V$ | 表面流人工湿地单元水域容积 | 570 | m³ |
| $t$ | 理论水力停留时间 | 19.2 | h |
| $F_s$ | 水力负荷 | 0.028 | m³/(m²·h) |
| $S_o$ | 进水 $BOD_5$ 浓度 | 14 | mg/L |
| $S_e$ | 出水 $BOD_5$ 浓度 | 11.2 | mg/L |
| $F_M$ | $BOD_5$ 容积负荷 | 0.044 | kg/(m³·d) |
| $C_o$ | 进水 $NH_3\text{-}N$ 浓度 | 6.00（11.25） | mg/L |
| $C_e$ | 出水 $NH_3\text{-}N$ 浓度 | 4.50（8.44） | mg/L |
| $F_N$ | $NH_3\text{-}N$ 负荷 | 0.007 5（0.014） | kg/(m³·d) |
| $E_N$ | 设计硝化速率 | 25 ～ 50 | % |

（4）设计进出水水质

表面流人工湿地单元设计进出水水质如表 9-4 所示。

表 9-4　表面流人工湿地单元设计进出水水质　　　　　　　单位：mg/L

| 设计水质 | $COD_{Cr}$ | $BOD_5$ | SS | TP | TN | $NH_3\text{-}N$ |
|---|---|---|---|---|---|---|
| 进水浓度 | 45.00 | 14.00 | 19.60 | 0.95 | 19.00 | 6.00（11.25） |
| 出水浓度 | 33.75 | 9.80 | 15.68 | 0.71 | 17.10 | 4.50（8.44） |
| 设计去除率 | 25% | 30% | 50% | 25% | 10% | 25% |

（5）主要工程内容及材料

该单元的工程内容及材料主要为水生植被。

第一、二级：水深 0.2 ～ 0.3 m，水质较混浊。在土壤层上起垄，垄上种植水芹和芭蕉芋。芭蕉芋主要起景观作用，每十垄种一垄芭蕉芋，其余全部种水芹。

第三级：水深 0.3 m，由于水质是限制沉水植物生长的关键因素，而该区域水质有所改善，拟以沉水植物为背景，点缀成丰富多彩的生态浮岛。沉水植物的组成如表 9-5 所示。

表 9-5　沉水植物的组成

| 植物种类 | 所占比例 |
| --- | --- |
| 金鱼藻 | 43% |
| 黑藻 | 47% |
| 苦草 | 2% |
| 蓖齿眼子菜 | 3% |
| 海菜花 | 少数 |
| 微齿眼子菜 | 5% |
| 亮叶眼子菜 | 少数 |

注：沉水植物为包土沉栽。

### 4. 水平潜流人工湿地单元

水平潜流人工湿地单元内配置多种挺水植物。沿水流方向，将水平潜流人工湿地单元分为两级串联，均采用池底均匀布水的垂直上升流形式，先通过集水渠进行集水，再通过间距 0.5 m 的 UPVC 穿孔管将水均匀分布在整个湿地平面上。

（1）主要功能

经过前两个单元的氧化硝化，污水中的氨氮 40% ～ 60% 被转化为硝态氮。

水平潜流人工湿地单元的复合基质床体深度达 2 m，表面有 0.15 m 的自由水层，并种植净化能力较强的挺水植物，形成一定厚度的有氧环境，可以继续完成氧化净化过程。随着污水的流动，碎石床深处水体环境从好氧环境逐步转变为缺氧、厌氧状态，使得厌氧菌（包括反硝化细菌）在填料表面大量增殖形成优势菌群，在厌氧状态下降解有机污染物，并通过反硝化作用将硝态氮转化为氮气和水，从而将氮去除。而反硝化过程中也会消耗一定的有机物，同时水生植物和微生物的生长也能吸收一定的氮和磷。

水平潜流人工湿地是较为先进的一种生物滤床，它充分利用了水力的特点和水在填料空隙中的渗透作用，考虑了水生植物根系与滤料表面间形成的复合界面生化效应，有较强的生物脱氮作用及物理过滤作用。植物物种多样化性，可丰富整个湿地景观，对其间所种植的植物管理和采收也相对容易。

（2）基本结构

①池体：压实黏土。面积 960 m²，总容积 2 060 m³，有效水深 2.15 m。由于水平潜流人

工湿地较深，为防止湿地内部水体与地下水的互补从而减少或污染净化后的水量，水平潜流人工湿地单元底部及坡面采用 HDPE 土工膜进行了防渗处理。

②布水：垂直上升流，由表层 0.15 m 自由水层向下方碎石床布水。

③集水管网：由横向密集分布（间隔 0.5 m）的 DN100 UPVC 穿孔管构成集水支管网络。

④填料：从下到上分别为碎石层、复合基质层。碎石层与复合基质层铺设 120 g/m² 织质土工布，基质层上种植挺水植物，填料铺设厚度 2 m。复合基质为蛭石、泥炭、砾石三种物质按一定比例的混合体。

⑤植物：行距 0.50 m、株距 0.30 m，种植常绿香蒲、美人蕉及芦苇等，冠层盖度 70%。

（3）主要设计参数

水平潜流人工湿地主要设计工艺参数如表 9-6 所示。

表 9-6　水平潜流人工湿地单元工艺参数

| 参　数 | 含　义 | 数　值 | 单　位 |
|---|---|---|---|
| $Q$ | 进水流量 | 2 000 | m³/d |
| $A$ | 水平潜流人工湿地单元水域面积 | 960 | m² |
| $H$ | 水平潜流人工湿地单元水深 | 1.75 ~ 2.15 | m |
| $H_o$ | 填料有效高度 | 1.6 ~ 2 | m |
| $V$ | 水平潜流人工湿地单元容积 | 2 060 | m³ |
| $V_o$ | 水平潜流人工湿地单元有效容积 | 682 | m³ |
| $V_{填料}$ | 水平潜流人工湿地单元填料容积 | 2 060 | m³ |
| $t$ | 理论水力停留时间 | 8.18 | h |
| $F_s$ | 水力负荷 | 0.11 | m³/(m²·h) |
| $N_o$ | 进水硝态氮浓度 | 12.60 | mg/L |
| $N_e$ | 出水硝态氮浓度 | 6.82 | mg/L |
| DO | 溶解氧控制浓度 | 0 ~ 0.5 | mg/L |

（4）设计进出水水质

水平潜流人工湿地单元设计进出水水质如表 9-7 所示。

表 9-7　水平潜流人工湿地单元设计进出水水质　　　　　　　　　　　单位：mg/L

| 设计水质 | $COD_{Cr}$ | $BOD_5$ | SS | TP | TN | $NH_3$-N |
|---|---|---|---|---|---|---|
| 进水浓度 | 33.75 | 9.80 | 15.68 | 0.71 | 17.10 | 4.50（8.44） |
| 出水浓度 | 28.69 | 7.84 | 9.41 | 0.50 | 11.12 | 4.30（8.00） |
| 设计去除率 | 15% | 20% | 40% | 30% | 35% | 5% |

### 5. 氧化塘单元

（1）主要功能

氧化塘单元是一个检验区，通过观察此区，可以从感官上知道水处理的效果。

（2）基本结构

①池体：水泥池，总面积 185 m$^2$，有效水深 1.0 m，总容积 185 m$^3$。

②植物：睡莲，水面覆盖 30%，保持一定的开敞水面以利于自然富氧、水体流动和阳光入射。

③动物：金鱼。

（3）主要设计参数

氧化塘单元主要设计工艺参数如表 9-8 所示。

表 9-8　氧化塘单元工艺参数

| 参　数 | 含　义 | 数　值 | 单　位 |
|---|---|---|---|
| $Q$ | 进水流量 | 2 000 | m$^3$/d |
| $A$ | 氧化塘单元水域面积 | 185 | m$^2$ |
| $H$ | 氧化塘单元平均水深 | 1.0 | m |
| $V$ | 氧化塘单元容积 | 185 | m$^3$ |
| $t$ | 理论水力停留时间 | 2.88 | h |
| $F_s$ | 水力负荷 | 0.35 | m$^3$/(m$^2 \cdot$ h) |
| DO | 溶解氧控制浓度 | 0.5～2 | mg/L |

## 9.1.3　试验设计与分析方法

### 1. 运行工况设计

组合人工湿地处理系统工况正常进水量按 1 500 t/d，同时设置 1 000 t/d，2 000 t/d 负荷量作为对照，进行处理效果评价。

（1）按 1 000 t/d 进水量，总停留时间大约 57.6 h，四个分段水力停留时间分别大约是 23.3 h，13.9 h，16.1 h，4.3 h。

（2）按 1 500 t/d 进水量，总停留时间大约 38.5 h，四个分段水力停留时间分别大约是 15.6 h，9.2 h，10.8 h，2.9 h。

（3）按 2 000 t/d 进水量，总停留时间大约 28.9 h，四个分段水力停留时间分别大约是 11.7 h，6.9 h，8.1 h，2.2 h。

### 2. 水样采集及分析方法

采样时间及采样点设置如表 9-9 所示。

表 9-9　采样时间及采样点设置

| 工况负荷 | 采样序号 | 1#（进水） | 2#（生物强化氧化单元出水） | 3#（表面流人工湿地单元出水） | 4#（水平潜流人工湿地单元出水） | 5#（氧化塘单元出水） |
|---|---|---|---|---|---|---|
| 1 000 t/d | 采样时间（天/时刻） | Day1 8:30 | Day2 8:00 | Day2 22:00 | Day3 14:00 | Day3 18:20 |
| 1 500 t/d | 采样时间（天/时刻） | Day1 8:30 | Day1 22:00 | Day2 7:30 | Day2 18:00 | Day2 21:00 |
| 2 000 t/d | 采样时间（天/时刻） | Day1 12:30 | Day1 24:00 | Day2 7:00 | Day2 15:00 | Day2 17:00 |

　　1# 进水：在曝气塘进水渠左右两侧各采集水样 500 mL，在实验室内摇匀后，按 1:1 的比例进行混合，对混合后水样的各项指标进行监测。

　　2# 生物强化氧化单元出水：在曝气塘出水渠（表面流人工湿地进水渠）左右两侧各采集水样 500 mL，在实验室内摇匀后，按 1:1 的比例进行混合，对混合后水样的各项指标进行监测。

　　3# 表面流人工湿地单元出水：在表面流人工湿地出水渠（水平潜流人工湿地进水渠）左右两侧各采集水样 500 mL，在实验室内摇匀后，按 1:1 的比例进行混合，对混合后水样的各项指标进行监测。

　　4# 水平潜流人工湿地单元出水：在水平潜流人工湿地出水渠（氧化塘进水渠）左右两侧各采集水样 500 mL，在实验室内摇匀后，按 1:1 的比例进行混合，对混合后水样的各项指标进行监测。

　　5# 氧化塘单元出水：在氧化塘出水口（出水井）及对面南侧各取水样 500 mL，在实验室内摇匀后，按 1:1 的比例进行混合，对混合后水样的各项指标进行监测。

　　采样点方位布置如图 9-3 所示。

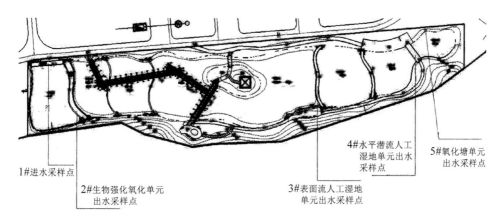

图 9-3　人工湿地系统取样监测点分布图

本项目研究中水质指标包括常规指标，如 $COD_{Cr}$，$BOD_5$，TP，TN，$NH_3\text{-}N$，$NO_3^-\text{-}N$，pH，DO，还有综合毒性指标。通过分析不同工况下生物强化氧化单元、表面流人工湿地单元、水平潜流人工湿地单元、氧化塘单元各个功能模块在净化过程中进出水的综合毒性变化，研究所构建的组合人工湿地系统及其不同功能单元对污水处理厂二沉池出水的综合毒性的削减作用。

### 9.1.4　组合人工湿地示范工程对各污染物去除效果分析

#### 1.组合人工湿地示范工程总体去除效果分析

所构建的组合人工湿地示范工程出水 $COD_{Cr}$ 含量变化如图 9-4 所示。由图 9-4 可以明显看出，污水处理厂二沉池出水（人工湿地进水）经过人工湿地处理系统后，其出水 $COD_{Cr}$ 均低于 50 mg/L，而且大部分是在 40 mg/L 以下，明显低于《城镇污水处理厂污染物排放标准》一级 A 标准和太湖地区城镇污水处理厂主要水污染物排放限值（50 mg/L），出水 $COD_{Cr}$ 达标率为 100％。而且，相对于进水水质，人工湿地系统对 $COD_{Cr}$ 削减也较为明显，出水 $COD_{Cr}$ 平均削减 32.3％。

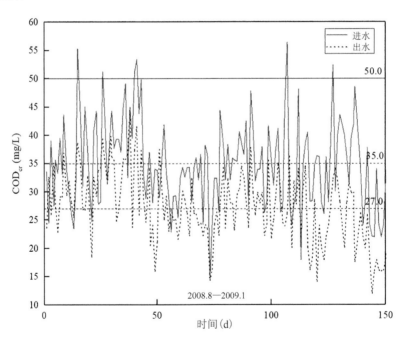

图 9-4　组合人工湿地处理系统进出水 $COD_{Cr}$ 含量变化

整个组合人工湿地系统对 TN 的去除效果如图 9-5 所示。由图 9-5 可知，较污水处理厂二沉池出水（人工湿地系统进水）相比，经过湿地系统处理后，TN 含量明显下降，而且波动也明显变小，说明所构建的组合人工湿地系统对 TN 具有显著的去除作用。在整个监测时段内，湿地系统出水 TN 含量最高值为 15.82 mg/L，最小仅为 5.06 mg/L，平均为 9.94 mg/L，99.5％ 以上的出水保持在《城镇污水处理厂污染物排放标准》（GB 18918—2002）一级 A

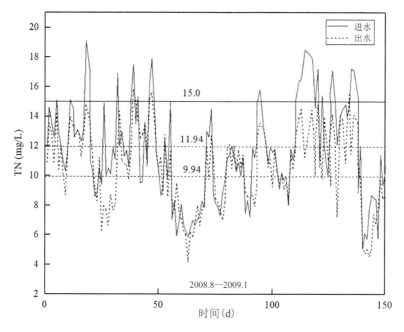

图 9-5　组合人工湿地处理系统进出水 TN 含量变化

标准限值以下（15 mg/L），也明显低于江苏省太湖流域城镇污水处理厂排放标准中对 TN 的限值，而且出水水质稳定，实现 TN 的稳定达标。

整个组合人工湿地系统对 $NH_3$-N 的去除效果也非常明显，图 9-6 是人工湿地处理系统出水 $NH_3$-N 变化过程。由图 9-6 可明显看出，人工湿地处理系统出水剔除升级改造阶段个别异常数据后 $NH_3$-N 变化范围为 0.17 ～ 0.69 mg/L，平均值为 0.31 mg/L，远低于《城镇污水处理厂污染物排放标准》（GB 18918—2002）一级 A 标准限值（5 mg/L）。就 $NH_3$-N 指标而言，其出水已达到《地表水环境质量标准》（GB 3838—2002）Ⅲ类水标准，有的时段甚至达到Ⅱ类水标准。

人工湿地处理系统对 $NH_3$-N 的去除主要依靠微生物的硝化与反硝化过程，该人工湿地系统对 $NH_3$-N 去除效果好，也说明本实验所构建的组合人工湿地系统有利于硝化与反硝化活性细菌的生长，从而大大增强了系统内的硝化与反硝化强度。

磷作为地表水富营养化形成的限制性因子，一直是控制排放的重点指标。湿地系统对污水中磷的去除主要依靠基质的吸附和植物的吸收过程，当然也包括一些微生物过程。图 9-7 是在试验期间所监测的人工湿地系统出水 TP 的变化特征。在整个试验阶段，出水 TP 的变化范围为 0.08 ～ 0.58 mg/L，平均为 0.31 mg/L，与进水水质相比，人工湿地系统对 TP 的去除效果明显，平均去除率为 71.2%。

由图 9-7 可明显看出，整个实验阶段，组合人工湿地系统出水 TP 含量基本在 0.50 mg/L 以下，出水水质达到《城镇污水处理厂污染物排放标准》（GB 18918—2002）一级 A 标准，也达到江苏省太湖流域城镇污水处理厂对 TP 的限值标准。说明所构建的组合人工湿地系统对削减污水处理厂二沉池出水中的 TP 还是比较成功的。

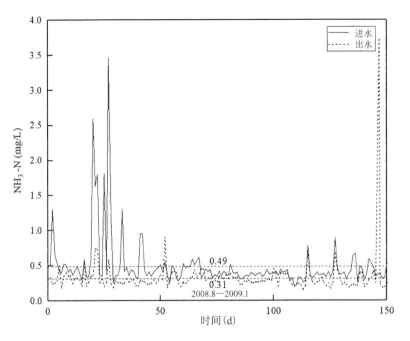

图 9-6　组合人工湿地处理系统出水 NH₃-N 含量变化

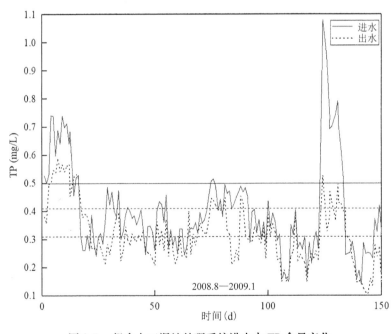

图 9-7　组合人工湿地处理系统进出水 TP 含量变化

由图 9-8 可明显看出，整个实验阶段，组合人工湿地系统出水 SS 平均值为 7.4 mg/L，达到《城镇污水处理厂污染物排放标准》（GB 18918—2002）一级 A 标准，但由于本示范工程中氧化塘出水受降雨、工地飘尘、气候及藻类滋生等影响，SS 出水稳定性明显低于上述 $COD_{Cr}$，NH₃-H，TP 和 TN。

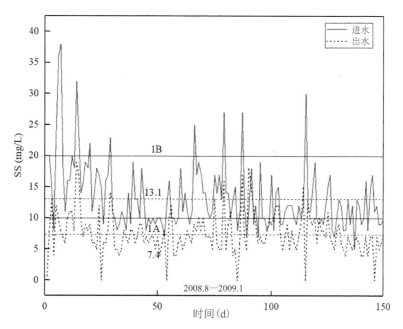

图 9-8 组合人工湿地处理系统进出水 SS 含量变化

**2. 组合人工湿地系统不同单元的去除效果及贡献比例**

为了考察与评价人工湿地系统中不同单元的去除效果及其贡献比例，我们分别对生物强化氧化单元、表面流人工湿地单元、水平潜流人工湿地单元和氧化塘单元的进水和出水进行了监测和分析。结果如图 9-9 所示。

在整个试验期间，组合人工湿地对污水处理厂二沉池出水中的 $COD_{Cr}$ 的去除率平均为 32.3%。从不同处理单元比较来看，水平潜流人工湿地单元对 $COD_{Cr}$ 的去除率最大，平均为 17.8%，其对整个系统 $COD_{Cr}$ 削减贡献率超过 50%。说明在所构建的四个处理单元中，水平潜流人工湿地系统对去除二沉池出水中的有机物的贡献最大。表面流人工湿地单元对 $COD_{Cr}$ 的去除率平均仅为 8.4%，比预想的要低，特别是在 7 月中旬和 8 月上旬，其对 $COD_{Cr}$ 的去除率一度为负值（图 9-9），主要原因可能是所构建的表面流人工湿地表层水体中物质生产（如藻类）较高，向水体中释放了较多的有机物。

组合人工湿地处理系统不同单元对 TN 的去除率及其贡献率也存在显著差异（图 9-10）。除氧化塘单元外，其他几个处理单元对 TN 均有一定的去除作用，其中以表面流人工湿地单元去除率最强，平均为 24.3%，占总去除率的 62.5%。尤其是随着整个湿地系统不断成熟，其去除效果明显增强，在 8 月，其对 TN 平均去除率均超过 30%（图 9-10）。水平潜流人工湿地单元对 TN 的去除率稍低一些，但是由于整个湿地系统对 TN 的去除率不高（38.9%），所以其对整个系统除氮的贡献率仍达到 35.9%。

对二沉池出水中 $NH_3$-N 的去除作用以水平潜流人工湿地单元最为明显（图 9-11），平均去除率为 79.9%，其对整个系统 $NH_3$-N 总去除的贡献率达到 41.2%。水平潜流人工湿地

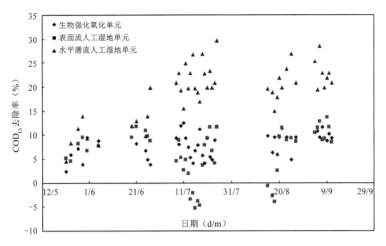

图9-9  组合人工湿地不同处理单元对$COD_{cr}$的去除率变化特征

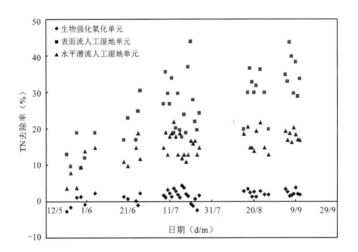

图9-10  组合人工湿地不同处理单元对TN的去除率变化特征

单元对$NH_3$-N去除效果较强，主要是通过水平潜流人工湿地系统中硝化反硝化作用，实现对$NH_3$-N的脱氮过程。同时，也说明本次试验所构建的水平潜流人工湿地单元环境有利于硝化、反硝化细菌菌群的构建。本次所构建的表面流人工湿地对$NH_3$-N不但没有去除效果，还明显增加了出水中$NH_3$-N含量，这说明除了表面流人工湿地自身物质生产导致的$NH_3$-N释放外，与该湿地单元硝化、反硝化细菌菌群的构建不够完善有关。

整个组合人工湿地系统对TP的去除过程主要集中在表面流和水平潜流人工湿地单元（图9-12），两者对TP总去除率为64.0%，对总去除的贡献率为89.0%。其中以表面流人工湿地单元去除率为最高，其平均去除率和贡献率分别达到50.2%和70.5%。

通过以上研究发现，尾水经过组合人工湿地系统处理后，大大降低了入河污染负荷。根据1 500 t/d负荷量估算（表9-10），整个组合人工湿地处理系统对$COD_{cr}$的负荷削减量为18.3 kg/d；TN负荷削减量为7.0 kg/d；$NH_3$-N负荷削减量为0.47 kg/d；TP负荷削减量为

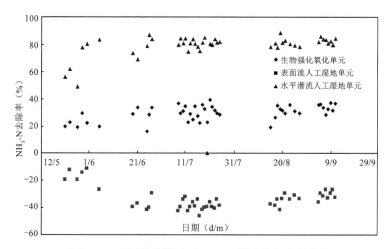

图 9-11　不同处理单元对 $NH_3$-N 的去除率变化特征

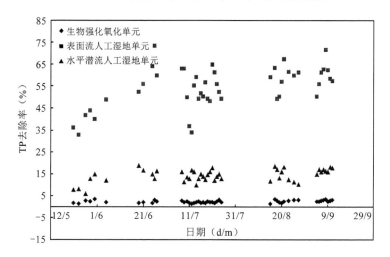

图 9-12　不同处理单元对 TP 的去除率变化特征

0.53 kg/d。

### 3. 不同负荷对人工湿地系统处理净化效果的影响

在试验中，为了探讨不同负荷对整个湿地处理系统运行效果的影响，我们分别设置了 1 000 t/d、1 500 t/d 和 2 000 t/d 三种负荷。其处理效果差异如图 9-13 所示。

由图 9-13 可明显看出，在所设置的 3 个不同负荷流量下，随着负荷的增加，整个组合人工湿地处理系统对 $COD_{Cr}$、TN、TP 和 $NH_3$-N 的去除率也显著增加。监测数据表明，在三种负荷流量下，整个系统出水水质并没有太大差别，均稳定达到《城镇污水处理厂污染物排放标准》（GB 18918—2002）一级 A 标准，说明本次构建的组合人工湿地处理系统实际能够消纳的污染负荷要高于当初所设计的负荷。表面流氧化塘对 $COD_{Cr}$ 和 $NH_3$-N 的去除率为负值，可能是塘内光合生产和藻类生长释放出大量的有机物所致。

从不同处理单元的比较可以明显看出，不同负荷流量下，其去除率的差异主要表现在表

表 9-10  人工湿地系统不同单元的去除效果及贡献比例

| 水质指标 | 生物强化氧化单元 | 表面流人工湿地单元 | 水平潜流人工湿地单元 | 氧化塘单元 | 整个处理系统 |
|---|---|---|---|---|---|
| $COD_{Cr}$ | | | | | |
| 去除率（%） | 7.9 | 8.4 | 17.8 | -1.8 | 32.3 |
| 贡献率（%） | 24.4 | 26.0 | 55.1 | -5.5 | 100 |
| 削减量（kg/d） | 18.3 | | | | |
| TN | | | | | |
| 去除率（%） | 1.8 | 24.3 | 13.9 | -1.1 | 38.9 |
| 贡献率（%） | 4.5 | 62.5 | 35.9 | -2.9 | 100 |
| 削减量（kg/d） | 7.0 | | | | |
| $NH_3\text{-}N$ | | | | | |
| 去除率（%） | 28.7 | -33.6 | 79.9 | -5.5 | 69.5 |
| 贡献率（%） | 41.2 | -48.3 | 114.9 | -7.8 | 100 |
| 削减量（kg/d） | 0.47 | | | | |
| TP | | | | | |
| 去除率（%） | 2.5 | 50.2 | 13.8 | 4.6 | 71.2 |
| 贡献率（%） | 3.5 | 70.5 | 19.4 | 6.6 | 100 |
| 削减量（kg/d） | 0.53 | | | | |

面流人工湿地和水平潜流人工湿地，尤其对 $NH_3\text{-}N$ 的去除率差异最大。其他单元，如氧化塘在不同流量负荷下，差异不明显。

**4. 冬季组合人工湿地系统处理效果评价**

湿地的运行效果受季节影响较大，冬季气温较低，植物生长缓慢或枯萎、死亡，根系微生物代谢减缓甚至停止，导致湿地处理效率大幅度下降，可能对湿地的处理效果造成不利影响。本次实验也对无锡城北污水处理厂人工湿地示范工程冬季处理效果进行了监测和评价。

（1）冬季条件下组合人工湿地对 $COD_{Cr}$ 的去除效果

冬季低温条件下，整个组合人工湿地系统对污水处理厂二沉池出水中 $COD_{Cr}$ 的去除效果如图 9-14 所示。

从图 9-14 可看出，即使在冬季低温条件下，所构建的组合人工湿地对二沉池出水中有机物仍有较好的去除效果，最高去除率可达 58%。但是，去除率的波动较大，平均去除率和其他月份相比有所降低，但是总体差异并不明显。说明低温对人工湿地对有机物的去除影响并不是非常明显。

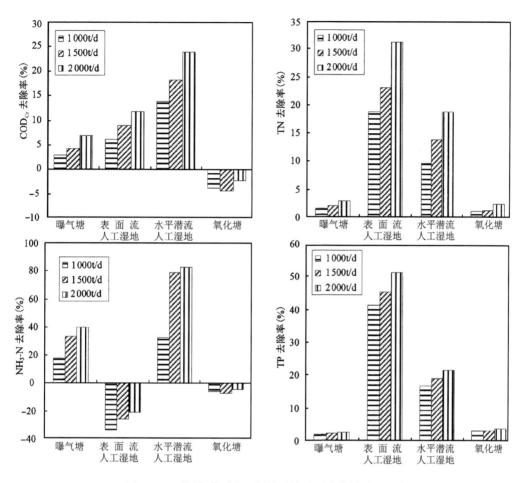

图 9-13　不同负荷对人工湿地系统处理净化效果的影响

（2）冬季条件下组合人工湿地系统对 SS 的去除效果

在冬季低温条件下，人工湿地进出水 SS 浓度及其去除率变化如图 9-15 所示。与平常月份相比，冬季条件下，组合人工湿地对进水中 SS 的去除率明显下降，平均为 38.5%。这也说明人工湿地对 SS 的去除不仅依靠基质，植物对进水中 SS 的去除作用贡献也是比较大的。

（3）冬季条件下人工湿地对 TN 和 $NH_3$-N 的去除效果

在冬季低温的月份，组合人工湿地对污水处理厂二沉池出水中的 TN 和 $NH_3$-N 的去除总体效果也明显低于其他月份（图 9-16，图 9-17）。与 9 月相比较，冬季低温条件下，组合人工湿地系统 TN 和 $NH_3$-N 的平均去除率分别下降了 34.4% 和 41.8%。说明温度下降，对所构建的人工湿地系统的脱氮作用有较大的影响。

低温条件下，人工湿地基质中硝化反硝化细菌活性下降，加上植物收获后，生物量下降，生长缓慢，从而也削弱了对氮的吸收作用。使得整个人工湿地脱氮能力明显下降。

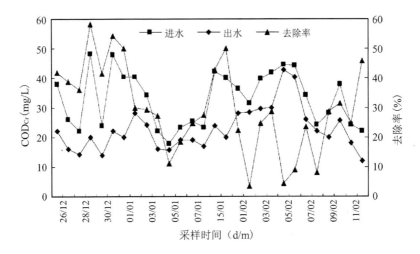

图 9-14 冬季组合人工湿地对 COD$_{Cr}$ 的去除效果

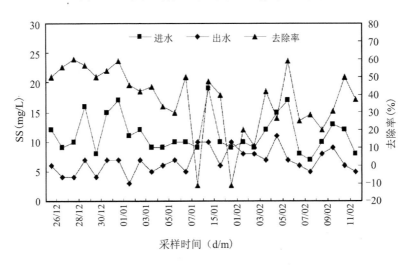

图 9-15 冬季组合人工湿地对 SS 的去除效果

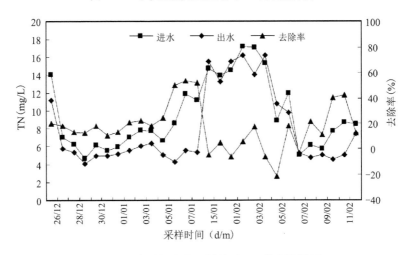

图 9-16 冬季组合人工湿地对 TN 的去除效果

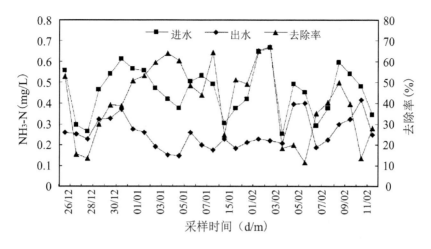

图 9-17 冬季组合人工湿地对 NH₃-N 的去除效果

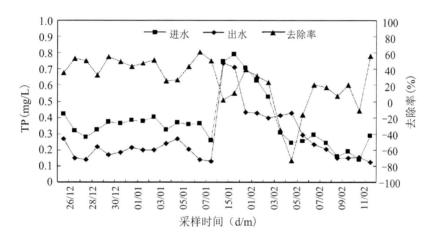

图 9-18 冬季组合人工湿地对 TP 的去除效果

（4）冬季条件下人工湿地对 TP 的去除效果

在冬季条件下，组合人工湿地进出水 TP 的含量及其去除率如图 9-18 所示。从图 9-18 中可看出，人工湿地在冬季条件下，其进出水 TP 含量变化幅度较大，其 TP 的去除率波动也较大，平均去除率大大低于平常月份。这也从另一角度说明，植物对 TP 的去除贡献不可忽视。

**5. 组合人工湿地系统与传统处理方式效果评价**

为了验证示范工程中所构建的组合人工湿地系统对污水处理厂尾水深度处理的优势，本项目还将组合人工湿地系统的处理效果与传统的转盘过滤器进行了比较和分析。该转盘过滤器进水水质和组合人工湿地系统完全相同，2008 年 8 月 26 日—2009 年 1 月 8 日对比数据表明，$COD_{Cr}$，TN，NH₃-N，TP 优于转盘过滤器出水。

如图 9-19 所示，对比期内进水平均 $COD_{Cr}$ 为 35.0 mg/L，转盘过滤器平均出水 $COD_{Cr}$

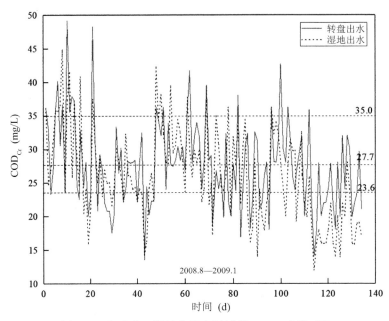

图 9-19　组合人工湿地与转盘过滤器 $COD_{Cr}$ 去除对比

为 27.7 mg/L，平均去除率为 21%，湿地平均出水 $COD_{Cr}$ 为 23.6 mg/L，平均去除率为 33%，比转盘过滤器多削减 12 个百分点。

如图 9-20 所示，对比期内进水平均 $NH_3$-N 为 0.49 mg/L，转盘过滤器平均出水 $NH_3$-N 为 0.38 mg/L，平均去除率为 22%，湿地平均出水 $NH_3$-N 为 0.28 mg/L，平均去除率为 45%，比转盘过滤器多削减 23 个百分点。

如图 9-21 所示，对比期内进水平均 TP 为 0.49 mg/L，转盘过滤器平均出水 TP 为 0.33 mg/L，平均去除率为 33%，湿地平均出水 TP 为 0.27 mg/L，平均去除率为 45%，比转盘过滤器多削减 12 个百分点。

如图 9-22 所示，对比期内进水平均 TN 为 11.94 mg/L，转盘过滤器平均出水 TN 为 10.06 mg/L，平均去除率为 16%，湿地平均出水 TN 为 8.31 mg/L，平均去除率为 30%，比转盘过滤器多削减 14 个百分点。

如图 9-23 所示，对比期内进水平均 SS 为 13.1 mg/L，转盘过滤器平均出水 SS 为 7.38 mg/L，平均去除率为 44%，湿地平均出水 SS 为 7.50 mg/L，平均去除率为 43%，比转盘过滤器低 1 个百分点，且指标受环境影响较大，稳定性低于常规转盘过滤器。

通过比较发现，组合人工湿地系统对污水处理厂二沉池出水 $COD_{Cr}$，$NH_3$-N，TP，TN 的去除率较转盘过滤器平均分别提高了 12%，23%，12%，14%，说明所构建的组合人工湿地系统对污水处理厂尾水进行深度处理效果明显优于转盘过滤器。同时也可看出，在观察期前两个月 $COD_{Cr}$ 去除相比转盘过滤器并无优势，可以认为湿地投运初期主要是对悬浮态污染物的截留去除，但在后两个月则体现出明显的优势；除 TP 在整个观测期内去除率比较均匀外，$COD_{Cr}$，$NH_3$-N，TN 均随湿地系统投运时间呈增长趋势，这与湿地系统普遍认为需 2

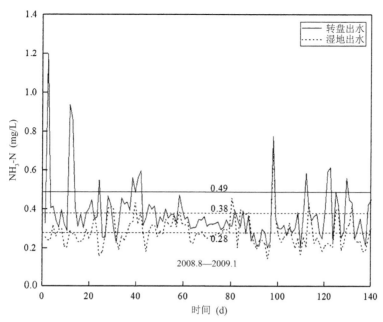

图 9-20　组合人工湿地与转盘过滤器 $NH_3$-N 去除对比

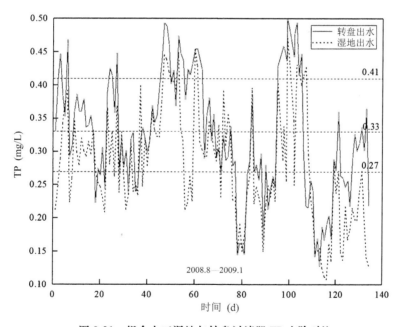

图 9-21　组合人工湿地与转盘过滤器 TP 去除对比

年左右才能达到最佳去除率的规律一致，但湿地系统稳定塘或表面流 SS 受环境气候变化影响大，出水 SS 稳定性低于转盘等过滤装置。

**6. 组合人工湿地系统对尾水综合毒性削减作用**

目前，关于利用人工湿地处理污水效果评价中，主要是通过监测出水水质常规指标，如有关色度、$BOD_5$、$COD_{Cr}$、TN、$NH_3$-N、TP 等综合性指标和特定物质浓度等单一性指标变

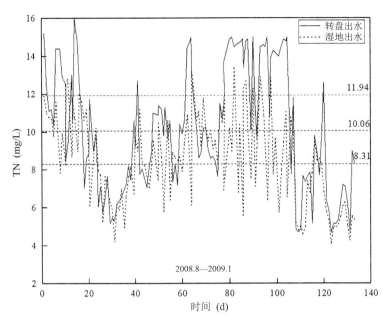

图 9-22 组合人工湿地与转盘过滤器 TN 去除对比

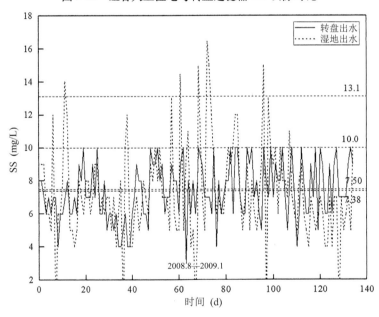

图 9-23 组合人工湿地与转盘过滤器 SS 去除对比

化情况。但是有关处理过程中综合毒性变化的研究还非常有限。而城镇污水处理厂二级污水处理厂出水和再生水最终都会重新排到周边环境中，进入整个生态系统，因此其生态安全性是非常重要的指标。所以，本项目组合人工湿地处理系统对城北污水处理厂尾水综合生态毒性的削减情况进行了研究。

1）城市污水综合毒性测定方法

（1）发光菌法

由于城市污水毒性小且含有各种营养物质及易降解物质，因此很多传统的生物毒性监测法应用于测定城市污水的综合毒性时都会失效。从文献及报道来看，发光菌法敏感度高，用来测定城市污水综合毒性有较好的效果。

（2）大型蚤法

可采用大型蚤急性和慢性实验测定污水毒性，但大型蚤急性毒性实验很难对不同水样进行毒性区分，该方法对城市污水的毒性并不灵敏，而慢性试验相对灵敏，但需要的时间较长，与课题快速测定的要求不符。

（3）活性污泥呼吸速率法

①活性污泥最大呼吸速率法

采用最大呼吸速率法的毒性表达方法如下：分别测定与空白样混合后水样的最大呼吸速率 $R_{(样+空)}$ 和空白样的最大呼吸速率 $R_空$，两者的比值定义为相对最大呼吸速率。

$$K = \frac{R_{(样+空)}}{R_空}$$

$K$ 值越小，表明水样对活性污泥的抑制作用越大，水样毒性也就越大。试验发现最大呼吸速率出现的时间在 10 ～ 30 min，因此测定样品在 10 ～ 30 min 时间段内溶解氧的变化，就基本可以确定该样品的最大呼吸速率。

确定复合空白样的组成为：醋酸钠 + 乳酸钠 + 琥珀酸钠 + 酮戊二酸 + 葡萄糖 + 甘氨酸 + 丙氨酸 + 维生素 B，并添加氮、磷、钙、镁、铁、铜等微量营养元素，按 $COD_{Cr}:N:P:Ca:Mg:Fe:Cu = 100:5:1:0.17:0.17:0.067:0.003$ 的比例配制溶液。

试验中采用单一醋酸钠驯化污泥，复合空白样作空白。

②活性污泥内源呼吸速率法

采用内源呼吸速率法的毒性表达方法如下：分别记空白样和样品的内源呼吸速率 $R_空$ 和 $R_样$。定义相对内源呼吸速率 $K = R_样/R_空$。$K$ 值越小，水样对污泥的内源呼吸抑制越大，毒性也就越大。采用单一醋酸钠驯化污泥，测定样品毒性。

③活性污泥硝化速率法

一般认为硝化细菌对废水的综合毒性具有更高的敏感度，因此课题采用活性污泥中的自养菌硝化速率法测定化学品和废水的毒性。从最大呼吸速率法和内源呼吸速率法的结论看出，经单一醋酸钠驯化后污泥对毒物的敏感度有明显提高。因此，自养菌硝化速率法也采用相同的方法对污泥进行驯化以提高敏感度。定义相对硝化速率

$$K = \frac{NO_x\text{-}N_{(水样,\ 120\ min)} - NO_x\text{-}N_{(水样,\ 10\ min)}}{NO_x\text{-}N_{(空白,\ 120\ min)} - NO_x\text{-}N_{(空白,\ 10\ min)}}$$

$K$ 值越小，水样对污泥的硝化速率抑制越大，毒性也就越大。

2）城北污水处理厂污水综合毒性削减评价

课题组采用发光菌毒性测试法，分别研究了无锡城北污水处理厂组合人工湿地进出水水质毒性，测定结果如表 9-12 所示。从表 9-12 可以看出，污水处理厂的进水经相应的生物处理工艺处理后，其毒性都得到了较大程度的削减。

同时，本项目分别用发光菌毒性测试结果和硝化速率法对无锡市城北污水处理厂所构建的组合人工湿地系统处理不同单元出水水样，结果如表 9-13 所示。

表 9-12　各污水处理厂进出水发光菌毒性测定结果

| 进出水 | $COD_{Cr}$ (mg/L) | | $BOD_5$ (mg/L) | | 发光菌发光率 （%） | | 发光菌相对抑制率 （%） | | 相当的 $HgCl_2$ （mg/L） | |
|---|---|---|---|---|---|---|---|---|---|---|
| | 12 月 | 2 月 | 12 月 | 2 月 | 12 月 | 2 月 | 12 月 | 2 月 | 12 月 | 2 月 |
| 一污进水 | 181 | 254 | 70 | 60 | 58.49 | 14.47 | 41.51 | 85.53 | 0.097 7 | 0.196 0 |
| 一污出水 | 54 | 50 | 13 | 15 | 71.37 | 120.58 | 28.63 | — | 0.065 9 | — |
| 二污进水 | 345 | 355 | 145 | 110 | 21.14 | 7.91 | 78.86 | 92.09 | 0.190 0 | 0.210 3 |
| 二污出水 | 53 | 34 | 14 | 3 | 85.25 | 85.39 | 14.75 | 14.61 | 0.031 0 | 0.040 6 |

表 9-13　生物生态协同系统毒性削减测试表

| 水 样 | 发光菌法 | | 硝化速率法 |
|---|---|---|---|
| | 相对发光度（%） | 相当的 $HgCl_2$ 量（mg/L） | 相对硝化速率 |
| 二沉池出水 | 21.14 | 7.91 | 1.09 |
| 生物强化氧化单元出水 | 54.92 | 78.05 | 1.44 |
| 表面流人工湿地单元出水 | 58.49 | 14.47 | 1.39 |
| 水平潜流人工湿地单元出水 | 85.25 | 85.39 | 1.33 |
| 氧化塘单元出水 | 70.25 | 141.91 | 1.13 |

测试结果表明：

（1）通过发光菌法测试发现，污水处理厂二沉池出水仍表现出一定的毒性，其水体相对发光度仅为 21.14%。但通过生物强化氧化单元、表面流人工湿地单元和水平潜流人工湿地单元后，生态毒性均有一定的削减，经过以上 3 个处理单元后，发光菌相对发光度为85.25%，毒性下降了 304.4%。但是，水平潜流人工湿地出水经过氧化塘后，相对发光度又有所下降，说明生态毒性又有所增加，原因可能是氧化塘构建时间较短，还不具备对污染物的去除和生态毒性削减的功能。但是总体来说，所构建的组合人工湿地系统具有明显的生态毒性削减功能。

（2）使用硝化速率法测试以上水样均不表现出毒性，不同单元出水硝化速率差异不明显，但总体来说，组合人工湿地系统有利于提高水体中硝化速率。

　　本研究所构建的组合人工湿地处理系统是包括厌氧、缺氧、好氧等生物处理过程的组合。因此课题组主要研究了污水处理厂尾水分别在厌氧、缺氧、好氧条件下有机物的降解及毒性削减情况。试验进水采用人工配水，选取甲苯、对二甲苯、邻二甲苯、吡啶、环己酮、苯丙酸、吲哚7种有毒有机物作为试验进水中产生毒性的物质添加。并结合国外的研究成果，设计有毒有机物含量占总$COD_{Cr}$的33%。其他碳源选择葡萄糖与蛋白胨以1∶1配比，氮源为尿素 $[(NH_2)_2CO]$（缺氧时为硝酸钠），磷源为磷酸二氢钾（$KH_2PO_4$），同时投加碳酸氢钠（$NaHCO_3$）调节进水的碱度。另外，按照细菌干细胞中各元素含量比例投加微量元素，以保证活性污泥的正常生长。

　　试验结果表明：

　　（1）厌氧处理对模拟污水处理厂尾水的毒性削减能力相对最差。其出水毒性虽然随水力停留时间的增加逐渐减小，但在考察的停留时间内，出水毒性均大于进水毒性。随着进水有机负荷的增大，出水毒性逐渐增大。

　　（2）缺氧处理对模拟污水处理厂尾水的毒性削减能力处于中间水平。随着水力停留时间的增加，出水毒性逐渐减小，且出水毒性均较低，毒性削减的最佳碳氮比为5∶1。有机负荷在 $0.424 \sim 0.846 \, kg \, COD_{Cr}/(m^3 \cdot d)$ 时，$COD_{Cr}$ 去除率随有机负荷的增加略有增加。从毒性削减方面来看，低的有机负荷下毒性削减率大于高的有机负荷。

　　（3）好氧处理对模拟污水处理厂尾水的毒性削减能力最强，试验条件下出水毒性均较低。随着水力停留时间的增加以及污泥龄的延长，出水毒性降低。泥龄20 d，水力停留时间6 h，进水有机负荷在 $0.355 \sim 0.698 \, kg \, COD_{Cr}/(m^3 \cdot d)$ 时，好氧SBR对进水的毒性削减率均在90%以上。

　　采用GC/MS测定了各反应器的出水，结果分析如表9-14至表9-17所示。

　　从表9-15和表9-16可以看出，不同生物处理条件下微生物对有毒有机物的处理能力和降解产物有所不同。厌氧处理出水中检出的有机物种类最多，而且很多都是进水中所没有的，其次为缺氧，好氧出水有机物最少。原因是厌氧微生物很难将有机物在较短的时间内彻底矿化，在很多情况下只是将其转化成中间产物，而这些中间产物可能有毒难降解，难以被厌氧菌进一步降解而存在于出水中。在好氧条件下，微生物可以在相对短的时间内，比较彻底地降解有机物，从而使得出水中原本的有机物及中间产物量都比较少。缺氧条件下的处理能力则介于两者之间。

　　从出水中检出一些可能的中间产物。例如，厌氧出水中检出羟吲哚（oxindole，可能概率96%）占到出水中有机物的19.45%，根据国内外研究中含氮杂环化合物降解过程中的羟基化现象，推测可能是吲哚的中间产物。甲苯在厌氧条件下，可能首先转化为对甲酚、邻甲酚。在厌氧出水中检出的邻甲酚、对甲酚以及在缺氧出水中检出的邻甲酚，这些很可能是甲苯的中间产物。还有一些物质，在出水中所占的比例较大，跟进水中某些物质结构相似，但是未查到文献，可能是配水中有机物降解的中间产物，有待于进一步研究。如厌氧出水中的2,3-二氢-4-甲基吲哚。

表 9-14　好氧出水中各物质保留时间及所占比例

| 序　号 | 有机化合物名称 | 保留时间（min） | 各物质占总检出物质的百分比（%） |
|---|---|---|---|
| 1 | 甲苯 | 4.61 | 5.05 |
| 2 | 3- 己烯醇 | 5.48 | 7.21 |
| 3 | 1, 2, 3, 4, 5- 五甲基环戊烷 | 8.48 | 11.82 |
| 4 | 4- 乙基 -1- 己烯 | 8.75 | 2.04 |
| 5 | 2, 3, 3- 三甲基 -1- 己烯 | 8.80 | 1.85 |
| 6 | 3- 乙基 - 戊烷 | 9.17 | 2.60 |
| 7 | 1- 甲基 -2- 丙基环己烷 | 9.24 | 5.14 |
| 8 | 1-（2, 5- 二甲基苯基）乙酮 | 19.27 | 9.69 |
| 9 | 十七烷 | 22.55 | 1.41 |
| 10 | 2, 6, 11, 15- 四甲基十六烷 | 22.63 | 1.91 |
| 11 | 十八烷 | 23.90 | 4.20 |
| 12 | 十三烷 | 24.02 | 2.84 |
| 13 | 邻苯二甲酸二（2- 甲基丙基）酯 | 24.86 | 21.90 |
| 14 | 十六酸 | 25.96 | 3.07 |
| 15 | 邻苯二甲酸二丁酯 | 26.03 | 6.67 |
| 16 | N-（1, 1- 二苯基）-2- 甲酰胺 | 27.66 | 3.07 |
| 17 | 邻苯二甲酸单（2- 乙基己基）酯 | 32.33 | 3.76 |
| 18 | 角鲨烯 | 34.88 | 5.88 |

有些物质在厌氧、缺氧、好氧出水中均存在，如邻苯二甲酸酯类及 3- 己烯醇等。3- 己烯醇等简单醇类、烃类有机物可能是有机物降解的中间产物，有待于进一步研究；邻苯二甲酸酯类是一类常用的增塑剂，而试验所用装置为有机玻璃黏合而成，有机玻璃本身或黏合胶中可能含有邻苯二甲酸酯类，微量溶解到水中使反应出水中含有该物质。厌氧出水中检出的很多新物质都有一定的毒性，例如，苯胺，$LD_{50}$ 大鼠口服 0.44 g/kg；邻甲酚，$LD_{50}$ 大鼠口服 1.35 g/kg；对甲酚，$LD_{50}$ 大鼠口服 1.8 g/kg。这些新有毒物质的产生导致厌氧出水毒性大于进水毒性。

在试验条件下，好氧、缺氧条件下均完全降解的物质有吡啶、吲哚、环己酮，而在好氧条件下，除甲苯外，其他有毒有机物在出水中均未检出（表 9-17）。

对模拟污水处理厂尾水中有毒有机物的降解能力从高到低排列为：好氧＞缺氧＞厌氧。从进出水中各种有毒有机物所占比例来看，厌氧条件下吡啶最难去除（占厌氧出水的22%），其次是环己酮和甲苯，对二甲苯和邻二甲苯的厌氧降解性能相当。缺氧条件下，两种二甲苯的降解性能相当，甲苯降解性好一些，其他物质均未检出。好氧出水中只检出甲苯，

表 9-15 厌氧出水中各物质保留时间及所占比例

| 序 号 | 有机化合物名称 | 保留时间（min） | 各物质占总检出物质的百分比（%） |
|---|---|---|---|
| 1 | 吡啶 | 4.18 | 21.98 |
| 2 | 甲苯 | 4.64 | 11.00 |
| 3 | 3-己烯醇 | 5.49 | 0.11 |
| 4 | 对二甲苯 | 7.28 | 3.97 |
| 5 | 环己醇 | 7.70 | 3.04 |
| 6 | 邻二甲苯 | 7.89 | 3.58 |
| 7 | 环己酮 | 8.00 | 11.09 |
| 8 | 3-乙基戊烷 | 9.18 | 0.04 |
| 9 | 1-甲基-2-丙基环己烷 | 9.24 | 0.09 |
| 10 | 苯胺 | 10.00 | 1.33 |
| 11 | 邻甲酚 | 11.78 | 0.67 |
| 12 | 邻甲苯胺 | 12.11 | 0.08 |
| 13 | 对甲酚 | 12.21 | 0.58 |
| 14 | 亚硝基苯 | 12.41 | 0.06 |
| 15 | 2-苯乙醇 | 12.98 | 0.05 |
| 16 | 2,4-二甲基酚 | 13.70 | 0.25 |
| 17 | 3,4-二甲基酚 | 14.57 | 0.05 |
| 18 | 喹啉 | 15.75 | 0.45 |
| 19 | 吲哚 | 16.39 | 1.34 |
| 20 | 2-甲基喹啉 | 16.63 | 0.09 |
| 21 | 3-甲基吲哚 | 17.97 | 0.69 |
| 22 | 2-羟基吲哚 | 19.88 | 21.02 |
| 23 | 2,3-二氢-4-甲基吲哚 | 19.97 | 14.52 |
| 24 | 6-氯吲哚 | 20.35 | 0.24 |
| 25 | N,N-2-甲基-苯乙酰胺 | 22.95 | 0.23 |
| 26 | 4-碘苯乙腈 | 23.43 | 0.16 |
| 27 | 邻苯二甲酸二（2-甲基丙基）酯 | 24.87 | 1.93 |
| 28 | 邻苯二甲酸丁烯酯 | 25.45 | 0.23 |
| 29 | 邻苯二甲酸二丁酯 | 26.04 | 0.46 |
| 30 | 环六原子硫 | 27.13 | 0.67 |

表 9-16　缺氧出水中各物质保留时间及所占比例

| 序　号 | 有机化合物名称 | 保留时间（min） | 各物质占总检出物质的百分比（%） |
|---|---|---|---|
| 1 | 甲苯 | 4.58 | 1.66 |
| 2 | 3-己烯醇 | 5.45 | 1.61 |
| 3 | 对二甲苯 | 7.25 | 4.70 |
| 4 | 邻二甲苯 | 7.85 | 5.93 |
| 5 | 1, 2, 3, 4, 5-五甲基环戊烷 | 8.46 | 4.24 |
| 6 | 2-甲基-2-戊醇 | 8.95 | 0.68 |
| 7 | 3-乙基-戊烷 | 9.16 | 0.86 |
| 8 | 1-甲基-2 丙基环己烷 | 9.23 | 1.86 |
| 9 | 2-乙基-4-甲基-1, 3-二氧戊烷 | 9.95 | 0.63 |
| 10 | 邻甲酚 | 11.80 | 1.93 |
| 11 | 邻甲基苯胺 | 12.10 | 0.91 |
| 12 | 喹啉 | 15.76 | 7.27 |
| 13 | 1-（2, 5-二甲基苯基）乙酮 | 19.27 | 2.60 |
| 14 | 6-氯吲哚 | 20.33 | 2.38 |
| 15 | 2-甲基硫代-苯并三氮唑 | 21.33 | 10.32 |
| 16 | 十七烷 | 22.55 | 0.61 |
| 17 | 2, 6, 11, 15-四甲基十六烷 | 22.64 | 0.74 |
| 18 | 4-碘苯乙腈 | 23.39 | 36.72 |
| 19 | 十八烷 | 23.90 | 0.88 |
| 20 | 十三烷 | 24.02 | 1.05 |
| 21 | 邻苯二甲酸二（2-甲基丙基）酯 | 24.86 | 4.49 |
| 22 | 十六酸 | 25.96 | 0.74 |
| 23 | 邻苯二甲酸二丁酯 | 26.03 | 4.77 |
| 24 | 邻苯二甲酸单（2-乙基己基）酯 | 32.33 | 1.03 |
| 25 | 角鲨烯 | 34.88 | 1.40 |

而且所占的比例较低，说明试验的苯系物及吲哚、吡啶在低浓度下都有很好的好氧降解性能。

**7. 组合人工湿地工艺经济技术及其适用性分析**

（1）湿地系统建设成本概算

现利用无锡城北污水处理厂厂区三期工程周边绿化预留地约 6 900 m² 构建小型人工湿地示范区（其中水域面积 4 545 m²，景观绿化面积 2 480 m²），处理规模 2 000 m³/ d。工程总投资为 180.01 万元（其中景观及观景台 54 万元），具体如表 9-18 所示。

表9-17　各主要有毒有机物在进出水中浓度所占百分比变化情况

| 名　称 | 进水（%） | 厌氧出水（%） | 缺氧出水（%） | 好氧出水（%） |
|---|---|---|---|---|
| 吡啶 | 3.00 | 21.98 | ND | ND |
| 甲苯 | 7.00 | 11.00 | 1.66 | 5.05 |
| 对二甲苯 | 1.50 | 3.97 | 4.70 | ND |
| 邻二甲苯 | 1.50 | 3.58 | 5.93 | ND |
| 环己酮 | 2.00 | 11.09 | ND | ND |
| 吲哚 | 15.00 | 1.34 | ND | ND |

注：ND 表示未检出。

表9-18　湿地系统工程投资估算　　　　　　　　　　　单位：元

| 项目或费用名称 | 建筑工程 | 安装工程 | 设备工程 | 合　计 |
|---|---|---|---|---|
| 流量计及流量控制阀 | | 650.00 | 25 000.00 | 25 650.00 |
| 输水管道 | | 1 000.00 | 22 500.00 | 23 500.00 |
| 进水观测台 | 40 000.00 | | | 40 000.00 |
| 池体构建 | 102 000.00 | | | 102 000.00 |
| 填料部分 | 805.00 | 2 754.00 | 21 664.00 | 25 223.00 |
| 曝气系统 | 7 840.00 | 30 000.00 | 80 000.00 | 117 840.00 |
| 水生植物 | | 1 670.00 | 5 010.00 | 6 680.00 |
| 人工挖方 | 3 247.00 | | | 3 247.00 |
| 进出水堰 | 6 560.00 | | | 6 560.00 |
| 池埂及驳岸构建 | 145 000.00 | | | 145 000.00 |
| 水生植物 | | 20 000.00 | 60 000.00 | 80 000.00 |
| 人工挖方 | 12 960.00 | | | 12 960.00 |
| 进出水堰 | 19 680.00 | | | 19 680.00 |
| 池体及驳岸构建 | 255 500.00 | | | 255 500.00 |
| 水生植物 | | 14 000.00 | 56 000.00 | 70 000.00 |
| 人工挖方 | 30 240.00 | | | 30 240.00 |
| 填料部分 | | 45 200.00 | 272 400.00 | 317 600.00 |
| 进出水堰 | 13 120.00 | | | 13 120.00 |
| 池体及驳岸构建 | 66 000.00 | | | 66 000.00 |
| 水生植物 | | 2 400.00 | 4 800.00 | 7 200.00 |
| 人工挖方 | 2 592.00 | | | 2 592.00 |
| 出水系统 | | 1 400.00 | 3 150.00 | 4 550.00 |
| 景观构筑 | 500 000.00 | | | 500 000.00 |
| 鼓风机及基础 | 15 000.00 | | | 15 000.00 |
| | 1 240 544.00 | 119 074.00 | 550 524.00 | 1 800 142.00 |

这里需要强调的是，一般污水处理厂人工湿地构建是以景观设计作为平台，即使污水处理厂也没有人工湿地处理系统，但是作为现代城镇污水处理厂总体规划，景观设计和构建如亲水平台、绿化等还是必需的。

因此，在对人工湿地系统进行建设成本估算时，不能采取传统的处理系统一样的计算方法，应该扣除景观构建费用，这样才比较客观。

（2）湿地系统运行费用估算

本研究对所构建的人工湿地运行成本费用支出进行了概算，如表9-19所示。

表9-19　湿地系统工程年运行管理费用估算

| 序　号 | 项目或费用名称 | 工程量 | 单位建设费用 | 总费用（元） |
|---|---|---|---|---|
| 1 | 管理技术人员人工费 | 1 名 | 30 000 元 /（人·年） | 30 000 |
| 2 | 提升动力费 | 74 460 kW·h | 0.55 元 | 31 372 |
| 3 | 植物季节性管理、残体打捞及处置费用 | 4 807 m² | 2 元 / m² | 9 614 |
| 4 | 工程维护修缮费用（水泵、水平潜流人工湿地） | | | 10 000 |
| 5 | 不可预计费用 | | | 10 000 |
| 年运行管理费用 | | | | 90 567 |
| 处理水单位经营成本（元 /m³） | | | | 0.11 |

根据以上计算分析，所构建的组合人工湿地系统处理水单位经营成本为0.11元。根据本次研究结果显示，虽然前端曝气可以提高组合人工湿地系统的处理效果，但是，由于曝气装置耗电量较大，不符合人工湿地生态处理的目标和原则，所以，实际运行中，曝气装置一般并不启用，所以组合人工湿地处理系统实际运行费用应该更低些。由此，本研究认为，从运行和维护成本考虑，与传统的污水处理工艺相比较，该组合人工湿地处理系统具有较大的优势。

（3）湿地处理系统适用性分析

人工湿地作为典型的生态处理技术，具有效率高、投资及能耗低、维护简单的特点，可以适应低浓度污染物去除的要求，能够最大限度地削减受纳水体的污染物负荷，同时具有良好的环境生态效应。将人工湿地等生态处理系统作为深度处理，其出水可以满足不同的回用水水质要求，可作为受污染水体修复的补充水源，能够产生良好的环境、经济效益。所以，无论从面积负荷去除率、运行成本还是环境效应角度，利用人工湿地系统深度处理城镇污水处理厂尾水都具有较好的适用性。

但是，人工湿地也具有占地面积大以及处理负荷较小等缺点，在实际应用中应因地制宜，灵活应用。在城镇大中型污水处理厂尾水深度处理工艺中，选择人工湿地应结合污水处理厂景观构建，不能完全依据传统的污水处理工艺建造，否则构建成本较高。另外，经人工湿地处理后的尾水应以回用为主，如景观水体补水以及厂区园林浇灌用水等。

基于人工湿地处理工艺的特点，并结合太湖地区自然地理特点，如河网密布、湖荡众多以及较为适宜的气候和地质条件，人工湿地处理技术更适合环太湖村镇小型污水处理厂尾水的稳定达标处理以及农村分散式生活污水的生态处理。特别是，随着今后太湖地区城乡一体化进程的加快，农村小城镇建设日新月异，对农村水环境提出更高的要求，这给农村水环境生态治理创造了有利条件，也为人工湿地技术的应用与发展带来了前所未有的机遇。

## 9.2  人工湿地深度处理实例介绍

### 9.2.1  无锡市马山污水处理厂人工湿地工程

无锡市马山污水处理厂 1996 年 12 月一期工程完工试运转。一期处理能力为一级处理 1.5 万 t/d。二期扩建改造工程主要是完善 1.5 万 t/d 污水二级处理，工程于 2006 年 7 月竣工投运，达到《城镇污水处理厂污染物排放标准》（GB 18918—2002）一级 B 标准。2008 年 6 月在厂内实施了升级改造工程，采用强化二级生物脱氮、机械微过滤（盘片过滤）工艺。主体工艺 SBR；2008 年 3 月建设规模为 2 000 t/d 的人工湿地深度处理，工艺为：表面流人工湿地 + 水平潜流人工湿地 + 表面流人工湿地 + 稳定塘（图 9-24）。

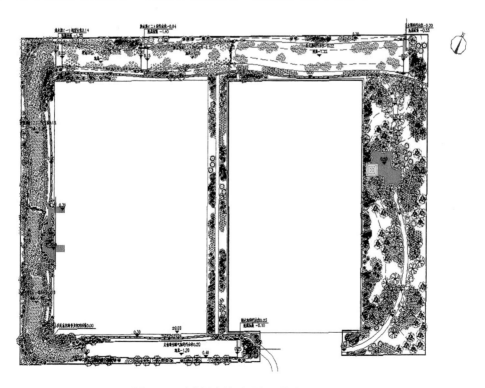

图 9-24  马山污水处理厂人工湿地平面图

### 9.2.2  无锡市东亭污水处理厂人工湿地工程

一期工程主体工艺 SBR 工艺，流程如图 9-25 所示。

二期工程主体工艺 SBR 工艺，流程如图 9-26 所示。

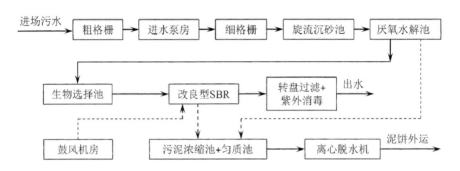

图 9-25  无锡市东亭污水处理厂一期工程主体工艺 SBR 工艺流程图

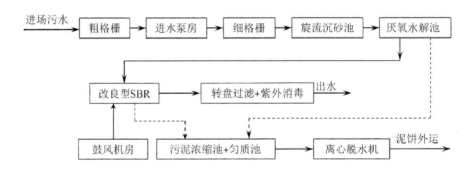

图 9-26  无锡市东亭污水处理厂二期工程主体工艺 SBR 工艺流程图

无锡市东亭污水处理厂三期工程扩建 $3 \times 10^4 \, m^3/d$，采用 AAO 工艺，于 2009 年建成投产（图 9-27）。2007 年 3 月结合景观要求建设人工湿地深度处理系统，工艺流程为：生物强化氧化单元 + 二级表面流人工湿地单元，1 000 t/d。

## 9.3  东莞某城镇污水处理厂尾水生态工程组合工艺深度处理

为了改善受纳水体的水环境质量和达到回用水质的标准，城镇污水处理厂二级出水通常必须进行深度处理，其去除的主要对象为氮、磷和低浓度有机物等污染物。现阶段常规所采用的三级处理工艺（生物法或化学法）虽可去除污水中的氮和磷，但存在投资大、运行费用高和净化效果不理想的问题，而生态工程技术（人工湿地、生物浮岛等）符合深度处理的技术要求，具有投资、维护和运行费用低，管理简便，处理效果好，二次污染小，抗冲击

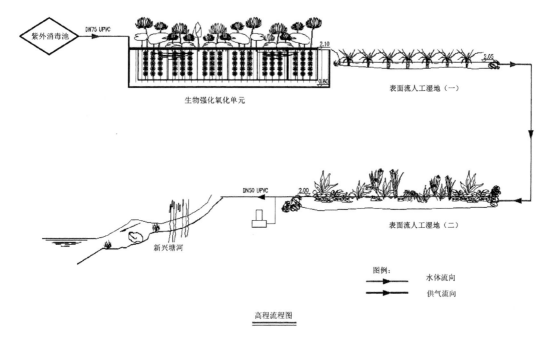

图 9-27　无锡市东亭污水处理厂三期工程人工湿地处理系统流程图

性能强等优点。然而目前人工湿地、生物浮岛等生态工程技术主要应用于农业非点源污染、生活污水、水产养殖污水处理和河道净化等，对尾水深度处理的研究并不多见，2 种以上生态工程组合系统处理尾水等方面的研究更少。为此，笔者结合东莞生态园燕岭湿地工程情况，采用以高效垂直流人工湿地为核心技术的生态组合工艺，深度处理城镇污水处理厂二级出水，考察其处理效能及影响因素。

### 9.3.1　工程背景

东莞生态园四周虽然水系纵横，但却缺少合适的可以长期利用的水源以保证生态园景观娱乐用水。具体来说，东江是广东省重要的饮用水水源，水库联网工程是东莞人民的"水缸"，这 2 个水源地根本不可能成为生态园水系的水源。而寒溪河与东引河水质较差，近期也难作为生态园水系的水源。所以生态园中央水系的补水必须从生态园内部自行解决，即合理利用区域内南畲朗污水处理厂的尾水。

根据东莞生态园水系规划，生态园的水体近期需维持在《地表水环境质量标准》（GB 3838—2002）中Ⅳ类水标准，而南畲朗污水处理厂出水为《城镇污水处理厂污染物排放标准》（GB 18918—2002）一级 A 标准，远远低于生态园水系的水质要求，需经过深度处理达到Ⅳ类水标准后，方可作为中央水系景观补水、绿地浇灌和道路冲洗用水等周边区域中水回用水。

针对城镇污水处理厂尾水的特点，采用生态氧化池 - 垂直流人工湿地 - 自然湿地生态工程组合工艺对其进行深度处理，重点分析了运行效果和去除机理。数据结果表明，该工艺运行稳定，系统出水 $COD_{Cr}$，$BOD_5$，$NH_3\text{-}N$ 和 TP 平均分别为 14.4 mg/L，3.4 mg/L，0.84 mg/L，0.19 mg/L，平均去除率均在 65% 以上，出水水质达到《地表水环境质量标准》（GB 3838—2002）Ⅳ类水标准。

### 9.3.2 工程设计

#### 1. 功能定位

本工程以污水深度处理及资源化利用为基础，以生态环境保护和生态修复为目标，以湿地教育展示为亮点，以湿地生态景观休闲游憩为特色。

#### 2. 工艺流程

本工程处理规模为 10 万 m³/d，通过多方案进行技术经济分析比选后，选择采用生态氧化池－垂直流人工湿地－自然湿地生态工程组合工艺作为污水深度处理工艺。工艺流程如图 9-28 所示。

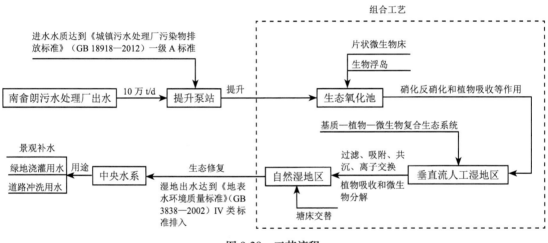

图 9-28　工艺流程

#### 3. 设计参数及工艺说明

（1）提升泵站

提升泵站处于自然湿地二区范围内，泵坑尺寸为 12 m×8 m×7.8 m，内设有 4 台潜水泵（3 用 1 备，水泵性能参数：$Q$=1 500 m³/h，$H$=13.5 m，$N$=90 kW）。南畬朗污水处理厂的处理出水通过自流管道流至泵坑，经潜水泵提升到垂直流人工湿地区的生态氧化池进行净化。

（2）生态氧化池

生态氧化池为椭圆形状布置，尺寸为 102 m（长轴）×39 m（短轴）×5 m，沿长轴方向分成 2 格（并联运行），设计水力停留时间为 3 h，有效容积为 14 063 m³，有效深度为 4.5 m，池体分为 4 段折流进水。

为了使生态氧化池与人工湿地组合脱氮除磷工艺更有效地运行，生态氧化池的设计结合了传统生物膜反应池及生态氧化塘工艺，在池体内设置了片状微生物床填料和生物浮岛。片状微生物床填料是一种微生物载体，较传统的微生物填料具有更大的空隙率及微生物吸附面积；生物浮岛是漂浮于水面的植物浮板，植物根系及其附着的微生物和水生动植物组成复合生态系统，有利于净化水质。片状微生物床的总填料量为 53 484 $m^2$，生物浮岛的面积为 2 378 $m^2$。

（3）人工湿地系统

人工湿地区域是燕岭湿地处理工艺的核心部分，该区域按照深圳市环境科学研究院的高效垂直流人工湿地专利技术要求而建。

湿地系统占地面积 173 251 $m^2$，设计水力负荷 0.58 $m^3/(m^2·d)$，湿地基质填料采取碎石、粗砂等多种材质，以不同粒径及不同配比进行有机组合，总厚度为 1.8m。为了保证湿地系统布水均匀，将湿地系统分成 60 个独立进水单元，各个单元可单独运行也可并联运行，系统运行采用 PLC 自动控制及手动控制结合，可实现远程（计算机）及现场 2 种控制方式，污水经过湿地植物池的过滤、吸附、生物降解后经收集管排出。在植物池内种植适合东莞气候的各种水生湿生植物，如芦竹、风车草、花叶芦荻、再力花、香根草、纸莎草、水生美人蕉等。

（4）自然湿地系统

自然湿地区为本工程工艺系统的末端系统，通过修建塘床交替的自然湿地系统进一步净化水质，实现生态修复和调节城市小气候，增加生物多样性，并向周边居民提供休闲空间。自然湿地区分为自然湿地一区和自然湿地二区，一区面积为 30.3 万 $m^2$，二区面积约为 6.9万 $m^2$。

### 9.3.3 运行结果

东莞生态园燕岭湿地 2009 年 8 月开始施工建设，于 2011 年 3 月建成后经过一段时间的运行调试开始正常运行。本文在处理系统经过运行稳定期后 6 个月（即 2012 年 1 月至 6 月）对其水质进行了监测，监测频率为每 7 d 一次，共 24 次。取样点为提升泵池进水口、生态氧化池出水口、人工湿地出水口和自然湿地区出水口，共 4 个点。水质监测结果如表 9-20 所示，由其可见生态工程组合工艺已逐步发挥其净化功能。

1.总体运行效果

本工程进水水质为南畲朗污水处理厂出水，$BOD_5/COD_{Cr}$ 为 0.23（表 9-20），低于生物处理所需要 B/C 值（0.3），可生化性较差，故采用微污染生态处理技术组合工艺进行深度处理。在经过为期半年以上的调试及试运行后，处理系统运行稳定，出水效果良好。如表 9-20 所示，2012 年 1—6 月运行期间系统最终出水 $COD_{Cr}$ 平均约 14.4 mg/L，$BOD_5$ 约 3.4 mg/L，$NH_3$-N 约 0.84 mg/L，TP 约 0.19 mg/L，出水水质主要指标完全符合《地表水环境质量标准》

表 9-20　系统工艺运行效果

| 项　目 | 进水 (mg/L) | 生态氧化池 | | 垂直流人工湿地 | | 自然湿地 | | 总去除率 (%) |
|---|---|---|---|---|---|---|---|---|
| | | 出水 (mg/L) | 去除率 (%) | 出水 (mg/L) | 去除率 (%) | 出水 (mg/L) | 去除率 (%) | |
| $COD_{Cr}$ | 35.2～60.2 (46.1) | 25.8～45.6 (36.0) | 16.5～26.7 (21.9) | 13.6～21.8 (17.9) | 39.1～58.5 (50.0) | 11.2～17.9 (14.4) | 16.1～24.2 (19.3) | 62.6～73.8 (68.5) |
| $BOD_5$ | 7.7～14.7 (10.4) | 6.2～12.1 (8.3) | 15.5～22.9 (20.0) | 3.3～6.6 (4.3) | 40～55.2 (48.6) | 2.7～5.0 (3.4) | 15.3～25.9 (20.7) | 60.9～72.6 (67.3) |
| $NH_3$-N | 3.98～7.12 (5.25) | 3.20～5.73 (4.20) | 14.4～23.2 (18.9) | 0.96～1.58 (1.2) | 65.0～76.7 (71.1) | 0.64～1.03 (0.84) | 22.9～38.8 (31.0) | 81.7～86.9 (83.9) |
| TP | 0.45～0.83 (0.60) | 0.41～0.71 (0.53) | 7.02～18.92 (11.1) | 0.18～0.31 (0.22) | 46.3～67.7 (57.2) | 0.16～0.25 (0.19) | 10.5～21.8 (15.3) | 57.8～78.3 (67.7) |

注：括号内数值为各项指标平均值。

（GB 3838—2002）Ⅳ类水标准。为了更好地了解和对比组合工艺各个处理单元的运行效果和机理，下文将结合各个水质指标具体的去除情况做进一步的分析。

2. 对 $COD_{Cr}$ 和 $BOD_5$ 的去除效果

组合工艺对 $COD_{Cr}$ 的去除效果如图 9-29 所示。

组合工艺对 $BOD_5$ 的去除效果如图 9-30 所示。

对比图 9-29 和图 9-30，本项目生态技术组合工艺对 $COD_{Cr}$ 和 $BOD_5$ 的去除变化规律比较相似。进水 $COD_{Cr}$，$BOD_5$ 曲线浮动范围较大，但两者的出水水质曲线始终都维持在较为平稳的状态，总平均去除率都在 68% 左右，这说明以垂直流人工湿地为核心的生态组合工艺去除效果稳定，耐冲击负荷大。一般认为，人工湿地对有机物的去除主要通过微生物的吸附降解、植物吸收及填料吸附。通过湿地的沉淀及过滤作用，尾水中的不溶性有机物被截留并为微生物所利用，而可溶性有机物则可通过植物根系生物膜的吸附、吸收及生物代谢过程而被分解去除。以上监测的数据表明，垂直流人工湿地对有机污染物的平均去除率在各个处理单元中最高，接近 50%，但没有相关文献中的去除率高。研究表明，人工湿地对 $COD_{Cr}$ 的去除率与进水 SS 浓度之间存在显著正相关。因污水处理厂尾水悬浮物浓度较低，颗粒物吸附的有机物较少，故去除率不可能达到很高的状态。作为人工湿地预处理的生态氧化池和末端系统自然湿地对低浓度有机污染物具有一定的去除效果，对 $COD_{Cr}$ 和 $BOD_5$ 平均去除率分别都在 20% 左右。生态氧化池作为人工湿地的预处理系统，减轻了人工湿地的污染负荷，保证其稳定运行。生态氧化池一方面主要通过附着在池内片状微生物床上的微生物来降解有机物，另一方面则依靠种植在池内生物浮岛上的植物根系释出大量分泌物来加快分解有机污染物。而自然湿地是对人工湿地的出水进一步净化和水质保证，其去污机理在于土壤、微生物、植物的相互协同作用，也具有较强的污染物去除能力。总之，采用生态氧化池 - 垂直流人工湿地 - 自然湿地生态工程组合工艺处理后，出水 $COD_{Cr}$ 和 $BOD_5$ 浓度都维持在较低水

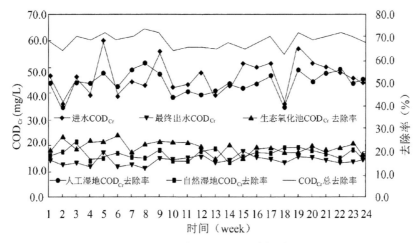

图 9-29 对 $COD_{Cr}$ 的去除效果

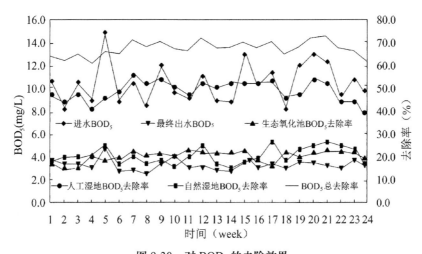

图 9-30 对 $BOD_5$ 的去除效果

平（分别在 18 mg/L 和 5 mg/L 以下），优于《地表水环境质量标准》（GB 3838—2002）Ⅳ
类水标准。

**3. 对 $NH_3$-N 的去除效果**

组合工艺对 $NH_3$-N 的去除效果如图 9-31 所示。

图 9-31 表明，在不同进水浓度（3.98 ～ 7.12 mg/L）下，组合工艺最终出水 $NH_3$-N 浓
度变化不大，出水相对稳定，浓度均在 1.1 mg/L 以下，优于《地表水环境质量标准》（GB
3838—2002）Ⅳ类水标准，总平均去除率达到 83.9%。生态氧化池能较有效去除 $NH_3$-N，去
除率接近 20%。监测期间氧化池内生物浮岛上的风车草处于生长阶段，长势好，根系也较
密较粗，有利于氧气的传输、微生物的附着和无机氮的吸收。而片状微生物床填料也能高
效地固化硝化细菌、反硝化细菌等，由外及里形成好氧、兼性厌氧和厌氧 3 种反应区，对
$NH_3$-N 具有较高的去除率。人工湿地去除 $NH_3$-N 主要以微生物的硝化和反硝化作用为主，
此外还包括植物吸收和填料吸附等作用。本项目湿地填料 1.8 m 深，湿地植物根系对氧气的

输导作用，使得其表面可形成好氧的微生物代谢活跃的微区域，而在远离根区附近及湿地底部容易形成缺氧和厌氧的环境，这为硝化反硝化高效脱氮创造了有利的条件。该人工湿地系统对 $NH_3$-N 的平均去除率在 71% 左右。自然湿地一方面因进水 $NH_3$-N 浓度较低，另一方面脱氮功能性没有人工湿地强，所以对 $NH_3$-N 的平均去除率远远低于人工湿地，约为 31%。但从另外一个角度来看，这也说明了自然湿地所采取的生态修复措施对于氮的去除起到了一定的作用和效果。

### 4. 对 TP 的去除效果

组合工艺对 TP 的去除效果如图 9-32 所示。从图 9-32 可以看出，相对于人工湿地对磷平均去除率为 57.2%，生态氧化池和自然湿地去除 TP 的效果不是很明显，平均去除率分别仅为 11.1% 和 15.3%，这可能跟磷存在的形式以及去除的机理和方法等因素有关，据此推测片状微生物床和植物根系上附着的微生物同化作用和植物的吸收摄取作用对磷的去除能力有限。一般认为，人工湿地中磷的去除主要以基质的吸附固定为主。因此，填料的构造设计

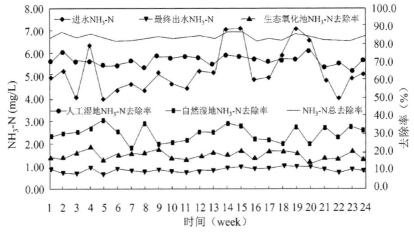

图 9-31　对 $NH_3$-N 的去除效果

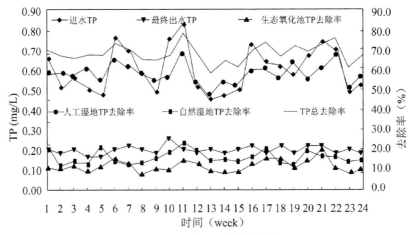

图 9-32　对 TP 的去除效果

和材质的选型对去除磷的效率影响较大。本项目中，垂直流人工湿地合理的填料结构起到了沉淀、吸附和截留磷的作用，而所采用的 VC-W 特殊填料是一种良好的复合填料，对水中的磷具有较高的吸附容量。此外，充填于人工湿地底部的石灰石也可能起到了关键作用，石灰石与湿地出水接触，可能会溶出部分钙离子，钙离子与水中的 $PO_4^{3-}$ 发生沉淀反应，进而达到除磷的效果。可见，人工湿地对 TP 具有显著的去除效果。该生态工程组合工艺处理后 TP 出水浓度大多在 0.2 mg/L 以下，平均去除率达到 68% 左右，优于《地表水环境质量标准》（GB 3838—2002）中Ⅳ类标准。

以上工程效果评价结果表明，采用生态氧化池 - 垂直流人工湿地 - 自然湿地生态工程组合工艺处理南畲朗污水处理厂尾水作为中央水系生态补水，符合东莞生态园的总体规划目标。本工程在注重水处理功能的同时，充分考虑与周边景观的衔接，实现了水质净化功能与城市绿色景观美化功能的和谐统一，从而提升了周边地区的生活环境和投资环境，获得了良好的环境效益、经济效益和社会效益。同时采用该技术处理污水处理厂尾水（再生水）为缓解其他城市的缺水状况或节约水资源提供了新的方法和思路，起到了一个很好的示范作用，对以后类似工程的实施具有重要的参考价值。

## 9.4　小　结

（1）整个组合人工湿地系统对二沉池出水具有良好的净化效果，其中，出水 $COD_{Cr}$ 平均为 23.6 mg/L，平均去除率达到 33%；$NH_3$-N 平均值为 0.28 mg/L，平均去除率达到 45%；TP 平均值为 0.27，平均去除率为 45%；TN 平均为 8.31 mg/L，平均去除率为 30%；SS 平均为 7.5 mg/L，平均去除率为 43%，整个观察期内除 SS 外主要污染物指标均稳定达到《城镇污水处理厂污染物排放标准》（GB 18918—2002）一级 A 标准，达标率高达 95% 以上，但 SS 由于稳定塘受降雨及气候藻类滋生的影响，达标保证率要稍低。

（2）组合人工湿地系统出水水质说明，该人工湿地系统对 $NH_3$-N 及 TP 的去除作用非常好，其次为 TN 和 $COD_{Cr}$。这是一般传统的处理工艺很难达到的。

（3）冬季组合人工湿地系统对尾水中污染物的去除作用明显下降，特别是对氮、磷等污染物的去除率下降更为明显。但总体仍有较好的处理效果。通过比较发现，表面流人工湿地对污染物的去除效果受冬季低温的影响程度要明显高于水平潜流人工湿地，说明水平潜流人工湿地对抗低温的能力强于表面流人工湿地。

（4）与传统的转盘过滤器相比较，组合人工湿地对城镇污水处理厂尾水中 $COD_{Cr}$，$NH_3$-N，TP，TN 的去除率较转盘过滤器相比具有明显的优势，平均分别提高了 12%，23%，12%，14%，但 SS 去除率不具优势，平均低 1%，稳定性明显不及转盘过滤器。

（5）采用发光菌毒性测试和硝化速率研究发现，城北污水处理厂二沉池出水相对发光度仅为21.14%，仍具有一定的毒性。经过组合人工湿地系统深度处理后，发光菌相对发光度提高了304.4%，其综合毒性都得到了较大程度的削减。

（6）组合人工湿地系统不同单元对污染物的去除效果存在显著差异，对$COD_{Cr}$和$NH_3\text{-}N$的去除主要依靠水平潜流人工湿地单元，而表面流人工湿地单元对TN和TP去除率最强。表明所构建的人工湿地组合工艺可以实现稳定达标排放和入河污染负荷与综合毒性的削减。

（7）实践证明，人工湿地在环太湖村镇生活污水的深度处理以及河道综合整治与生态修复中也具有较好的应用前景。

# 10  尾水人工湿地处理系统运行与管理

目前，我国在人工湿地污水处理工程方面重建设、轻管理。综观国内已建成并运行的人工湿地污水处理工程，大部分缺乏科学有效的运行管理，造成人工湿地出现堵塞、处理效果变差、无法正常运行或者景观效果较差等现实问题。引起这些问题的原因主要有：基于人工湿地运行管理仅有简单的认知，对其管理重要性认识不够，出现"零管理"现象；缺乏运行管理技术人才，多数运行人员对人工湿地净化机理、堵塞机制以及制约其处理效率的主要影响因素等没有理论基础；配套政策不完善，人工湿地运行管理没有经费支持。要确保人工湿地工程的可持续运行，后期良好的运行管理至关重要。科学有效的运行管理，不仅可以保证人工湿地对污染物高效、稳定的去除效果，出水达标排放，减少危害人工湿地运行寿命的因素，同时在生态文明建设中发挥重要的载体作用。

对人工湿地的管理是充分发挥湿地功能的重要保证，其中管理必须注重以下几点：

（1）应保证微生物群落和底部沉积与水接触充分。

（2）必须确保水流在湿地空间内分布均匀，不应存在水流死角。

（3）在湿地内维持一个适宜健康的微生物生长环境。

（4）保持植物的良好生长。

在设计人工湿地系统时，必须有相应的运行和维护计划，并且根据实际运行中遇到的特定情况进行调整。整份计划还应包括布水系统、出水堰和例行清扫，以及检查和监测时间表。

## 10.1  人工湿地处理系统试运行

人工湿地污水处理系统的启动一般要经历 2 个阶段，即系统调试、植物复活、根系发展的不稳定阶段和植物生长成熟、处理效果良好的稳定成熟阶段。在启动阶段，植物栽种后即须充水。在调试运行期间，应逐步提高污水处理负荷。

初期可将水位控制在地面下 25 mm 左右处。按设计流量运行 3 个月后，将水位降低至距床底 0.2 m 处，以促进湿地植物根系向深部发展。待根系深入床底后，再将水位调节至地表下 0.2 m 处开始正常运行。进入稳定成熟阶段后，系统处于动态平衡，植物的生长仅随季节发生周期性变化，而年际间则处于相对稳定的状态，此时系统的处理效果充分发挥，运行稳定。人工湿地系统从启动到成熟一般需 1～2 年时间。

## 10.2 水质与水量管理

随着人工湿地污水深度处理工程的增多，人工湿地水质管理有待规范。据了解，采用人工湿地进行污水处理厂尾水深度处理的工程中，污水处理厂和人工湿地之间普遍存在一定的空间距离，分别由不同的单位运营管理，显然这不符合工艺管理的系统性原理。以长沙洋湖再生水厂尾水人工湿地为例，该湿地紧邻紧邻厂区布置，"MSBR+人工湿地"组合工艺系统的运营管理相对方便，水质管理参照《城镇污水处理厂运行、维护及安全技术规程》（CJJ 60—2011）中化验检测章节执行，主要包括人工湿地进水水质和湿地内关键工艺节点水质管理两个方面。

众所周知，人工湿地表面有机负荷与其进出水污染物浓度和面积有关，在面积一定的情况下应尽可能减少进水污染物浓度，从而达到减轻人工湿地有机负荷的作用，故对人工湿地进水水质进行管理非常重要。洋湖再生水厂每天对 MSBR 池出水水质进行分析检测，还通过优化 MSBR 池的工艺确保二级生化处理效果，实际运行中 MSBR 池出水可接近或达到《城镇污水处理厂污染物排放标准》（GB 18918—2002）一级 A 标准，从而大大减轻了人工湿地的污染物负荷。此外，有文献表明固体悬浮物是引起人工湿地堵塞最重要的因素之一。洋湖再生水厂在调试过程中出现过 MSBR 池空气出水堰排气管路上电磁阀故障引起排气管路一直处于打开状态，因此 MSBR 池在反应和预沉淀状态下有泥水通过空气堰排出 MSBR 系统，如果排出的高浓度泥浆水直接进入人工湿地很可能短时间内就引起人工湿地堵塞，MSBR 控制系统设置的续批单元在反应和预沉淀状态时出泥水的预警警报措施可有效预防这一异常情况。洋湖再生水厂在 MSBR 池和一级人工湿地间设置了一级植物塘，经一级植物塘的过滤、沉淀和预处理后，可进一步提高人工湿地进水水质，降低人工湿地进水悬浮物负荷和有机负荷。因此，科学有效的水质管理，可为人工湿地出水达标排放提供保障，还为紫外消毒装置的节能环保运行提供依据和支撑。

对于一个设计良好的人工湿地来说，水位控制和流量调整是影响其处理性能的最重要的因素。水位的改变不仅会影响人工湿地处理系统的水力停留时间，还会对大气中的氧向水扩散造成影响。当水位发生重大变化时，要立即对人工湿地处理系统进行详细的检查，因为这可能是渗漏、出水管的堵塞或护堤损坏等情况造成的。对于目前应用较多的水平潜流人工湿地而言，水位控制有如下几个要求：①当系统接纳最大设计流量时，其进水端不能出现壅水现象以防发生地表流；②当系统接纳最小设计流量时，出水端不能出现填料床面的淹没现象，以防出现地表流；③为有利于植物的生长，床中水面淹没植物根系的深度应尽可能均匀。

## 10.3　湿地植物管理

植物是人工湿地生态系统最重要的组成部分，是人工湿地生态景观最重要的载体，是人工湿地工艺系统发挥污水净化功能重要的工具之一。植物塘和生态河道分浅水区、过渡区和深水区设置，浅水区种植千屈菜、芦苇、茭白、水葱等挺水植物；过渡区种植睡莲、黄花水龙、空心莲子草、水芹等浮水植物；深水区种植狐尾藻、眼子菜等沉水植物。植物塘和生态河道在调试期间注意建立"沉水－浮水－挺水"植物群落系统，否则植物塘、生态河道因氮和磷浓度较高可能出现大量藻类，引起人工湿地布水管道堵塞。人工湿地池内选用耐污能力强、根系发达、去污效果好、容易管理的本土植物，如香蒲、黄菖蒲、芦苇、千屈菜、美人蕉、茭白、灯心草和旱伞草等多种水生植物。植物栽种后注意调节人工湿地系统水位，一般将湿地内水位逐渐往下降，确保植物根系尽可能往深的方向生长，只有这样才能尽早建立起人工湿地"土壤（碎石）植物微生物"污水净化生态系统。

有研究表明，植物死亡残体及其分解产物是人工湿地有机物量（生物量）重要的贡献者，是引起有机物堵塞的重要原因之一。死亡植物的维护管理不到位还极大影响湿地景观效果。人工湿地植物维护管理主要包括缺苗补种、病虫害防治、杂草清除、植物收割和整理枯枝落叶等。洋湖再生水厂每年 3 ～ 4 月组织人员对人工湿地植株密度进行统计，发现死亡情况及时补种，补种一般选择在春节，不选用苗龄过小的植物。人工湿地作为一个仿自然生态系统，也会发生病虫害，病虫害的发生对人工湿地的运行效果特别是植物的产量和生长情况产生影响，进而影响对污水的处理效果。在植物的生长过程中，注意观察植物是否发生病虫害，不大规模使用杀虫剂进行病虫害防治。人工湿地水热条件好且富含营养，杂草极易生长。控制杂草，让湿地水生植物生长占优，有助于改善整体景观；适当保持杂草有助于提高生物多样性，维系生态系统的平衡。杂草主要通过人工拔除方式来控制。

定期植物收割可以减少植物之间因化感作用相互影响或是因植物的枯枝落叶经水淋或微生物的作用释放出克生物质，抑制植物的生长。同时，在每年秋末冬初收割植物会使来年春天植物生长更加旺盛和美观。目前，人工湿地植物收割时间管理还缺乏科学性。有报道表明一年周期内污染物在湿地植物地上部分积累有最大值时期，在最大值时期收割可以有效地去除污染物。提前收割，累积在植物地上部分污染物还没有达到年内最大值，没有充分发挥水生植物的污染物净化功能；延迟收割，超过污染物在湿地植物最大积累时期收割，植物会将已经吸收的污染物又转移到地下部分，污染物无法彻底脱离水体，降低污染物去除率，同时对湿地水体依然构成威胁；延迟收割大量枯枝落叶和植物残体可能长时间留存在湿地内从而引起堵塞。但不同植物地上部分污染物积累最大值时期难于把握，目前也没有这方面的文献资料。相关科研单位和设计院应加强植物最佳收割时间的研究。植物收割时，首先确保水面在碎石填料表面以下 5 ～ 10 cm，表面流人工湿地应调整为水平潜流人工湿地后再进行植物收割,同时还组织人员及时将植物收割时留下的枯枝落叶和植物残体移出人工湿地系统。

对于设计合理并投入运行的人工湿地处理系统来说,常规的植物管理维护并不是必需的。因为植物群落具有良好的自我维护性。它们生长、死亡,在下一年又会继续生长。在环境条件合适的情况下,植物会自然地蔓延到未播种的地方,也会从那些环境压力较大的地方迁移。管理者可以通过收割的方式,控制植物向开阔水域的蔓延。

植物的收割和叶片的去除要根据湿地系统的设计来定。对于表面流人工湿地来说,植物死亡残体会随水漂流,堵塞水位控制装置,如果不去除,还会溢出堤堰而影响出水质量,这种情况在秋季尤为明显。同时,滞留在人工湿地中的湿地植物会分解出大量的氮、磷及有机物等,使相应污染物的出水浓度增高。但也有学者指出,在表面流人工湿地土壤层以上形成的落叶沉积层能够强化硝酸盐的去除率。因此表面流人工湿地系统可根据处理目标及出水效果的实际情况来决定是否进行植物收割及去除叶片。收获后的植物可以就地处理,如作为冬季覆盖物,也可外运作为有机肥等。

对于一个设计及管理良好的水平潜流人工湿地处理系统来说,收割植物并不是一定要做的。清除死的植物能够使来年春天新的植物生长得更旺盛。冬天燃烧植物可以用来控制害虫,而留一些落叶可以增加砂砾表面的绝热性,使湿地系统内维持较高的温度。

另外,人工湿地植物管理还包括杂草和病虫害防治。大量杂草特别是浅根旱生杂草的生长会降低人工湿地的净化效率,所以要及时清除。在防治病虫害的过程中不可引入新的污染源,如农药等化学药剂。其植物的病虫害控制模式可参考农作物的绿色病虫害防治方法。如通过生物的方法,应用 BT、病毒制剂等微生物农药防治害虫,应用植物性农药(植物抽提物)防治(趋避作用、拒食、毒杀)害虫等。

## 10.4 人工湿地基质管理

基质(填料)是人工湿地重要组成部分,其管理好坏直接影响人工湿地处理效果。目前在实际运行过程中经常遇到基质堵塞问题,造成人工湿地水流短路。解决人工湿地基质堵塞问题,除了在设计时,选择适合的填料粒径及级配外,日常维护也非常重要,主要包括:

(1)及时监测进水水质,特别是主要悬浮物的含量,如果进水中悬浮物的含量过高,可以考虑在进入湿地前增加一个预处理池。

(2)及时清理人工湿地床中枯枝落叶,包括及时清理藻类,以防止堵塞基质空隙。

(3)可以适当改变进水和运行方式,一般长时间连续进水容易导致基质的堵塞,所以在实际运行中,考虑采用间歇运行和适当的干化处理,可以有效避免系统的堵塞问题。

(4)当人工湿地运行时间过长或者由于管理不善,导致堵塞问题较为严重时,可以考虑更换表层填料。

## 10.5　水力学检查与管理

尽管人工湿地抗负荷能力比较强，但是频繁的进水水量变化也会影响系统的稳定性和去除效果，所以要求管理者对进出水装置进行定期维护。对进出水装置要进行周期性的检查并对流量进行校正。同时要定期去除容易堵塞进出水管道的残渣。对于调节装置设计合理的湿地系统，可将水位降低一些，这相当于增大了湿地系统的坡度，使水的流速加快，从而克服堵塞增加的水流阻力。

在表面流人工湿地中，水流必须要流经湿地表面的所有地方。整个湿地必须定期检查以保证水流可以自由流动。同时要确保那些堆积的碎屑不会阻碍水流流动，且不会产生水流静止区域。所以说，保证足够水深和水流是极其重要的，水流停滞区存在会降低污染物的去除率，同时为蚊虫创造了繁育的温床，甚至有碍观瞻。

水流和水位必须定期检查，对于水平潜流人工湿地，应检查是否发生表面流的现象。管件要进行定时巡查，当出现故障时，应及时清理或更换。

## 10.6　防堵塞管理

人工湿地堵塞问题是制约其应用推广的技术瓶颈，只有在日常维护管理中积极应对并解决，才能保障人工湿地长期稳定运行并发挥净化污水和美化环境的双重功能。人工湿地防堵塞运行管理主要包括人工湿地布水渠中布水套管上悬浮物清洗、湿地运行水位调节、建立合理的运行机制以及加强湿地系统溶解氧等参数监测 4 方面的内容。

对于人工湿地运行中遇到的堵塞问题的解决方案：

（1）对污水进行适当的预处理（格栅、厌氧消化池等）可以减少湿地的悬浮物，降低有机负荷。

（2）改进进水方式（间歇进水等）可提高湿地中的溶解氧，提高微生物分解有机物的速度，减少胞外聚合物的过量积累，从而缓解堵塞问题。

（3）进行曝气，提高系统中的溶解氧量。

（4）基质粒径和级配影响湿地的孔隙率和水容量，选择合理的基质粒径和级配。

（5）停床轮休。一方面可以使氧气进入湿地系统，提高微生物的活性，增强降解污染物的能力；另一方面停止进水，使系统中缺乏营养物质，微生物消耗自身有机物并老化死亡，减少胞外聚合物积累。

（6）选择合理的植物。湿地植物根茎的死亡、分泌的有机物质等会使人工湿地基质层顶部 100 mm 厚度内积累大量有机物。可以选择分泌难降解物质的植物并定期收割植物地上部分。

（7）加强湿地的运行管理。每 6 个月就应综合检查一次；日常要注意拔除杂草、清洗管道等。

洋湖人工湿地均通过植物塘出水后的布水渠（或生态河道）由布水管向湿地布水，为减少湿地系统内的有机堵塞或固体悬浮物堵塞，人工湿地各单元进水管口均采用不锈钢钢丝网（孔径 5 mm）包扎，防止植物塘出水携带的藻类丝状物等进入湿地系统，而藻类无法在短时间内被微生物分解，可能引起湿地堵塞。湿地进水关口采用钢丝网包扎非常有效地预防了湿地系统内的堵塞，但布水管口钢丝网上截留下的大量有机或无机悬浮物常引起布水管水通量减少导致布水渠壅水，一般每天将布水管上套用的钢丝网包扎布水管移出布水渠外，通过人工快速清洗干净后再套回原位置进行布水工作。

表面流人工湿地因水力负荷低、有蚊蝇和异味等缺点在国内工程应用的案例较少。一般情况下，其布水干管要高出填料一定距离，出水采用末端溢流方式，运行水位只能控制在填料表面以上一定距离，因此蚊蝇和藻类生长的缺点无法避免。洋湖表面流人工湿地池对传统表面流人工湿地集配水管道布置进行了改造。通过调节集水渠中出水弯管的标高来控制湿地的运行水位，从而实现表面流人工湿地和水平潜流人工湿地模式相互转化运行。填料表面以上水体在春秋季节容易出现藻类繁殖的情况，可通过间隙性地将表面流人工湿地转化为水平潜流人工湿地来抑制藻类生长繁殖。秋冬季节，部分水生植物开始枯萎，为避免植物残体引起水体二次污染或基质堵塞等问题，尤其在收割植物过程中也需要将表面流人工湿地转化为水平潜流人工湿地模式运行。

应根据湿地的运行情况，定期启动湿地内部的排空清淤装置，及时将湿地运行过程中产生的沉淀物、截留物及剥落的生物膜排出湿地单元，保证湿地基质层的孔隙率，使水体在湿地中基质间流态稳定。人工湿地堵塞发生后，国内外通行的做法是让床体经过几个星期的停床休整来恢复部分渗透性。通过停床休整与轮作，一方面可以使大气中的氧进入湿地内部，加速降解基质中沉积的有机物；另一方面微生物新陈代谢需要的各种营养物质得不到持续不断的补充，基质中的微生物会进入内源呼吸期，消耗胞外聚合物或胞内成分，逐渐老化死亡。但这类措施需要建造多个平行湿地，建议在设计湿地时应采用 4 个或更多的平行湿地以便轮流运转。洋湖人工湿地一级、二级湿地各池沿长度方向划分为 4 个单元，三级湿地池沿长度方向划分为 3 个单元。因此，一级人工湿地设置为 4 组 16 个平行湿地单元，二级人工湿地设置为 2 组 8 个平行湿地单元，三级人工湿地设置为 2 组 6 个平行湿地单元。洋湖人工湿地各级多个平行湿地单元的设置符合 Cooper 的设计理念，有利于进行各单元间歇进水、排空清淤和停床休整与轮作。目前，洋湖人工湿地已建立起合理的运行机制，一般 1 个月内各平行湿地单元进行 1 次联合停止进水和排空清淤，及时将脱落生物膜和沉淀物移出湿地系统。

人工湿地堵塞是一个漫长的过程，可分为下面 3 个阶段：①渗透速率接近系统开始运行时的渗透速率，但呈现逐渐下降趋势为堵塞发生的初始阶段；②渗透速率大幅下降的阶段；

③间隙的系统堵塞阶段直至持续的堵塞发生阶段。在不同堵塞阶段，湿地会有不同的征兆，因此日常运行中应加强湿地系统基质渗透速率、有效孔隙率、溶解氧以及处理水量和运行水位间动态变化关系的监测。溶解氧以及湿地处理水量和运行水位间动态变化关系的监测比较容易实现，通过便携式溶氧仪进行溶解氧检测。分析滇池湖滨福保人工湿地堵塞原因，就是人工湿地系统氧化能力不够，连续 6 级潜滤池出水溶解氧未检出，整个湿地系统处于厌氧状态所造成。洋湖人工湿地每周进行一次工艺系统关键节点的溶解氧检测，长期检测数据表明一级垂直流人工湿地出水即生态河道进口和出口溶解氧最低，一般也大于 3 mg/L。目前，洋湖人工湿地运行工况良好，没有发生厌氧以及由厌氧引起堵塞的情况。

## 10.7　人工湿地构筑物检查与管理

堤堰、溢洪道以及其他水流控制构筑物必须定期检查，而且当出现任何异常的水流情况时，应立即检修。湿地必须在高流速情况发生后或者在快速解冰后立即检查，因为这两种情形都可能造成对底层的冲刷效应，尤其在出水端。任何的损坏、侵蚀或是堵塞都必须在最短时间内得到解决，以避免更严重的后果以及随之而来的巨额检修费。

## 10.8　人工湿地冬季管理

人工湿地冬季管理应满足 2 个基本条件：设备管道设计采取防冻措施；池内温度保证不低于 4℃。环太湖流域属于亚热带季风气候，冬季并不长，且温度也不是很低，所以一般不需要特别保护，只要稍加维护即可，主要包括以下两点。

（1）水位控制保温措施

在冬季进行适当的水位调整可以阻止湿地冰冻。在深秋气候寒冷时，可以将水面提升50 cm 左右，直到形成一层冰面。当水面完全冰冻后，通过调低水位在冰冻层下形成一个空气隔离层，由于上面冰雪的覆盖，可以保持湿地系统中具有较高的水温。表面流及水平潜流人工湿地均可以采用这种方法来提高其在冬季的处理效果。

（2）覆盖保温措施

采用收割的湿地植物对水平潜流人工湿地进行覆盖保温，这一般是针对水平潜流人工湿地而言。也可以如前文所述，利用湿地植物本身的残枝落叶进行保温。但是要注意的是，春季温度回暖时，要及时清理掉这些覆盖物，以免腐烂后产生二次污染。

## 10.9  人工湿地系统监测

### 1.  人工湿地系统监测的重要性

监测是保证人工湿地系统良好运行的重要手段，它可以提供该人工湿地性能的相关数据，同时记录所需的资源和预算。湿地监测的根本目的是要找出并确认问题。在有毒有害物质生物富集之前，记录潜在有毒物质的累计程度。同时，必须严格遵守规章制度。监测制度是通过测量判定湿地是否实现了设计目标，同时还可以指示生物完整性。监测湿地可以在早期发现问题，并作出最有效的干预措施。照片是非常宝贵的记录手段，每次照片的拍摄都应采取同一地点和视角。

监测本身的详细程度取决于监测的规模和湿地系统的复杂程度，并可能随着湿地系统不断成熟以及性能不断完善而发生改变。作为最低限度，已成功运行的低负荷人工湿地系统可能只需要按月进行检查，或是在暴雨后例行检查。而对于那些高负荷人工湿地系统则需要更频繁更详细的监测。

### 2. 人工湿地系统监测内容

按照相关规定设置相关的测定指标和数据收集频率。人工湿地系统监测包括处理系统性能和效果监测、人工湿地系统健康监测。

（1）湿地系统性能监测

湿地系统性能通常由以下参数表征：①水力负荷；②进出水水量；③进出水水质变化；④正常运行条件下水质发生的变化等。

污染物的去除率是由进水负荷（流量和污染物浓度大小）与出水负荷（流量和污染物浓度大小）之间差别所决定的。监测指标包括 $BOD_5$、$COD_{Cr}$、TN、TP、$NH_3$-N、SS、细菌数（全部或粪便中大肠杆菌数）等。

表层水取样点应放在湿地系统进出水部分易操作的位置上，并且结合系统的规模和复杂程度，沿着水流方向设点。表层水质监测点必须做永久性标记。可适当设置隔板以避免取样时对沉积物和植物造成干扰。如果废水中含有有毒污染物，如杀虫剂或重金属离子等，那么沉积物必须采样测定沉积物中的重金属离子富集浓度，采样频率为每年 1 到 2 次。在高强度暴雨或春季高强度径流时，必须对出水进行采样以确保沉积物仍处于湿地系统中。必须监测地下水水质以确保湿地没有对地下水造成污染，监测频率为每年 1 到 2 次。

（2）湿地系统健康监测

湿地必须定期检查从大体上观察系统实际情况，同时可以监测某些危险的变化，如是否发生侵蚀现象以及是否生长着不需要的植物。湿地植物必须定期监测以评估整体的健康程度和物种丰富度。对于那些负荷不高的湿地系统，仅需要对植被进行定性的监测就足够，不需要再进行定量监测。而对于大型或是高负荷的湿地系统，则需要高频率的定量检测。总的来说，在湿地投入运行的头五年内，需要更频繁地进行植物监测。

通过在湿地系统内选定的位置进行样方调查（1 m×1 m，正方形），可以得到湿地植物的物种组成和密度。人工放置重量轻的木质敞开型框架或者是 PVC 管于湿地中，对出现的每一个物种的根进行计数。根数的变化可能有以下原因：入侵物种的增加、植被层密度的降低或是植被遭到病害。

和自然湿地一样，人工湿地内的植物也会受到一年四季、轮回复始的影响，可能会出现某些物种的消失并被其他物种取代的现象。有一些暂时性的变化，如浮萍和藻类的出现，是季节气候变化导致的。通常情况下植物变化速度是缓慢的，在短期内并不明显，所以植物监测的结构能够保持良好十分重要。

沉积物和垃圾的积累和堆积，会降低湿地系统对水的实际储存能力，还会影响到水位的变化，并可能改变水流方式，所以有时必须对湿地系统内的沉积物、垃圾、水位进行检查。